KB262857

韓國近代農業史研究〔Ⅲ〕

― 轉換期의 農民運動 ―

金　容　燮

Studies on the Agrarian History of Nineteenth Century Korea

Volume 3
Peasants' Movements in the Transitional Period

by

Kim   Yong-sŏp

韓國近代農業史研究 〔Ⅲ〕

초판 1 쇄 발행   2001. 7. 19
초판 2 쇄 발행   2020. 3. 23

지은이   김용섭
펴낸이   김경희
펴낸곳   (주)지식산업사
          파주 본사: 10881, 경기도 파주시 광인사길 53(문발동)
          전화 (02)734-1978(대) 팩스 (02)720-7900
          홈페이지 www.jisik.co.kr
          e-mail   jsp@jisik.co.kr

          등록번호 1-363
          등록날짜 1969. 5. 8

책 값   15,000원

ⓒ 김용섭, 2001
ISBN 978-89-423-1055-5(93910)

이 책에 대한 문의는
지식산업사로 해 주시길 바랍니다.

序

필자는 오래전에 여러 편의 논문을 『韓國近代農業史研究』로 묶어 간행한 바 있었다(초판 1975, 증보판 上·下, 1984, 本 저작집에서는 이를 Ⅰ·Ⅱ로 표기). 그것은 주로 朝鮮後期의 후반, 즉 18~19세기의 농업문제, 농업상의 矛盾構造를 타개하기 위한 진보적인 사람들의 農業改革論과 그러한 사람들과 입장이 다른 保守 支配層의 改革論 및 이를 시행하는 정부정책을 대비 정리한 것이었다. 封建末期 및 그 후 近代化過程에서의 農業史는, 결국 당시 농업상의 矛盾構造를 개혁하여 새로운 사회를 건설하려 하였던 바, 政策문제를 해명하지 않으면 아니 되었기 때문이었다. 그러나 이 연구에서는 이 시기의 농업문제, 그 모순구조를 타개하기 위한 방안을 논하면서도, 정작 그 모순구조의 端的인 표현이고 歸結點인 國家와 體制에 대한 民의 抗爭, 民亂, 農民戰爭 등에 관해서는 이를 정리 수록하지 못하고 앞으로의 과제로 남겨 두고 있었다. 당시 필자는 가능하다면 이는 다른 기회에 다른 著述로서 정리할 수 있으면 좋겠다고 생각하였다. 本書는 이같이 남겨졌던 문제를 분량이 얼마 안 되는 작은 책자이지만, 그리고 오래전에 쓴 글도 함께 모은 것이어서 文套가 고르지 못한 책자가 되기도 하였지만, 부족한 대로 이 시기 農民運動의 흐름을 "轉換期의 農民運動"이란 제목으로 정리하여, 『韓國近代農業史研究』〔Ⅲ〕으로서 간행하게 되는 것이다.

民亂이나 東學亂은 필자가 젊은 시절에 학문활동을 시작할 때부터 관심을 갖게 된 문제였다. 그것은 社會矛盾의 집약된 형태라는 점에서이었다. 그리하여 그 일환으로 大學院 碩士論文으로서 「東學亂性格考」(1957)를 작성하고, 그것을 '東學亂研究論 — 性格問題를 중심으로'(『歷史敎育』 3, 1958), '哲宗朝 民亂 發生에 대한 試考'(『歷史敎育』 1, 1956), '全琫準 供草의 分析 — 東學亂의 性格一斑'(『史學研究』 2, 1958) 등 세 부분으로 나누어 발표하기도 하였었다. 기회가 있으면 한 권의 단행본으로 키워볼 생각이었다. 그러나 이

iv

를 하나의 단행본으로 저술하는 작업은 쉽사리 진척되지 않았다. 東學亂의 背景이 되는 조선후기의 제반 문제에 대한 연구가 영성한 조건하에서, 갑자기 1894년의 사건을 역사적으로 논하는 것은 어려운 일이었다. 그리고 필자는 당시 그 배경이 되는 조선후기 농업에 관한 제 문제의 연구에 몰두하고 있었으므로, 그 말기의 民亂이나 東學亂 자체에 대한 검토 및 단행본 구상은 유보되지 않을 수 없었다. 다행이 그 후 많은 연구자들의 노력으로 지금에 이르러서는 그 같은 난점들이 어느 정도 해소되었고, 또 東學亂 자체에 대해서도 內外의 學者들에 의하여 많은 연구가 나왔으므로, 필자도 이미 세월이 많이 흘러 時效가 다 된 연구이지만, 甲午農民戰爭 100週年을 기념삼아, 최소한으로나마 舊稿를 다시 보완 재정리하기도 하고, 19세기 農民運動에 관하여 본래 구상하였던 바 방향으로 新稿를 작성하기도 함으로써, 前著에서 숙제로 남겨졌던 矛盾構造의 歸結點을 정리하지 못한 데 대한 免責의 뜻도 겸하여, 하나의 책자로 묶기로 하였다.

　제1논문은 本書의 주제인 農民運動과 직접 관련되는 것은 아니지만, 哲宗朝의 民亂이나 高宗朝의 東學亂·農民戰爭이 발생하게 되는 사정을 이해하기 위한 導論으로서, 朝鮮後期 實學者들의 동 시기 농업문제와 그 사회 분위기에 대한 認識 및 그 打開方案을 개괄적으로 고찰한 것이다.

　제2논문은 東學亂·農民戰爭이 발생하게 되는 배경을 19세기 후반의 民亂의 사조에 있는 것으로 보고, 그 같은 민란의 性格을 구체적 단계적으로 파악해 보기 위하여, 우선 당시의 사회 경제사정을 배경으로 전개되는 晋州民亂을, 그 按覈使의 按覈文件을 중심으로 분석 검토한 것이다. 위의 '試考'에서 제시하였던 바 問題意識을 그대로 살리되, 晋州按覈使의 按覈文件이라고 하는 구체적인 자료에 근거하여 그 성격을 파악하고자 하였다.

　제3논문은 古阜民亂을 계기로 東學亂·農民戰爭이 발생하게 되는 배경을 이해하기 위하여, 晋州民亂이래의 30여 년간의 사회 경제 정치 사정 및 湖南지역 古阜지방의 知的環境 일반의 변동사정을 살피고자 하였다. 古阜民亂 단계의 農民運動의 성격은 晋州民亂 단계의 그것에 비하여 객관적 정세가 달라진 만큼 진일보하고, 따라서 그것을 지도하는 사람들의 운동방략도 크게 달라지지 않으면 아니 되었을 것임을 살피고자 함에서이었다. 다시 말하면 古阜民亂의 指導層이 보다 높은 차원의 농민운동을 위해서는 보다 높은 수준의 思想과 理論을 마련하고 있었을 것임을 확인하고자 함에서이었다.

제4논문은 東學亂의 성격을 파악하기 위하여, 앞의 두 논문에서 연구한 바를 기초로 하면서, 古阜民亂을 지도하고 이어서는 이를 東學亂·農民戰爭으로까지 확대 발전시켜 나가는 데 주도적 역할을 하였던 바, 全琫準의 思想을 그의 法廷審問書인 「全琫準 供草」를 분석함으로써 구체적으로 살피고자 한 것이다. 여기서는 위에 든 '全琫準 供草의 分析'의 내용과 논지를 되도록 그대로 살리되 많은 첨삭보완을 하였다. 그리하여 이 같은 고찰을 통해서 볼 때, 社會改革運動으로서의 東學亂은 儒敎的 變易思想, 變通의 論理를 가진 進步的 實踐運動家 農村知識人들이 지도한 農民運動, 農民革命을 위한 운동이었으며, 東學敎團은 農民軍을 동원하기 위한 組織으로서 활용되었던 것으로 이해하였다.

빈약한 연구이지만 本書가 이루어지기까지에는 많은 분들의 자료상의 도움을 받았다. 東學亂·農民戰爭과 관련해서는 특히 그러하였다. 무엇보다도 필자가 이 같은 형식의 연구를 할 수 있었던 것은, 6·25의 혼란 속에서 도서관의 古圖書 열람이 어려웠던 대학시절, 필자의 관심사를 들으신 孫寶基 교수께서 손수 필사해 가지고 계시던 「全琫準 供草」의 카드를 연구하도록 주신 데서부터였으며, 대학원 시절에는 고 申奭鎬 교수 지도하에 國編에 囑託 근무를 하며 그곳 자료를 자유롭게 볼 수 있었던 것이 기연이 되었다. 그 후 이곳 農民運動과 관련해서는 金泳鎬, 鄭昌烈, 朴英宰, 李相寪, 姜昌一, 宋正洙, 申榮祐 교수 및 金才淳, 尹章鉉 선생, 王賢鍾 박사생을 통해 새로운 자료를 접할 수 있었고, 이 지역에 관한 사회·경제사정 이해를 위해서는 姜萬吉 교수를 통해 富安面 金氏家에 관한 자료를 검토하고, 鄭求福 교수를 통해서는 「所聲面量案」을 분석 고찰할 수 있었던 것이, 필자로 하여금 本書와 같은 주제를 다루는 데 확신을 갖도록 하였다. 그리고 이곳 지역사정에 관해서는 科 동료 교수였던 黃元九 교수로부터 수시로 많은 이야기를 들을 수 있어서 古阜지역에 대한 실정파악이 가능하였고, 在日僑胞 文順實 박사생을 통해서는 일본에 소장되어 있는 귀한 이곳 邑誌를 볼 수 있었으며, 필자가 재직하였던 延世大學 史學科 학생들과는 여러 해, 여러 차례에 걸쳐 '近代史

踏査'를 하는 가운데 農民運動의 사회 경제사정 知的環境에 익숙할 수가 있었다.

　책을 편찬 간행함에서는 지식산업사 金京熙 사장의 호의와 독려가 있었고, 편집부 여러분들은 난삽한 원고를 추고 정리하느라고 노고가 많았다. 英文槪要는 金基協 교수가 작성하고, 교정작업과 색인작업을 위해서는 백승철 강사와 구만옥, 이경란, 김정신, 이상의 박사생 등이 수고를 아끼지 않았다. 본서가 이루어지기까지에는 이같이 이들 여러분들로부터 도움을 받은 바 많았으므로, 여기 끝자리를 빌어서 진심으로 감사의 뜻을 표하는 바이다.

　2000년 4월 15일

著 者

導論 ― 朝鮮後期의 農業問題와 實學

1. 序　言

　　朝鮮後期에는 이 시기의 社會 經濟的 조건하에서 여러 가지 요인에 의하여 農業問題, 農業에서의 矛盾構造가 크게 조성되고, 그것은 또 시대를 따라 새로운 요인이 가중함으로써 그 모순구조를 累積케 하는 가운데, 마침내 19세기에 이르러서는 農民層 農業生産者層의 抗爭, 農民戰爭을 유발케 하고 있었다. 이는 조선왕조의 存亡과 관련되는 중대한 문제가 아닐 수 없었다. 그러므로 이 시기의 政府와 知識人들은 이 같은 농업문제를 打開함으로써 民의 抗爭을 수습하지 않으면 아니 되었다. 그러한 打開方案은 그것을 제기하는 논자에 따라 여러 계통으로 다양하였지만, 이 시기의 농업문제, 모순구조를 그 발생 사정과 관련하여 根源的으로 파악하고, 그 改革方案을 제기하고 있는 것은 이른바 實學派에 속하는 학자들이었다.

　　이 같은 實學에 관해서는 그 개념이나 성격을 파악하기 위한 작업이 여러 가지 면에서 행해져 왔으며, 따라서 지금에 이르러서는 그 性格이 어지간히 해명되었다고도 하겠다.[1] 그런데 實學에 대한 이러한 性格把握은 그 思想을

---

1) 이러한 작업은 實學者 個個人에 관한 個別具體的인 연구에서부터, 그 전체를 綜合的으로 검토하는 槪括的인 연구에 이르기까지, 그리고 實學의 用語에 관한 연구에서부터, 그 發展過程에 관한 연구에 이르기까지 그 내용은 다양하다. 그리하여 實學은 近年에 이르러서는 近代志向的인 思想, 近代思想의 萌芽, 또는 近代的 國民主義思想, 近代國民經濟思想으로까지 理解되기에 이르렀다. 그러한 가운데 實學을 개괄적 종합적으로 이해하고자 한 것으로서는 다음의 글을 참고할 수 있을 것이다.
　　千寬宇, '朝鮮後期實學의 槪念再論'(『韓國史의 再發見』, 1974).
　　　'韓國實學思想史'(『韓國文化史大系』6, 1970).

分析的으로 검토하고, 그것을 朝鮮後期의 全期間에 걸친 發展過程으로서 理解할 때 더욱 분명하여진다고 하겠다. 實學은 政治, 經濟, 社會, 思想, 文化 一般 등 여러 가지 내용을 포괄하는 思想인 것이며, 그것은 朝鮮後期의 초엽이나 말엽 등 어느 시기에 있어서나 同質的이었던 것이 아니라 시대의 추이에 따라 質的으로 向上 發展하고 있는 思想이었던 까닭이다. 그러므로 實學의 개념이나 성격을 보다 분명하게 파악하기 위해서는 반드시 그러한 諸問題를 중심으로 한 分析的인 작업과 그 발전과정에 대한 體系的인 검토가 따르지 않으면 아니 되는 것이라고도 하겠다. 이곳에서는 그것을 경제, 특히 그 중에서도 농업과의 관련에서 검토하고자 한다.

농업은 實學에 있어서 대단히 큰 비중을 차지하는 학문분야이고 연구분야이었다. 당시의 조선왕조는 農業經濟의 바탕 위에 세워져 있는 국가이기 때문이기도 하고, 또 實學은 앞에서 언급한 바와 같이 결국 農民抗爭을 재래하게 될 이 시기의 농업문제를 타개할 것을 과제로 삼고 있었기 때문이었다. 그러므로 이들의 이 시기 농업문제에 대한 認識과 그것을 타개하기 위하여 지향하고 있었던 바를 살피면, 이 시기 農民抗爭의 배경과 時代思潮를 파악할 수 있으며, 이는 조선왕조 最末期, 轉換期의 農民運動을 이해하기 위한 導論이 될 수 있을 것으로 생각된다.

2. 兩亂 후의 農政策과 朱子學

實學派의 農業論을 이해하기 위해서는 그에 앞서 있었던 朱子學의 農業論을 이해할 필요가 있다. 朱子學은 封建朝鮮王朝의 思想基盤으로서 그 사회는 朱子學의 社會思想에 의해서 秩序化되고, 그 經濟, 그 農業은 朱子學의 經濟思想·農政理念으로써 指導되고 있었는데, 實學은 그러한 朱子學에서 출발하되, 그 學이 지니는 限界와 그것이 齎來한 사회적 모순을 극복하려는

韓㳓劤, 『韓國通史』, 1970.
趙璣濬, ‘實學派의 社會經濟思想’(『實學論叢』, 1975).
    ‘實學의 展開와 社會經濟的 認識’(『韓國思想大系』 Ⅱ, 1976).

데서 擡頭한 것이기 때문이다.[2]

　조선후기에 朱子學의 農業論·農政理念이 가장 요약된 형태로 整理된 것은『農家集成』이었다. 이 農書는 朱子學者인 申洬과 宋時烈에 의해서 편찬된 것으로, 兩亂 후의 農業再建을 위한 農政策의 일환으로서 편찬된 것이었다. 兩亂 후의 政府에서는 전쟁으로 파괴된 농업생산을 再建하기 위하여, 量田을 하고 稅制를 개혁하는 것과 아울러, 한편으로는 王室, 官僚, 富裕層으로 하여금 新田과 陳田을 開發케 하고, 다른 한편으로는 농업생산을 증대하기 위한 技術的인 문제 — 水利, 施肥, 農業技術改良 등을 해결해 가고 있었는데,『農家集成』은 이러한 부산한 움직임 속에서 그 農業振興을 위한 指針書로서 편찬되고 있었다.[3]

　『農家集成』은 조선전기의『農事直說』을 중심으로『衿陽雜錄』,『四時纂要抄』및 世宗의「勸農敎文」, 朱子의「勸農文」을 集成 收錄하되,『農事直說』을 크게 修正增補한 것이었다. 前三者는 農法을 개량하여 所出을 增大하려는 것이며, 後二者는 儒敎的인 農政理念으로 농업에 관하여 農民을 敎導하려는 것이었다. 특히 그러한 가운데에서도 朱子의「勸農文」은 儒敎的 農政理念에 의한 農民敎導가 어떠한 것인가를 잘 표현하고 있었다.

　朱子「勸農文」은 朱子가 南宋代에 그 南康軍과 漳州의 知事로 있으면서 農法을 연구하여 이를 농민들에게 교육함으로써 農業生産力을 발전시키기도 하고, 그의 일련의 儒敎的 倫理道德을 교육함으로써 地主 佃戸간의 對立과 摩擦을 막고 그 秩序를 維持하려는 것이기도 하였다.[4] 그의 農學에 대한

---

2) 朱子學 및 朝鮮性理學의 社會經濟思想에 관해서는 다음의 論著를 참조.
　　守本順一郎,『東洋政治思想史研究』, 1967.
　　李佑成, '韓國社會經濟思想序說'(『韓國思想大系』Ⅱ).
　　韓永愚, '朝鮮前期性理學派의 社會經濟思想'(『韓國思想大系』Ⅱ).
3) 拙 稿,「朝鮮後期 農學의 發達」, 1970. 이 연구는 뒤에『朝鮮後期農學史研究』(1988)로 증보 간행되었다.
4)『農家集成』에 收錄된 朱子「勸農文」은, 제1『朱文公文集』卷 99의 勸農文과 示俗, 제2『朱文公別集』卷 9의 勸農文, 제3『朱文公文集』卷 100의 勸農文을 모은 것이다. 그 중에서 地主 佃戸의 관계를 記述한 것은 제3의 勸農文이다. 그 내용은 다음과 같은데, 그것은 요컨대 地主佃戸制的인 經濟體制 經濟秩序의 유지가 그 목표로 되는 것이다.
　　鄕村小民 其間多是無田之家 須就田主討田耕作 每至耕鍾耘田時節 又就田主生借

식견은 當代의 農學의 수준을 보여주는 것이었고, 그의 地主佃戶制에 대한 입장은 이를 三綱五倫의 倫理道德과 더불어 天理民彛로 이해할 만큼 철저한 것이었다.[5] 그리고 당시의 經濟體制는 현실적으로 士大夫階層의 莊園經營을 중심으로 한 地主佃戶制와 더불어 광범위한 自營農民層의 存在가 또한 중심이 되고 있었는데, 그는 이 自營農民層의 保存維持를 또한 중시하고 있었다.[6] 그러므로 그「勸農文」에 보이는 그의 經濟思想은 士大夫階層의 입장에서 莊園經濟를 중심으로 한 이러한 經濟秩序 — 地主制와 自作農 — 를 유지하고, 그러한 입장에서 또한 農業生産力을 발전시키려는 것이었다고 하겠다. 그리고 그러기 위해서는 무엇보다도 上下관계로 秩序化된 鄕村社會의 질서가 유지될 필요가 있었으며, 이를 위해서 儒敎的 倫理道德을 중심으로 한 社會敎育과 農村自治 農民統制를 위한 鄕約을 施行하고도 있었다.[7]

穀米 及至秋冬成熟 方始一倂塡還 佃戶旣賴田主給佃生借 以養活家口 田主亦藉佃客 耕田納組 以供贍家計 二者相須 方能存立 今仰人戶 遞相告戒 佃戶不可侵犯田主 田主不可撓虐佃戶 如當耕牛車水之時 仰田主依常年例 應副穀米 秋冬收成之後 仰佃戶各備所借本息塡還 其間若有負頑不還之人 仰田主經官陳論 當爲監納 以懲頑慢

5)『朱文公文集』卷 14, 戊申延和奏箚 一 에서는 朱子의 地主佃戶制에 대한 名分論的인 理解와 姿勢를 볼 수 있다. 그는 이곳에서 三綱五常이 天理民彛의 大節이고 治道의 根本임을,

盖三綱五常 天理民彛之大節 而治道之本根也 故聖人之治 爲之敎以明之 爲之刑以弼之 雖其所施 或先或後 或緩或急 而其丁寧深切之意 未嘗不在乎此也

라고 강조하면서, 地主 佃戶와의 관계를

近年以來 或以妻殺夫 或以族子殺族父 或以地客殺地主 而有司議刑卒從流宥之法 …… 故臣伏願 …… 凡有獄訟 必先論其尊卑上下長幼親疎之分 而後聽其曲直之辭 凡以下犯上 以卑凌尊者 雖直不右 其不直者罪加

라고 하여, 夫婦 父子의 관계와 마찬가지 原理 — 名分으로써 다루고, 그것을 犯했을 때의 처벌을 上下尊卑의 관계를 전제로 하고서 처리할 것을 建議하고 있었다. 이러한 名分論에 관해서는

守本順一郎, 前揭書, 第3章 朱子의 生産論.

仁井田陞,『中國法制史』第8章 封建과 퓨우덜리즘 참조.

6) 朱子는 위의 '示俗'에서 庶人(百姓)의 孝를 말하되, '方能保守父母産業 不至破壞 乃爲孝順 若父母生存 不能奉養 父母亡歿 不能保守 便是不孝之人'이라고 하였다. 自營農民層의 孝로서는 부모에게서 물려받은 産業 — 土地를 喪失하지 않고 유지하는 것이 최대의 조건이 됨을 말함이었다. 이는 그가 地主佃戶制를 유지함과 아울러 自營農民層을 또한 유지하려는 것이었다고 하겠다.

7) 朱子는 地方官으로 있으면서 앞에 언급한「勸農文」뿐만 아니라, 적지 않은 勸農文 榜文 기타 등등을 통해서 鄕民·農民을 敎導하였는데(『朱文公文集』卷 99, 100

　　그러므로 『農家集成』이 이와 같은 朱子 「勸農文」을 그 一部로서 收錄하고 있었음은 그 經濟思想을 단적으로 표현하는 것이었다고 하겠다. 申洬이나 宋時烈은 이 農書가 단순히 '集成'이기에 朱子 「勸農文」을 수록한 것이 아니라, 그 「勸農文」의 중요성을 인식하고 그 意義를 강조하면서 이를 그들의 編著에다 수록하고 있었다. 그들은 朱子學者로서 朱子의 經濟思想과 農政理念에 찬성하고 동조하면서 이를 그들의 思想으로서 받아들여 刊行하고 있는 것이었다. 그러한 점에서 『農家集成』은 말하자면 地主佃戶制를 중심으로 한 經濟體制를 바탕으로 農法을 개량하여 생산력을 발전시키려는 것이었다고 하겠으며, 따라서 그것은 封建支配層 중심의 農政書로서, 그 農學은 封建的인 社會經濟體制의 존속 유지를 목표로 하는 것이었다고 하겠다. 그리고 그러한 체제의 유지를 위해서 朱子에 있어서와 마찬가지로 身分秩序를 중심으로 한 倫理道德이 강조되었음은 말할 것도 없었다. 封建朝鮮王朝의 社會經濟體制는 바로 이와 같은 身分秩序와 土地制度를 바탕으로 樹立되어 있었다.

　　17세기 중엽(孝宗 6年, 1655)에 刊行된 『農家集成』은 그 후 版을 거듭하고 筆寫되기도 하면서 널리 보급되었다. 정부에서는 이를 唯一한 農業指針書로서 권장하였고, 朱子學者나 그 계열의 지식인들은 이를 農政에 관한 大經大法으로서 받아들였다. 그리하여 그 후 오랫동안 이 農書의 農業論은 農業生産力이 발전하는 데 크게 機能하였다.[8]

　　公移), 그 敎導의 理念은 儒敎的 倫理道德을 통한 사회의 上下關係的인 秩序化였다. 그리고 「呂氏鄕約」을 增損(『朱文公文集』 卷 74)하여 이를 鄕村社會의 自治規約으로서 널리 施行케 하려 하였는데, 그 理念도 또한 마찬가지였다. 이러한 문제에 관해서는 다른 기회에 詳論하게 될 것이다.

8) 『農家集成』의 農書로서의 壽命은 대략 18세기말 正祖朝까지로 볼 수 있겠다. 『農家集成』에 이어서는 곧 『穡經』, 『山林經濟』가 편찬되고 『農家集成』은 이와 함께 이용되고 있었는데, 正祖朝에 이르러서는 정부에서도 이 農書의 限界性을 인정하고 새로운 農書의 편찬을 계획한 바 있었다(拙稿, '18세기 農村知識人의 農業觀 — 正祖末年의 『應旨進農書』의 分析', 『朝鮮後期農業史研究』 I, 증보판, 1995 참조). 그리고 實學者들에 의해서는 『課農小抄』, 『海東農書』, 『林園經濟志』 등 보다 새로운 農書가 편찬되기도 하였다.

3. 農民層의 分化와 實學派의 改革方案

『農家集成』이 간행된 후 農學은 實學者들에 의해서 활발하게 연구되고 발전하였다. 그것은 『穡經』, 『山林經濟』, 『增補山林經濟』, 『北學議』, 『課農小抄』, 『海東農書』, 『林園經濟志』, 기타 등등으로 著述되었다. 그러한 實學派의 農學은 『農家集成』의 農學, 더욱 정확하게는 朝鮮前期 이래의 우리의 農學을 계승 발전시키는 것이었다. 그러나 實學派의 農學이 『農家集成』에서 그 學을 계승한 것은 農法改良·農業技術에 관해서였으며, 地主制的인 經濟體制의 유지 존속 문제까지를 포함하는 것은 아니었다. 이 점에 관해서는 實學者들은 처음부터 그 입장을 달리하고 있었다. 이들 農書는 처음에는 地主制에 관련된 記述을 삭제하는 것으로써 『農家集成』 즉 朱子學的인 經濟思想에 소극적으로 반대하였으나, 마침내는 그들의 農書에서 土地問題를 언급하되 地主制를 부정하는 것으로써 적극적으로 이를 반대하였다. 그리고 磻溪, 星湖, 茶山 등은 특히 土地問題를 연구하여 『農家集成』의 經濟論과는 반대되는 입장을 내세웠다.

實學派의 農學연구는 17세기말 18세기초 이래로 활발하게 전개되었다. 그 후 한 세기간은 實學派의 農學이 발달하는 시기, 즉 實學思想이 발달하여 그 學의 體系가 완성하게 되는 시기였다. 그리하여 이와 같이 이 農學이 발달 보급되는 데 따라서는, 정부에서 官刊書로서 보급시키고 있는 『農家集成』과 아울러, 역사상 그 類例를 볼 수 없는 農學研究의 시대를 現出하게 되었다.[9] 그리고 그 결과로서는 農業生産力을 한층 더 발전시키게 되었다.

그러나 이와 같이 農學研究가 활발해지고 農業生産力이 발전하게 되는 17, 18세기에는 이와 밀접하게 관련되면서 流通經濟가 발달하기도 하고, 또 地主制가 확대 발전하고도 있어서 農業상에는 커다란 사회문제가 발생하고 있었다. 그것은 농촌사회의 分化, 農民層分化의 深化現象으로 드러나고 있었다.

---

9) 『農家集成』 간행 이후의 實學派의 農學에 관해서는 前揭, 「朝鮮後期 農學의 發達」 (『朝鮮後期農學史研究』) 참조.

　地主制의 확대나 그에 따른 農民層分化는 무엇보다 먼저 우리나라 中世의 封建的 經濟制度의 변동과 관련되면서 일어나고 있었다. 농업에 있어서의 封建的 經濟制度로서는 土地所有權에 입각한 地主佃戶制와 收租權의 分給을 중심으로 한 田主佃客制가 並存하고 있었으며, 兩者가 밀접하게 관련될 때에는 所有權에 입각한 地主佃戶制가 더욱 농도 있게 발전할 수 있었다. 그런데 朝鮮後期에 이르러서는 그와 같은 經濟制度에서 收租權의 分給에 따르는 田主佃客制가 폐기 소멸되고, 따라서 封建支配層은 그 經濟基盤을 소유권에 입각한 地主佃戶制에다 찾지 않을 수 없게 되었으며, 여기에 그들은 賣買나 高利貸를 통해서 더욱 토지를 集積해 나가게 되었다. 그러한 制度上의 변동과 아울러, 旣述한 바와 같이, 兩亂 후에는 農業再建을 위하여 부유층의 農地開墾 地主經營이 장려되고도 있었다.[10] 그리고 토지의 매매는 자유로웠고 그 商品化에로의 길은 열려 있었으므로, 豪商層이나 土豪 富民層에 의한 土地買占도 급격히 확대되고 있었다. 그리하여 이와 같이 地主制가 확대되는 데 따라서는 토지를 喪失하고 農地에서 밀려나는 농민이 늘어나게 되었다.

　農民層의 土地喪失은 地主層의 土地集積에서 뿐만 아니라 農民層 내부에서의 經營擴大現象으로 인해서도 더욱 광범위하게 전개되었다. 그것은 이 시기의 農業生産力을 발전케 한 農法의 변동과 밀접하게 관련되고 있었다.[11] 兩亂 이후, 특히 18세기에서 19세기에 이르면서는 水田農業이나 旱田農業에 移秧法이나 畎種法이라고 하는 커다란 변화가 일어나고 있었는데, 이러한 農法상의 변동은 農業生産力의 발전을 齎來하기는 하였지만, 동시에 농촌사회를 分解시키는 요인이 되고 있었다. 이 農法은 종래의 付種法(直播法)이나 墾種·畎種法에 비하여 勞少功多한 장점이 있었기 때문이었다. 單位面積을 耕作하는 데 있어서 勞動力을 덜 들이고서도 所出을 많이 얻을 수가 있는 것이었다. 그리고 그 밖에도 三南地方에서는 移秧法을 채택하면 水田

---

10) 李景植, '17세기 農地開墾과 地主制의 展開'(『韓國史研究』 9, 1973).
　　宋讚燮, '17,18세기 新田開墾의 확대와 經營形態'(『韓國史論』 12, 1985).
11) 拙 稿, '朝鮮後期의 水稻作技術' 및 '朝鮮後期의 田作技術'(『朝鮮後期農業史研究』 Ⅱ).

種麥의 二毛作이 또한 가능하여서 소득은 더욱 늘어났다.

말하자면 이들 農法이 보급되는 데 따라서는 일정한 노동력으로서 보다 많은 農地를 경작할 수 있게 되고, 따라서 活動的이고 能力 財力있는 농민들은 經營擴大에 열을 올리게 되었다. 記錄上 多作·廣作·廣業·廣農·大農으로 불리우는 농민, 우리의 이른바 經營型富農으로 불리우는 농민은 바로 이러한 농민들이었다. 그리고 이로 인해서는 그 耕作地를 喪失하게 되는 농민이 더욱 늘어나게 되었다. 그와 같은 經營擴大는 自作地의 確保로서도 일어났지만 일반적으로 손쉬운 방법이 될 수 있는 것은 借耕地의 확보가 아닐 수 없었다. 前者의 경우에는 많은 財力이 所要되지만 後者의 경우에는 그렇지가 않았기 때문이었다.[12] 그리하여 農法의 변동에 따르는 經營擴大現象은 自作地나 借耕地의 어느 경우에도 일어나면서, 自作農民이나 時作農民을 토지로부터 배제하게 된다는 사회문제를 야기시키고 있었다. 이 시기의 농촌사회의 弊端으로 지적되는 多作·廣作·廣農·大農의 弊端이 그것으로서, 이는 곧 농촌사회의 分化, 즉 農民層分化를 이름이었다.[13]

또 이와 같은 農民層分化는 農地의 經營을 통해서도 더욱 촉진되었다. 이 시기의 農業勞動은 賃勞動으로서 행해지는 바가 많았는데, 農業資本이 넉넉한 富農層은 적시에 많은 勞動力을 雇傭하여 이를 處理함으로써 所期의 所得을 올려 그 富를 증대시킬 수가 있었으나, 貧農層은 노동력의 고용에 失期를 하고 失農을 하게 되는 수가 많았다. 農牛나 農器具의 借用에서도 마찬가지였다.[14] 그리고 流通經濟와의 관련에서 農業生産이 행해지는 가운데, 市

---

12) 『觀水漫錄』 9, 廣屯奠民之策.
　　近來民心 元無力穡勤農之計 專以廣作爲能事 故數口之家 皆作數石之畓 以此之故 旣不糞田 又不力耘 使畓主失利 而渠則 因其廣作 頗穫贏利 此實近日之痼弊也
13) 宋贊植, '朝鮮後期 農業에 있어서의 廣作運動'(『李海南華甲記念 史學論叢』, 1970).
　　拙稿, '朝鮮後期의 經營型富農과 商業的農業'(『朝鮮後期農業史研究』 Ⅱ).
14) 『日省錄』 正祖 23年 2月 11日條에 '貧無以雇人 不徒衍時 率多陳廢'라고 한 것이라든가, 同書, 正祖 22年 12月 16日條에 '村里富者少貧者多 貧者資富者之農器 以爲耕業 而一日之耕 報以數日之雇 猶多靳借 使之失農'이라 한 것, 그리고 同書, 正祖 22年 12月 13日條에 '民之窮者 當耕播之際 雖欲耕之 無牛隻 雖欲播之 無種子 以之失農者多'라고 하였음은 그러한 사정을 말하는 한 두 예이다.

場性이 좋은 商品作物을 재배하거나 農産物을 적시에 판매할 수 있는 富農層은 富를 늘릴 수 있었으나,[15] 그렇지 못한 農民層은 상대적으로 불리한 經營을 하게 되었다.

農民層分化는 토지의 소유관계에서부터 두드러지게 드러났지만, 農法變動에 따르는 經營擴大는 借耕地에서도 일어나고 있었으므로, 그 分化現象은 時作農民層에서도 대대적으로 일어났다. 土地所有者로서의 自營農民이거나 借耕地를 保有하는 데 불과한 時作農民이거나를 막론하고, 그 農業生産의 合理的 經營을 통해서 성장하고 있는 농민이 있는 반면, 몰락하여 농지에서 밀려나는 농민이 있게 되었다. 地主層이 농지를 貸與함에서는 勞動力·農業資本이 넉넉한 富農層을 우선적으로 選定하고, 가난한 零細農은 그 選拔의 對象에서 제외하거나 또는 瘠薄地를 貸與하는 데 불과하였으므로 分化는 더욱더 촉진되었다.[16]

自營農民이 몰락하면 우선 時作農民이 됨으로써 危急을 면할 수 있는 것이지만, 그러나 그러한 時作農民이 分化하는 가운데 몰락하는 농민은 갈 곳이 없었다. 그들은 노동력을 파는 賃勞動層을 형성하는 것이 일반적이었으며, 따라서 농지를 喪失한 후에도 농촌사회에 그대로 머물러 앉아 '計日取直' '賃傭爲業'함으로써 살아가는 農業勞動者가 되거나, 雇工이 되기도 하고, 또이 무렵에 확대 발전하고 있었던 潛採鑛山에 흡수되어 鑛山勞動者가 되기도 하였으며, 그 밖에 或者는 都市로 流入하여 都市勞動者가 되기도 하였다.[17]

---

15) 前揭, '朝鮮後期의 經營型富農과 商業的農業', pp.153~180 참조.
16) 『經世遺表』 田制에서 茶山은 그러한 事情을
　　　今之…富人之授田于佃夫也　必擇其健壯勤嗇有婦子傭奴可助其功者　授之
　　라든가, 또는
　　　今富人分佃者　必選多丁而有牛者　以授其沃壤　其罷殘無力者　授以棄地
　　라고 표현하고 있었다(『丁茶山全書』 下, p.83, 103).
17) 封建制의 解體와 관련하여 검토하고 있는 이 시기의 賃勞動制에 관해서는 다음論著를 참고할 수 있다.
　　朴成壽, '雇工研究'(『史學研究』 18, 1964).
　　姜萬吉, '分院研究 — 17,8세기 朝鮮王朝 官營手工業體의 運營實態'(『亞細亞研究』
　　　　20, 1965).
　　　'朝鮮後期 雇立制 發達'(『韓國史研究』 13, 1976).
　　金泳鎬, '朝鮮後期에 있어서의 都市商業의 새로운 展開'(『韓國史研究』 2, 1968).

이러한 현상은 시대의 推移에 따라 더욱 심화되었으며, 兩班層의 經濟的 몰락이 촉진되는 데 따라서는, 平民層이나 賤民層뿐만 아니라, 兩班層 내에서도 分解현상이 촉진되었다. 그리하여 19세기에 이르면서 농촌사회는 그 農民層分化에 따라 그 階級構成이 再編成되어 나가고 있었다.

농촌사회의 分化는 안정된 中世的 秩序와 그 經濟基盤의 動搖인 것으로서, 이로 인해서는 社會階級간의 대립, 갈등, 마찰 등 혼란이 일어났다. 그것은 兩班地主層과 時作農民, 富農經營과 零細小農經營, 雇傭主와 被雇傭者 사이의 갈등으로 나타났다. 그리고 그러한 사회적 모순은 賦稅의 加重에 따라 점점 더 심화되었다. 農民層分化 농촌사회의 分解는 커다란 사회문제가 아닐 수 없었다. 그것은 識者層에게는 王朝의 存立과도 관계되는 것으로 이해되었다.[18] 被支配層의 動態에는, 거기에 指導層이 형성되고 ·指導理念이 부여될 때, 커다란 農民蜂起로 확대될 소지가 있는 까닭이었다. 주 18)에 보이듯이 그들은 '思亂'을 생각하는 데까지 이르고 있었으며 그것은 현실로 나타나고 있었다. 西北地方에서 발생한 1811년의 農民戰爭, 즉 '洪景來亂'은 바로 그것이었다.[19] 그리고 이를 계기로 우리나라 封建末期의 反封建的 農民抗爭의 시기는 시작되었다.

      '朝鮮後期手工業의 發展과 새로운 經營形態'(『大東文化研究』 9, 1972).
   柳承宙, 『朝鮮時代 鑛業史研究』, 1993.
   金錫亨 외, 『金玉均의 研究』(日譯本).
   前揭, '朝鮮後期의 經營型富農과 商業的農業'.
18) 농촌사회가 분화되는 데 따라 일어나고 있었던 사회의 혼란이 궁극적으로 어떠한 결과를 초래할 것인가를 茶山은 金履載에게 보내는 書翰에서
   今湖南一路有可憂者二 其一民騷也 其一吏貪也 …… 誠如民言 果有南憂
라든가, 또는
   今此萬民盡迫溝壑 此將奈何 …… 海浪明火之賊 亦復橫行 豈細憂耶
라고 하였으며(『丁茶山全書』 上, pp.398~399), 또 다른 곳에서는
   近年以來 賦役煩重 官吏肆虐 民不聊生 擧皆思亂
이라고도 말하였다(『丁茶山全書』 下, 「牧民心書」, p.491 ; 洪以燮, 『丁若鏞의 政治經濟思想研究』, pp.245~251 참조). 그래서 이러한 實情 때문에 이에 앞서 湛軒 洪大容은
   嘗曰 後世無以復井田 則王道終不可行矣
라고 말하는 것이기도 하였다(『湛軒書』 外集 附錄, p.563).
19) 鄭奭鍾, '"洪景來亂"의 性格'(『韓國史研究』 7, 1972) 참조.

　그러므로 이 시기의 識者層은 이 같은 사회변동의 커다란 물결에 대처하여 民産을 均定함으로써 動搖하는 사회를 안정시킬 필요가 있었다. 그것은 당시의 爲政者나 識者層에게 주어진 과제가 아닐 수 없었다. 그러나 그러한 요청 그러한 과제를 해결할 수 있는 방안을 朱子學의 農業論에서 찾을 수는 없었다. 이 農業論에서는 身分制와 아울러 地主制를 긍정하고 이를 保守 維持할 것이 목표로 되어 있는 까닭이었다. 그러한 방안을 제시할 수 있었던 것은 朱子學에서 離脫하고 있은 實學者들이었다.

　實學派에서는 農民層이나 農村知識人들의 여론을 참작하면서 여러 가지 방안을 提言하였다. 여론은 농민이 農地를 소유할 수 있도록 토지를 개혁하라든가, 그것이 안 될 경우 借耕地만이라도 再分配하라는 것이었으며, 그렇지도 못할 경우에는 富農層의 農業經營과 경쟁할 수 있도록 零細民의 農業經營을 제도적으로 協同化함으로써 그 經濟를 안정시켜야 한다는 것이었다.[20]

　이러한 여론과도 관련하여 實學者들이 일반적으로 널리 생각하고 주장하였던 것은, 封建的인 身分制의 廢棄와 아울러 地主佃戶制 地主時作制를 중심으로 한 土地制度를 전면적으로 개혁하려는 것이었다. 그들은 처음에는 그와 같은 토지제도의 개혁을 흔히 均田論이나 限田論으로써 내세웠다.[21] 地主層의 封建的인 土地支配를 폐기하고 그것을 생산자에게 균등하게 분배하거나 또는 토지의 所有에 있어서 일정 면적의 上限線을 넘지 못하도록 제한하라는 견해였다. 그리고 地主制의 전면적 개혁이 불가능할 경우에는 地主層의 農地貸與(時作地)만이라도 均耕·均作의 理念으로 개선할 것을 내세우기도 하였다.[22] 어느 경우나 목표하는 바는 民産을 균등히 함으로써 農民

---

20) 前揭, '18세기 農村知識人의 農業觀' 참조.

21) 여기서는 磻溪, 星湖, 霞谷 및 그 系列의 均田的·限田的인 土地論을 想起하면 될 것이다. 磻溪, 星湖의 思想 土地論은 잘 알려져 있으나 霞谷의 그것은 잘 알려져 있지 않은데, 그의 改革思想에 관해서는 朴京安, '霞谷 鄭齊斗의 經世論 ―『霞谷集』 중 「箚錄」에 대한 一考察'(『學林』 10, 1988)에 잘 정리되어 있다.

22) 星湖와 같은 時期의 農圃 鄭尙驥의 見解는 그러한 例이다. 그는『農圃問答』의 均田制項에서 다음과 같은 方案을 提起함으로써 耕作地의 均分을 통한 民産의 均等化를 圖謀하였다.
　　今有一法 雖不如井田之授民爲世守 而略可使貧富齊焉 猶勝於漢人限田之法 富人無失田之怨 貧民有得田之樂 可永行而無弊者也 無論諸宮家各衙門各司各驛各官及

12

經濟를 안정시키려는 것이었다.

그들은 또 國家經濟 全般이 발달하는 가운데 農民經濟의 向上을 流通經濟와의 관련에서 찾고, 따라서 農民經濟의 향상을 위해서는 流通經濟가 발전되어야 할 것임을 강조하기도 하였다.[23] 그리고 그렇게 하기 위해서는 전국의 商業이 적극적으로 奬勵되어야 할 것임을 말하였으며, 農業經營은 市場性을 고려한 經營을 함으로써 수익의 증대를 꾀하도록 勸誘하였다.[24] 그리

他公私上下之田 通計一國之田以分授於民 而隨其地之寬狹及民之多少 或授一結或七八十負或五六十負 …… 京外士大夫之仕官及士民之富豪者 都城及官府之人 海島沿邊漁採船商之類 各邑商賈工匠僧道閑遊及廢疾與老弱之民 合亦不下百餘萬 除此則其畊農之民 不過一百數十萬口 然則田之分授者 似無不足之患矣 …… 凡耕他人之田者 什取其伍 以其伍納於田主 田主之自耕其田者 亦無過一夫之所授 而雖有餘田不得濫耕 只取佃夫所納之稅而食之 民不爲農則已 若爲農 則寸地尺土 非受之於官則不敢耕也 如此 則有田者不得廣耕 無田者亦有耕地 旣無害於富者 而且有救於貧人其貧富之齊 雖不如上古 而猶可勝於今之民矣

23) 柳壽垣이나 朴齊家의 주장은 그러한 예이다. 柳壽垣은 국가나 民이 富하지 못한 것은 '我國 …… 四民之業 尙未分別 國虛民貧 專出於此 …… 歷攷經史 未有如我國民産之枵然特甚者也 其故何哉 其源實出於四民不分 故不能務其業而然也'(『迂書』影印本, p.14)라고 하여, 직업의 사회적 分業이 未發達한 데 있는 것으로 보고 있었다. 그래서 國富나 民富를 위해서는 이 모든 것이 專業的으로 발달해야 하며, 그렇지 못할 경우에는 '四民之中闕一 則必有其弊 今之州縣用度煩夥者 以其邑內無工商也 百姓供億難支者 亦以此也 細民無以料販糊口者 亦以此也 吏奴貧困難支者 亦以此也'라고 하여, 여러 가지 弊端이 일어나는 것으로 이해하고, 따라서 '四民各務其業 商販大盛'하면 이러한 폐단은 제거되는 것으로 이해하고 있었다(同 上書, p.134). 그리고 직업의 社會的 分業은 '別四民 乃所以制民産也'라고 하여(同 上書, p.184) 制産方案으로 理解하는 것이며, 따라서 農商工은 有機的으로 관련되면서 발전되어야 할 것으로 보고, 농업도 그 일환으로서 발전되어야 함을 강조하였다. 그는 그 著書의 여러 곳에서 농업을 발전시키기 위한 방안을 提言하고 있다.
   朴齊家도 사회적 분업, 즉 農商工의 발전의 필요성을 강조하고 있었다. 그는 왕왕 볼 수 있는 抑末歸農의 論議를 '今若一切食土 則民失其業 農日益傷矣'(『貞蕤集』, p.450)라고 하여 옳지 못한 견해로 보았으며, 당시의 우리나라는 '國小民貧 今耕田疾作 用其賢才 通商惠工 盡國中之利 猶患不足 又必通遠方之物而後 貨財殖焉 百用生焉'(同 上書, p.432)이라든가, 또는 '今國之大弊曰貧 何以捄貧 曰通中國而已矣'(同 上書, p.334)라고도 하여, 국내에 있어서의 農商工뿐만 아니라 海外通商까지도 발전시켜야 할 것으로 보고 있었다. 그리고 그 일환으로서『北學議』에서는 특히 農業生産力의 발전방안을 建議하고 있는 것이었다.
24) 예컨대 18세기말 19세기초의 『增補山林經濟』,『北學議』,『林園經濟志』 등의 農業經營論은 그것이다. 「朝鮮後期 農學의 發達」(『朝鮮後期農學史研究』) 및 『朝鮮後期農業史研究』II 등 참조.

고 그러한 農業經營에 있어서는 중국으로부터 農器具나 施肥法 등 새로운 農業技術을 도입하여 보다 더 集約的인 農業經營을 함으로써 勞動生産性이나 土地生産性을 모두 높이고, 따라서 農地의 零細性에서 오는 빈곤을 극복케 하려고도 하였다.[25] 물론 이 경우 流通經濟를 발전시켜야 할 것을 주장하는 論者, 특히 北學派로 불리우는 학자에게 있어서도 농업문제가 論外로 되어 있는 것은 아니었다. 그들에게서도 農民經濟의 均産化와 안정은 大前提로 되어 있었으며, 따라서 土地改革은 강조되고 있었다.[26]

이러한 일련의 實學派의 農業改革에 관한 견해는 19세기에 들면서 茶山이나 楓石에 의해서 綜合 集大成되었다. 茶山에게서 볼 수 있는 '田論'이나 '井田論' 및 楓石에게서 볼 수 있는 '屯田論'을 중심으로 한 견해는 그것이었다. 어느 경우나 封建地主制를 전면적 또는 부분적으로, 急進的 또는 漸進的으로 解體시키면서 새로운 經濟制度를 수립하되, 농업에서의 사회적 모순을 최대한으로 제거하면서 民産을 안정시키려는 것이었다.[27]

茶山의 '田論'은 地主制를 廢棄하고 土地國有의 원칙하에 전국의 토지를

---

25) 18세기말 19세기초의 實學派의 農學은 農業生産力을 발전시키는 방안에 있어서 17세기 중엽의 『農家集成』의 農學과는 크게 다른 점이 있었다. 그것은 後者가 주로 農法의 변동, 즉 地力을 이용해서 그 생산력을 발전시키려는 데 대하여, 前者는 그것을 넘어서서 農器具나 施肥法의 개선을 통해서 이를 더욱 발전시키려 한 점이었다. 그리고 현실적으로도 그렇게 되고 있었다. 이러한 문제에 관해서는 別稿에서 다루게 될 것이다.

26) 柳壽垣이 商工業의 발전을 극구 강조하면서도 농업에 관하여 '今日土田亦盡歸士大夫 百姓何嘗有土田耶 兼幷已極 若不矯正 民無以支保矣'(『迂書』, p.4)라고 하였던 것, 洪大容이 '均九道之田 什而取一 男子有室以上各受二結 限其身 死則三年之後 移授他人'(『湛軒書』 內集 上, p.303 및 前註 18의 『湛軒書』 外集 附錄의 글)이라고 하였던 것, 그리고 朴趾源이 『課農小抄』의 결론으로서 '限民名田議(土地改革論)를 붙이고 있었던 것(『燕岩集』 影印本, pp.396～399) 등등은 그러한 예이다.

27) 茶山의 土地改革論에 관한 近年의 연구로서는
　朴宗根, '茶山 丁若鏞의 土地改革思想의 考察'(『朝鮮學報』 28, 1963).
　鄭奭鍾, '茶山 丁若鏞의 經濟思想'(『李海南華甲記念史學論叢』, 1970).
　愼鏞廈, '朝鮮後期 實學派의 土地改革思想'(『韓國思想大系』 II, 1976).
등이 있어서, 그 개혁사상의 全貌를 대략 파악할 수 있다. 이에 관해서는 筆者도 徐有榘의 土地改革論과 아울러 '18,9세기의 農業實情과 새로운 農業經營論'(『大東文化研究』 9, 1972 ; 『韓國近代農業史研究』 增補版 上 所收)에서 詳論하였다. 이곳에서는 그 요점을 摘記하게 된다.

재분배하되, 이를 閭單位로 委任하여 閭의 주민으로 하여금 이를 공동노동으로써 經營케 하며, 勞動量에 따라 소득을 분배케 하는 共同農場制의 農業改革論이었다. 그리고 '井田論'은 '田論'이 斷行될 수 없을 경우의 漸進的인 방안으로서, 전국의 토지를 국가가 장기 계획으로 점차 買收하여 井田의 原理에 따라 이를 農民層에게 노동력의 多寡를 기준으로 재분배함으로써, 時作農民을 점진적으로 自營農民化하려는 것이었으며, 국가가 買收하지 못한 토지, 즉 아직도 地主層이 소유하고 있는 토지는 借耕地를 또한 井田制의 원리에 따라 均作시킬 것을 목표로 하는 것이었다. 그리고 전국의 農業生産을 일정한 계획하에 파악하여 이를 당시 현실적으로 발달하고 있었던 商業的 農業과의 관련하에 6科의 전문적인 분야로 分業化하고, 각 분야에서 매년 農業經營을 가장 잘한 유능한 經營者를 선발하여 官吏로 임명하려는, 말하자면 社會改革을 겸한 農業改革論이었다. 그는 이러한 개혁방안을 國家改革 全般과의 관련에서 提論하고 있었다.

楓石의 '屯田論'도 限田制가 斷行될 수 없을 경우의 漸進的인 방안이었다. 그는 본시 限田制를 주장하고 있었으나, 이것이 施行될 수 없는 實情下에서는 최소한 이 屯田的인 개혁방안이라도 반드시 실현되지 않으면 아니 될 것으로 보는 것이며, 따라서 이는 次善의 방안으로서 그리고 실현 가능한 방안으로서 提言하는 것이었다. 이 방안은 국가가 地主制로서 경영해 오던 國有의 토지를 토대로 하는 것은 말할 것도 없고, 일반 地主層의 토지도 점진적으로 買收하여 이를 바탕으로 전국 각 지방에 農場을 설치하고, 유능한 農業經營者를 관리인으로 임명하여 零細農民과 賃勞動層을 雇傭하여 5人 단위의 集團勞動으로서 賃金을 지급하면서 경영하되, 어디까지나 국가가 주체가 되어 경영하는 國營農場制의 改革論이었다. 그리고 이 경우 이 農場은 새로운 農法을 전국에 보급시키는 模範農場의 구실도 겸하게 하려는 것이며, 農場의 경영에서 우수한 성과를 올린 관리인은 일반 官吏로 임명하여 社會改革도 겸해 가려는 것이었다. 그뿐만 아니라 그는 또 封建地主層에게도 이러한 屯田의 설치를 勸誘함으로써 封建的인 地主經營을 國營農場的인 經營方式으로 전환시키려고도 하였다.

4. 農民層의 抗爭과 實學派의 改革方案

　　19세기 중엽에 이르면서 農業問題는 더욱 심각하여졌다. 旣述한 바와 같은 실정 위에서 事態를 惡化시키는 요인이 하나 더 加重하게 되었다. 장기간에 걸친 부패한 勢道政權의 집권과 封建反動化로 지적되는 일련의 정책이었다. 농업에서는 三政紊亂이 더욱 심해지고 地主收奪이 강화되었다. 三政紊亂은 農民層의 沒落 分化를 촉진하였다. 權力 金力있는 자는 賦稅의 대상에서 제외되고 無勢貧困한 農民層은 이중 삼중의 稅를 부담하였다. 三政紊亂이 절정에 달했을 때는 都結의 이름으로 地方官과 吏胥層이 逋脫한 稅를 모두 土地에 賦課하여 이를 일반 민이 부담하도록 하기도 하고, 토지에 부과하는 稅는 원칙적으로 土地所有權者가 부담해야 하는 것이었으나, 地主層은 이를 時作農民에게 轉嫁하기도 하였다.[28] 封建地主制에는 經濟 외적인 强制가 加重하고, 따라서 時作農民 특히 零細農民은 급격히 몰락하였다.

　　收奪의 强化는 '洪景來亂'이 진압된 후에도 農民層의 抗爭을 불가피하게 하였다. 그러한 항쟁 중에서도 日常的이었던 것은 抗租운동이었다. 地主層의 高率地代 징수 및 기타 등등에 대한 時作農民의 갈등 항쟁이었다. 地主와 時作農民은 본시 利害관계가 대립되는 계급이므로 그 갈등 항쟁은 이미 오래전부터 있어 왔지만, 19세기에 들어 그 收奪이 강화되면서는 한층 더 빈번해졌다. 그러한 抗爭은 개인적 집단적으로도 일어나고 소극적 적극적으로도 일어났는데, 집단적으로 적극적인 운동을 벌일 때는 民亂이나 다를 바가 없었다.[29] 그러나 이러한 항쟁은 아직 地主와 時作農民 간의 대립관계라는 점에서 일정 지역 내의 소규모의 抗爭形態를 벗어날 수가 없었다.

---

28) 三政紊亂의 實態에 관해서는 다음 논고가 참고된다.
　　　朴廣成, '晋州民亂의 研究'(『仁川敎大論文集』 3, 1968).
　　　金鎭鳳, '壬戌民亂의 社會經濟的 背景'(『史學研究』 19, 1967).
　　　拙 稿, '哲宗 壬戌改革에서의 應旨三政疏와 그 農業論'(『韓國近代農業史研究』 ―
　　　이 논문은 本書의 增補版에서는, 다른 논문과의 조화를 위해서, '哲宗朝의 應旨
　　　三政疏와 「三政釐整策」'으로 개제 수록하였다. 『韓國近代農業史研究』 增補版 下,
　　　1984).
29) 註 27)의 拙 稿, '18,9세기의 農業實情과 새로운 農業經營論' 참조.

19세기 중엽에는 이러한 물결 위에서 三政紊亂에 刺戟되면서 農民層의 抗爭이 三南지방의 民亂으로 확대되어 나갔다. 이는 三政(田政·軍布·還穀)의 稅가 증가하고 그 運營이 不正하였던 데 대한 항쟁인 것으로서, 農民層은 처음에는 呼訴 訴狀提起·呈訴運動 등 평화적 합법적인 수단으로써 그 是正을 요구하고 있었으나, 그것이 용납되지 않게 되었을 때 마침내는 暴力化하게 되었다. 괭이·낫·棍棒 등으로 무장한 농민들이 官廳을 습격하여 吏屬을 撲殺하고, 官長을 驅逐하며, 官穀을 끌어내어 貧民에게 분배하며, 이어서 兩班 富民을 구타하고, 그 家屋을 毁破하는 것은 그 일반적인 形態였다. 이른바 民亂으로서, 三政이 郡縣을 단위로 운영되었던 만큼, 이 抗爭도 郡縣規模로 전개되었다.[30]

民亂은 三政의 紊亂에 대한 抗爭이므로 외견상 抗稅運動으로 規定될 수 있는 것이지만, 그러나 그 本質이 단순한 抗稅鬪爭인 것은 아니었다. 民亂에서 가장 격렬한 활동을 한 것은 머슴(雇工), 樵軍, 極貧層 등의 농민이었는데, 이들은 농촌사회의 分解, 大土地所有者 地主層의 土地集積으로 몰락하고 있는 농민이었다. 그러므로 民亂은 이미 그 基底에 地主時作간의 모순관계를 대전제로서 내포하고 있는 것이었다고 하겠다(이러한 사정은 本書의 다음 논문에서 상론된다). 더욱이 地方官 吏胥層이 逋脫한 稅를 都結의 이름으로 토지에 賦課하였을 때, 地主層이 그것을 어떤 형태로든 時作農民에게 轉嫁하고, 時作農民이 그에 대한 抗爭으로서도 이를 遂行하고 있었다면, 民亂은 동시에 抗租鬪爭의 뜻도 포함하는 것이 아닐 수 없었다. 종래의 한정된 지역 내에서의 소규모의 抗租運動은 이제 郡縣單位의 抗稅運動과의 관련에서 그 규모가 郡縣規模로 확대되고 있는 셈이었다.

哲宗朝의 三南民亂은 일단 수습될 수 있었지만, 그러나 그러한 抗爭이 발생하게 된 원인이나 배경이 解消된 것은 아니었다. 그러므로 民亂은 그 후 大院君의 집권하에서나, 國交擴大 開港通商 후에도 계속해서 일어났다.[31]

---

30) 民亂에 관해서는 註 28)의 논고 외에도 朴廣成, '壬戌民亂의 硏究'(『仁川敎大論文集』 4, 1969) 및 金鎭鳳, '哲宗朝의 濟州民亂에 대하여'(『史學硏究』 21, 1969), '晋州民亂에 대하여'(『白山學報』 8, 1970) 등의 연구가 있다.

31) 韓㳓劤, 『東學亂起因에 관한 硏究 — 그 社會的 背景과 三政의 紊亂을 中心으로』,

특히 開港通商 후에는 資本主義 열강과의 通商이 사태를 더욱 악화시키고 있었다. 농촌경제와의 관련에서 볼 때 開港通商은 地主層과 米穀商人 및 일부 富農層의 成長을 促進시키기는 하였지만, 많은 小農層이나 零細農의 몰락을 또한 가속화시키고 있었다.[32] 農民層分化가 가일층 진전되고, 따라서 그들의 抗爭은 더욱 확대 발전하지 않을 수 없게 되었다. 종래의 郡縣規模의 항쟁은 이제 外勢에 대한 民族感情 民族意識을 통해서 超地方的 全國的 규모로 結束 擴大될 수가 있었고, 그러한 民亂은 다시 혁신적인 知識人을 통해서 東學의 조직과 연결됨으로써 조직적인 항쟁으로 質的 轉換을 보게도 되었다. 이리하여 소규모의 抗租運動은 郡縣單位의 民亂으로, 그리고 이것은 전국적 규모의 反封建·反帝國主義의 農民戰爭으로까지 확대케 되었다. 封建朝鮮王朝의 經濟制度 속에서 胚胎하고 해결되지 못한 農業問題의 累積은 마침내 그 體制 자체까지도 부정하는 결과를 초래한 것이었다.

　이러한 事態는 진지하게 다루어지고 해결되지 않으면 아니 되었다. 그러나 民亂이 일어났을 때 정부와 지배층은 三政의 紊亂만을 개선하거나 개혁하는 것으로써 사태를 撫摩하려 하였으며,[33] 農民戰爭이 발생했을 때에도

1971.

32) 開港 후의 通商貿易으로 농촌사회가 변동하게 되는 사정에 관해서는 다음의 논고를 참조.
　韓㳓劤,『韓國開港期의 商業硏究』(1970).
　梶村秀樹, '李朝末期 朝鮮의 纖維製品의 生産及流通'(『東洋文化紀要』, 1968).
　吉野 誠, '朝鮮開國後의 穀物輸出에 대해서'(『朝鮮史硏究會論文集』12, 1975).
　宮嶋博史, '朝鮮甲午改革以後의 商業的農業'(『史林』57~6, 1974).
　拙 稿, '韓末·日帝下의 地主制 ─ 事例 1'(『東亞文化』11, 1972 ;『韓國近現代農業
　　史硏究』, 1992).
　　'同上 ─ 事例 3'(『震檀學報』42, 1976 ; 同 上書).
33) 民亂이 발생하자 국왕은 求言敎를 내려 그 수습방안을 전국의 지식인들에게 물었고, 지식인들은 應旨上疏로서 그 對策을 提言하였다. 그러한 대책은 대략 세 가지로 분류될 수가 있다. 첫째는 많은 保守的인 사람들의 주장으로서 三政의 제도를 그대로 두고 그 운영을 개선하자는 것이었으며, 둘째는 保守左派에 속하는 良識있는 사람들의 주장으로서 三政의 제도까지도 부분적 또는 전면적으로 개선 또는 개혁하자는 것이었다. 그리고 셋째는 實學系의 진보적인 사람들의 주장으로서 三政은 말할 것도 없고 經濟體制 ─ 地主佃戶制를 또한 전면적으로 개혁하자는 것이었다. 이러한 輿論 가운데서 정부가 채택한 것은 第2의 방안이었다(拙 稿, '哲宗 壬戌改革에서의 應旨三政疏와 그 農業論' ; '哲宗朝의 應旨三政疏와「三政釐整策」').

18

經濟制度 — 地主佃戶制·地主時作制의 근본적인 變革을 통해서 사태를 수습하려고는 하지 않았다.[34] 그러한 문제에 대한 근본적인 打開策을 構想하고 이를 提言한 것은 實學派의 農業論에서였다.

實學派에서는 民亂을 근원적으로는 地主制의 矛盾, 農民層分化의 결과에서 연유하는 것, 따라서 그 抗爭을 流民·浮客·夯商·傭僱 등 몰락한 農民層과 巨姓·大族·豪右 등 兩班地主層의 대립으로 파악하고 있었다.[35] 그러므로 民亂이 수습되려면 근본적으로 地主制가 해체되고 農民經濟가 안정되어야 할 것으로 보았다. 그리하여 그들 가운데는 地主制를 革罷한 위에서의 農地의 限田的인 再分配나 井田的인 재분배를 건의하게 되는 論者도 있고,[36] 국가의 公稅를 什一稅로 하고 地代를 그 倍가 넘지 못하도록 法으로 規制함으로써 地主層의 存立根據를 제거할 것을 건의하는 論者도 있게 되었다.[37] 특히 後者의 경우에는 바로 이번 民亂이 地主制를 개혁할 수 있는 유일한 기회로 보고 이를 강조하였다.[38]

農民戰爭에서도 사태는 마찬가지였다. 그래서 그 해결방안에 있어서도 유사한 提言이 나오고 있었다. 或者는 地代를 4분의 1 또는 그 이하로 輕減 定額化하되, 時作地를 均分하고 時作權을 永定할 것을 주장 시행하기도 하고,[39] 정부 측을 대표해서 農民軍과 협상을 할 때(全州和約)는 농민군 대장

---

34) 拙 稿, '甲申·甲午改革期 開化派의 農業論'(『韓國近代農業史硏究』 增補版 下).
35) 『古歡堂收草』 卷 4, 擬三政捄弊策에서 姜瑋는 그러한 事情을 다음과 같이 記述하고 있었다.
　　是皆殿下赤子 靡室靡家 無衣無食 困苦無賴之徒 以爲等死 相聚而爲此耳 鄕品不與焉 士族不與焉 吏胥不與焉 平民之自好者不與焉 其相與爲此者 乃皆流民·浮客·夯商·傭僱之類 或有一二逆種賊徒無復望於聖世者 參錯其間 乘民之憤 顚爲前芽 一吐其胸中積鬱怨恨之氣而已
　　라고 한 것이라든가, 또는
　　亂民不作於良民 而必作於窮民何也 良民是土著者也 窮民是浮寄者也 …… 此浮寄之氓 旣無聊賴可以得活 日夜怨望 思亂久矣 雖以義理諭之不從也 …… 近見南民之擾 皆此屬爲之倡 而良民特其脅從者耳
　　라고 하였음은 그것이다.
36) 許 傳, 「三政策」.
37) 姜 瑋, 前揭, 「擬三政捄弊策」.
38) 拙 稿, '哲宗 壬戌改革에서의 應旨三政疏와 그 農業論'; '哲宗朝의 應旨三政疏와 「三政釐整策」' 참조.

全琫準이 요구하는 바를 놓고 이를 조정하여 執綱所의 설치와 弊政改革案으로 마무리하기도 하였다.[40] 그리고 或者는 地代를 18분의 1稅(公私稅를 합하면 九一稅가 된다)로 輕減 法制化함으로써 封建的인 地主制를 자연적으로 소멸시키도록 하되, 궁극적으로는 토지의 재분배를 전제로 이를 國有化해야 할 것임을 강조하기도 하였다.[41]

특히 後者, 즉 海鶴 李沂는 그러한 수습방안을 당시 진행되고 있었던 일련의 近代化 작업과도 관련하여 提論하였는데, 그는 여기에서 근대화를 위해서는 상업의 발달을 통한 富의 축적이 필요하므로, 地主層이 토지에 투자하

---

39) 이 경우의 改革論者로서는 草亭 金星圭를 들 수 있다. 그의 土地改革方案은 '光武改革期의 量務監理 金星圭의 社會經濟論'(『韓國近代農業史硏究』 增補版 下)에서 略述한 바 있다. 이러한 방안을 그는 그의 父學과 磻溪·茶山 등 實學派의 農業論을 연구함으로써, 이미 農民戰爭 이전부터 지니고 있었으며, 農民戰爭이 진압된 이후 그가 地方官으로 있을 때는 그들의 經濟安定을 위하여 이를 실천해 보기도 하였다. 그리고 그 후에도 기회있을 때마다 그는 이 방안을 정부에 건의하였었다. 農民戰爭을 발생케 한 事情이 해결되고 있지 못한 까닭이었다.

40) 全州和約에서 정부 측을 대표하는 것은 새로 부임한 全羅監司 金鶴鎭이었지만, 실질적으로 그 실무를 담당한 것은 이때 全羅監營의 總書로서 監司를 보좌하였던 草亭 金星圭였다(『草亭集』에는 이때 監司를 대신해서 작성한 公文이 여러 通 수록되어 있다). 그러므로 執綱所의 설치와 그 政綱으로서의 弊政改革案은 全琫準과 金星圭 사이에서 妥結된 것이라고 보아도 좋겠다. 그리고 그러한 점에서 農民戰爭은 처음에는 實學派의 改革方案이 적잖이 수용되는 가운데 수습되어지고 있었던 것이라고도 하겠다.

　물론 이 경우 實學派의 改革方案이 金星圭에 의해서만 반영되었던 것이라고 할 수는 없다. 全琫準은 시골 書堂의 훈장으로서 童蒙을 訓導하는 선비[士]였으며(「全琫準 供草」 初招), '藉賴東徒以圖革命'(「甲午略歷」)하는, 즉 東徒의 힘을 빌려 ―東學의 조직을 이용하여 혁명을 企圖하는 혁명가였으므로, 혁명 후의 新政에 대한 構想은 儒敎思想의 전통 속에서 마련되고 있었을 것이다. 그리고 그럴 경우 그가 儒敎思想 속에서 잡게 되는 것은 필경 社會改革思想으로서의 實學思想이었을 것이다. 湖南地方에는 茶山이 오랫동안 流配되고 있어서 그 思想的 영향이 적지 않았으며, 全琫準이 居하던 古阜地方의 이웃[扶安]에는 磻溪書院 ― 東林書院이 또한 있었으므로(「列邑院宇事蹟」 1, 全羅道 및 「輿地圖書」 下, 全羅道扶安郡條, pp. 815~819), 그의 知的 환경은 實學과 관련이 있었다. 그러한 점에서 茶山의 秘訣(『經世遺表』)이 全琫準에게 傳授되고 있었다는 近年의 견해는(朴宗根, '朝鮮後期의 實學思想 ― 茶山 丁若鏞의 社會改革論', 『思想』, 1971. 9, No. 567) 충분히 주목되어야 할 것이다.

41) 『海鶴遺書』 卷 1, 田制妄言
　拙 稿, '光武年間의 量田地契事業'(『韓國近代農業史硏究』 增補版 下) 참조.

지 않도록 地代를 輕減하면, 그들의 地主資本을 商業資本으로 전환케 할 수가 있어서 국가가 부강해질 수 있다는 것이었다.[42] 이는 富國强兵한 近代國家의 成就를, 이를 沮止하는 封建的 요인을 제거함으로써 달성하고자 하는 견해로서, 實學에 있어서의 農業論과 商業論을 보다 더 명쾌하게 近代化論으로 收斂 集約한 견해였다. 近代化는 外勢依存(軍事·財政)이어서는 아니 되며 自力(內資)으로서 성취해야 하는데, 그리고 농업문제가 근본적으로 해결되어야 하는데, 그러기 위해서는 그가 提言하는 것 외에 달리 좋은 방안은 없다고 確言하였다. 그는 이와 같은 收拾方案 改革方案을 국가의 흥망이 좌우되는 중대한 關鍵으로 보고 거듭 주장하였다.[43]

이 밖에도 이 시기에는 土地改革을 말하는 사람이 많았다. 그들은 농민들이 봉기하게 되는 근본 원인을 농업문제, 즉 地主時作制를 둘러싼 矛盾構造에 있는 것으로 보고, 그 抗爭을 수습하기 위해서는 賦稅制度뿐만 아니라 그 土地制度, 즉 地主時作制를 개혁해야 할 것으로 확신하는 것이었다.[44]

5. 結　語

實學派의 農業論을 위에서와 같이 살피면 그 성격이나 개념이 비교적 분명해진다고 하겠다. 그것은 조선후기의 초엽에서 말엽에 걸치면서 발전하고 그러한 가운데서 그 자체로서의 思想이 확립된 社會改革思想이었다. 즉 實學은 朱子學에서 출발하여 그것을 離脫하게 되는 사상으로서, 그 名分論 ─ 身分思想을 脫皮하는 것은 말할 것도 없고 그 經濟思想을 또한 극복하고 있는 사상이었다. 그것을 本稿의 주제와 관련하여 다시 더 언급하면, 實學은

---

42) 『海鶴遺書』 卷 5, 與李軍部道宰書에서 그는 그러한 그의 見解를 다음과 같이 記述하였다.

　　見今重恢之計 惟有養兵一事 而辨財之道 作已略陳 外此更無他術矣 蓋任大事者 雖悅怨參半 猶可爲之 況此法之行 悅之者多 而其怨則特千百之一耳 且今商道不通 則開化亦不成 必使富民無利於買土 其勢將趨於商道 當路諸公苟燭此理 則恐無不聽矣

43) 그러한 事情은 前揭, '光武年間의 量田地契事業' 참조.

44) 拙　稿, '韓末 高宗朝의 土地改革論'(『韓國近代農業史研究』 增補版 下) 참조.

朱子學의 農業論을 일부 계승 발전하면서 農業生産力의 발전에 기여하되, 처음에는 朱子에의 반대에 소극적이었으나 마침내는 朱子의 地主制를 정면으로 부정하게 되고 있어서, 그 反朱子學的 農業論의 성격이 시대를 따라 강화되고 있는 사상이었다.

實學派의 인사들이 地主制를 부정하는 이유는, 이 시기에는 收租地 分給制가 소멸된 가운데 소유권에 입각한 土地集積이 성행하고, 商品貨幣經濟가 발달하고, 농업기술이 발달하며, 賦稅制度의 불합리와 三政紊亂이 있는 가운데 自營農民層이 광범하게 分解 몰락하고 있었기 때문이었다. 自營農民에서 몰락한 농민은 時作農民이 되는 것이 일반이었지만, 時作農民이 안정된 생활을 할 수 없음은 말할 것도 없고, 그나마 農地借耕을 못하는 몰락자도 적지 않아서 그들은 그 자신의 노동력을 팔아야 살아갈 수 있는 최악의 조건 하에 있었다. 實學者들은 농업 농촌사회의 이 같은 사정을 중대한 문제라고 생각하고 있었다. 그렇게 되면 몰락자들로 하여금 사회적 불만을 누적시키는 가운데, 마침내는 그들로 하여금 '思亂'意識을 갖도록 하기 때문이며, 이 시기에는 몇몇 亂을 통해서 볼 때 실제로 그렇게 되고 있다는 것이었다. 思亂은 國家體制에 대한 反亂을 생각하는 것이므로, 이같이 되면 조선왕조는 그 국가의 유지가 어려워지는 것이었다.

이는 결국 이 시기의 農業問題, 農業상의 矛盾構造를 해결하지 못한 데서 연유하는 것이 아닐 수 없었다. 그러므로 그들은 이 같은 문제는 打開되어야 하되, 그 方略은 賦稅制度의 釐整 정도가 아니라 土地問題까지도 포함하여, 그 모순구조를 農·商을 構造的으로 연관시키는 가운데, 근본적으로 해결해야 할 것으로 생각하는 것이었다. 그리고 그것을 支配層 地主層의 입장에서가 아니라, 被支配層 몰락자의 입장에서 국가와 農民經濟의 안정을 期하는 개혁을 요구하는 것이었으며, 그러한 점에서 그 社會改革思想은 韓末 近代化論의 한 이론으로도 자연스럽게 이어질 수 있는 思想이 되고 있었다.

그러므로 實學은 西歐近代의 社會經濟思想이 수용되기에 앞서, 그리고 그것이 전래할 때에는 그에 대응하면서, 우리의 傳統思想이 스스로 개척한 社會改革思想이고 近代化論이었다고 하겠다. 實學에서는 그와 같은 改革方案에서 농업을 農民 위주 被支配層 위주로 개혁하되, 그 개혁의 型을 당시까지의 우리 농업과 그 理論이 도달하고 있었던 현실적 바탕 위에서 이를 抽出 構成하여 提論하고 있었다. 그러기에 그들이 提起한 農業改革 農業近代化의 型은, 당시의 開化派政權이 그 近代化 과정에서 標本으로서 택하고, 그 후 우리가 경험하였던 바 支配層 위주의 西歐的 日本的인 近代化方案과는 다른 것이 아닐 수 없었다. 實學派의 農業改革論이 開化派의 근대화방안으로서 채택될 수 없었던 이유는 여기에 있었다.

實學派의 農業改革論은 農民層 위주의 방안이라는 점에서, 그 이념은 아래로부터의 改革運動 — 農民戰爭에서의 農民軍의 改革理念과 相通하는 것이 되지 않을 수 없었다. 農民戰爭에서 實學派의 改革思想과 農民軍의 改革理念 사이에 일정한 관련이 있었던 것은 그러한 데서 연유하는 것이었다. 그러나 그러한 農民戰爭도 開化派政權과 日本軍에 의해서 진압되고 말았으며, 따라서 實學思想에서의 農業改革의 構想 — 韓國型의 農業近代化는 이를 통해서도 실현될 수가 없었다.[45]

〔『東方學志』17, 1976. 揭載, 1998. 補〕

---

45) 이 같은 문제에 대한 좀더 구체적인 언급은 다음의 논고를 참조.
　　拙　稿, '近代化過程에서의 農業改革의 두 方向'(移山趙璣濬博士古稀紀念論文集 『韓國資本主義性格論爭』, 1988 ; 『韓國近現代農業史研究』, 1992 收錄).

哲宗朝의 民亂發生과 그 指向

― 晋州民亂 按覈文件의 分析 ―

1. 序　言

19세기, 특히 그 후반기는 民亂의 시대였다. 哲宗 13년(1862) 2월 慶尙道 晋州에서 발생한 民亂은 곧 이웃 郡縣, 이웃 道로 번져 마침내는 아래 註에서 보는 바와 같이, 三南地方의 많은 郡縣이 民亂의 渦中에 휩쓸리게 되었고, 이어서는 中部·北部지방으로까지도 확산되기에 이르렀다. 이른바 哲宗朝의 三南地方 民亂이었다.[1] 이 해의 民亂은 政府의「三政釐整策」으로 일단 수습되었지만, 그 정책은 民亂 발생에 대한 근본적 해결책이 되지 못하였던 데서, 그 후 農民層의 三政을 둘러싼 抗爭은 계속되었고, 그 같은 農民運動의 흐름은 마침내 1894년의 古阜民亂 그리고 東學亂·農民戰爭으로까지 계승 확대되기에 이르렀다. 그러므로 19세기 후반에 일어난 이 일련의 民亂의 性格을 이해하기 위해서는, 각 지역에서 발생한 民亂을 개개의 사건으로서 뿐만 아니라, 그리고 政府에서 흔히 말하는 三政紊亂의 차원으로서 뿐만 아니라, 朝鮮王朝의 體制的·構造的 矛盾에서 기인하는 19세기 農民運動의 흐름, 封建末期 農民鬪爭을 위한 思想의 흐름, 즉 時代思潮로서 巨視的으로 이

---

1) 哲宗 13년의 民亂發生 상황

慶尙道	全羅道					忠淸道	中部·北部
丹城 晋州 開寧 尙州 居昌 善山 昌原 仁同 星州 南海 咸陽 蔚山軍威 比安 密陽	益山 咸平 扶安 金溝 長興 順天 康津 濟州 高山 茂朱 珍山 礪山 井邑 長城 靈光 羅州 南平 興陽 樂安 玉果 昌平 綾州 同福 茂長 臨陂 長水 龍潭 高敞 務安 和順 珍島 淳昌 泰仁 求禮 鎭安 錦山					懷德 公州 恩津 鎭岑 連山 淸州 懷仁 文義 淸安 牙山等地火賊	咸興 黃州 廣州 定州

* 資料 :『備邊司謄錄』『日省錄』『哲宗實錄』『壬戌錄』『龍湖閒錄』

해할 필요가 있다. 그것은 民亂이 발생하게 되는 社會經濟的 배경이나 思想的 기반을 이해하기 위해서도 그렇고, 그 결과로서의 1894년의 東學亂·農民戰爭의 성격을 역사적으로 파악하기 위해서도 그러하다.

필자는 아주 오래전에, 東學亂의 성격을 民亂과의 연계하에 파악하기 위하여, 哲宗朝의 民亂을 이 같은 시각에서 정리해야 할 것임을 試論한 바 있었다.[2] 그러나 그때에는 民亂과 관련되는 朝鮮後期의 여러 문제가 학계에서 아직 구체적으로 연구되고 있지 못한 상황이었으므로, 그 문제제기도 구체성을 띠지 못하고 있었다. 그런데 필자는 근년에 이르러 과거의 연구업적을 정리해야 하는 문제와도 관련하여, 民亂의 발생이나 東學亂의 성격 문제도 재검토하지 않으면 아니 되게 되었다. 그리고 이와 관련해서는 필자가 봉직하는 학교 당국으로부터 연구비의 지원도 있었으므로, 이제 이곳에서는 예전에 제기하였던 바 民亂 발생에 관한 試論的인 문제제기를 염두에 두면서, 특히 晋州지역의 民亂을 중심으로, 그 發生사정 性格 문제를 다시금 구체적으로 음미해 보고자 하는 것이다.

그러나 이 주제에 관해서는 그 동안 학계에서 많은 연구성과가 있었고, 특히 최근에는 젊은 학자들에 의한 새로운 시각의 연구가 다수 제출되기도 하고, 또 북한 학계의 성과가 출간 소개되기도 하였다.[3] 그러므로 이곳에서는

---

2) 拙稿, '哲宗朝 民亂 發生에 대한 試考'(『歷史教育』1, 1956).

3) 安秉旭, '19세기 壬戌民亂에 있어서의 鄕會와 饒戶'(『韓國史論』14, 1986).
　趙尙濟, '哲宗朝 權力構造의 危機와 農民蜂起'(『李元淳教授華甲紀念 史學論叢』, 1986).
　李榮昊, '1862년 진주농민항쟁의 연구'(『韓國史論』19, 1988).
　吳永教, '1862년 農民抗爭研究'(『孫寶基博士停年紀念 韓國史學論叢』, 1988).
　宋讚燮, '1862년 진주농민항쟁의 조직과 활동'(『韓國史論』21, 1989).
　망원한국사연구실, 『1862년 농민항쟁』, 동녘, 1988. 本書의 공동 연구원으로 참여한 사람은 고동환, 오영교, 송찬섭, 박준성, 김태웅, 서현주, 김선경 등이다.
　金仁杰, '朝鮮後期 村落組織의 變貌와 1862年 農民抗爭의 組織基盤'(『震檀學報』67, 1989).
　趙允旋, '私的地主制의 측면에서 살펴본 壬戌農民蜂起'(『史叢』37·38, 1990).
　高錫珪, 「19세기 鄕村支配勢力의 變動과 農民抗爭의 樣相」, 서울大 大學院, 1991.
　權乃鉉, '18·19세기 晋州地方의 鄕村勢力變動과 壬戌農民抗爭'(『韓國史研究』89, 1995).

다만 이 시기 民亂을 그 후의 東學亂·農民戰爭과의 관련에서, 좀더 정확하
게 말하면 그 배경으로서 이해하기 위하여, 晋州民亂의 按覈文件을 구체적
으로 분석함으로써, 그 성격의 핵심을 小論으로나마 정리하고자 한다.

2. 資料에 대하여

여기서 按覈文件이라 함은 晋州按覈使 朴珪壽가 그곳 民亂을 按覈하는 과
정에서 이와 관련하여 작성한 몇몇 文書를 말한다. 이 按覈事業은 두 계통으
로 진행되었는데, 하나는 民亂을 유발한 吏逋를 查覈하는 것이고, 다른 하나
는 亂民을 按覈하는 것이었다. 民亂의 性格을 이해하는 데 기본자료를 제공
해 주는 것은 이 후자의 사업이었다. 그러므로 이곳에서 우리가 검토하게 되
는 자료도 亂民按覈에 관한 여러 文書가 되겠으며,[4] 그 중에서도 주로 分析
하고 依據하게 되는 중심 자료는 「晋州按覈使查啓跋辭」[5]이다. 이는 그가 亂

박시형·홍희유·김석형, 『봉건지배계급에 반대한 농민들의 투쟁 — 이조편』,
1989, 서울판(열사람). 이 공동연구에서 晋州民亂을 다룬 것은 김석형씨의 논문
이다.

4) 이들 文書는 한 冊으로 정리되어 있지 않으며, 여러 명칭의 冊子에 개별 또는 중
복으로 수록되어 있다. 예컨대 ①『壬戌錄』(『嶺湖民變日記』— 이하 資料 甲으로
칭함. 國編委에서 간행하였다), ②『晋州民變錄』(內題 :『晋州怪變錄』— 이하 資
料 乙로 칭함, 書誌家 朴永弴 씨 소장), ③『晋州樵軍作變謄錄』(이하 資料 丙으로
칭함. 註 3에 소개한 바 북한 학계의 연구성과에 附錄으로 수록되어 있다), ④『晋
陽樵變錄』(이하 資料 丁으로 칭함.『釜大史學』8에 尹用出 교수 해제로 수록되어
있다) 등등은 按覈文件을 수록한 대표적 자료가 되겠다.
   이 밖에 이때 被疑者의 한 사람인 李命允家에 소장되어 있었던 그의 「被誣事實」
(낱장의 문서로서 이는 李命允이 晋州民亂의 背後로 指目되게 된 사정을 사실대로
기술함으로써, 後世에 그 억울함을 호소하고 있는 글이다. 이에 관해서는『史學研
究』18에 하현강 교수의 소개논문이 있다)과 이와 관련된 「枏谷李校理宅奴子得孫
所志」(資料 丙에도 수록되어 있다) 등이 이미 오래전부터 學界에 알려져 있다.
5) 이 報告書는 자료에 따라서 그 文書名稱이 조금씩 다르다. 즉 資料 甲에서는 「晋
州按覈使查啓跋辭」, 資料 乙에서는 「晋州查變跋辭」, 資料 丙에서는 「按覈罪人狀
啓跋辭」, 資料 丁에서는 「按覈使朴啓草樵軍作變後各人等捧招跋辭」 등등으로 標題
하고 있다. 이곳에서는 資料 甲의 名稱을 쓰고, 그 내용도 이 자료를 이용하기로
한다. 단 이 자료는 活字本이어서 보기 편하기는 하지만, 誤字·脫字·脫行이 있으
므로 다른 자료를 대조 참고하기로 하였다.

民에 대한 按覈을 마치고 그 결과에서 얻은 民亂 발생에 대한 이해와 民亂 참여자의 罪狀을 종합평가하여 政府에 올리고 있는 報告書이다. 그 내용은, 序頭에서는 晋州民이 呈訴運動에서 출발하여 暴力運動으로 전환하고 民亂을 전개하게 되는 과정을 설명하고, 이 같은 운동은 필경 이곳 一鄕을 호령하고 지배할 수 있는 饒戶富(豪)民이 있어서 背後에서 이를 조종하고, 이를 기회로 사회혼란을 꾀하는 운동꾼이 원한을 품은 무뢰배를 동원해서 이 같은 亂을 일으키게 되었다는 점을 강조하였으며, 本論에서는 亂民의 罪狀을 5등급으로 분류하되, 一級罪人 3명 合施極律, 二級罪人 7명 合施重勘, 三級罪人 19명 合施別般嚴懲, 四級罪人 24명 合有嚴懲, 五級罪人 合有參恕로 하여 그 내용을 요약 설명하고, 朝官인 李命允은 王府에서 拿問正罪할 것을 건의하고 있는 것이었다.[6] 그러한 점에서 이 자료는 이곳 晋州民亂을 이해하는 데 빼놓을 수 없는 중요한 기초자료가 되는 것이라고 하겠다.

그러나 그러면서도 이 자료는 그 성립 사정이나 내용에 일정한 한계가 있고, 資料作成者·按覈使의 民亂을 대하는 자세에 일정한 편향성이 있었음과도 관련하여, 이에 의거해서 晋州民亂을 이해하기에는 적지 않은 자료상의 무리가 따르게 된다는 점도 간과해서는 아니 되겠다. 그러므로 이를 이용해서 晋州民亂의 實相과 性格을 파악코자 하는 우리로서는, 무엇보다 먼저 이 자료의 기술을 신중히 검토하고 이용하지 않으면 아니 된다는 점, 즉 자료의 한계성을 지적해 두는 것이 필요하리라고 생각된다.

자료의 成立 사정, 즉 作成 사정을 문제삼는 것은, 晋州民亂을 전체적으로 査覈하고 이만한 종합보고서를 작성해 내기 위해서는 그럴 수 있는 충분한 시간이 필요하였을 터인데, 실제는 짧은 기간 안에 政府의 독촉을 받으면서 이를 작성하고 있어서, 그 報告書가 자료로서 충실하기 어려웠으리라고 생각되기 때문이다. 그것은 按覈使의 査覈日程을 살펴보면 분명하다. 그가 按覈使로 임명되어 辭陛한 것은 3월 1일이고,[7] 大邱에 들러 道臣과 按覈문제를 상의하고 兵使·牧使 到任의 소식을 기다린 후, 晋州에 도착한 것은 3월

---

6) 資料 甲, 晋州按覈使查啓跋辭, p.23, 24, 26, 28, 30, 31, 34.
7) 『日省錄』196, 哲宗 13年 3月 1日, 64冊, p.68.
   資料 甲, 按覈使狀啓, p.7.

18일이었다.[8] 그러므로 民亂의 발생문제를 총괄적으로 査覈하게 되는 작업
은 이때부터 겨우 신임 牧使나 兵使에 의해서 시작되었으며,[9] 그 이전에는
舊牧使·兵使가 모두 파면된 후 後任者가 부임하지 않고 陜川郡守가 晋州牧
使를 겸임하고 있는 가운데,[10] 이미 解散한 지 오래 된 亂民을 다시 체포하
지도 못하고 있어서, 民亂을 按覈할 수 있는 준비가 전혀 되어 있지 않았
다.[11] 더욱이 按覈使가 먼저 수행해야 할 작업은 民亂을 유발한 吏逋문제를
査覈하는 일이었으므로, 그가 亂民査覈에 열중할 수 있었던 것은 이 사업이
4월 4일에 끝난[12] 이후의 일이 아닐 수 없었다. 그런데 그는 4월 22일에는
按覈事業이 지체되고 있는 데 대한 政府의 대단한 질책을 받게 되고,[13] 따라
서 이에 대한 해명을 하는 가운데 일을 서두르지 않으면 아니 되었다.[14] 그
리고 그 결과로서는 罪人으로 지목한 사람을 15명이나 체포 심문하지도 못
한 가운데,[15] 5월 22일까지는 按覈事業을 마무리하고 査覈에 관한 報告書를
政府에 도착시키지 않으면 아니 되었다.[16] 그러므로 이 보고서는 晋州民亂
을 이해하기 위한 자료로서 충실하기가 어려웠다. 이곳에서 우리가 이용하
게 되는 「晋州按覈使查啓跋辭」는 바로 이 같은 보고서인 것이다.

　더욱이 이 자료는 按覈 전반에 대한 綜合報告書이기 때문에 그 내용도 상
세하고 충실한 것이 되기 어려웠다. 일반적으로 어떤 사건에 관한 按覈文件

---

8) 資料 甲, 按覈使狀啓, p.7.
　　資料 乙, 按覈使狀啓, 7장.
9) 資料 丙, 兵使申命淳傳令七十四面 親製, p.183.
10) 資料 甲, 按覈使狀啓, p.7.
　　資料 乙, 按覈使狀啓, 7장.
11) 資料 甲, 晋州按覈使狀啓, p.21.
　　從前按覈之時 或自營邑先已行査 奉命按問 究竟較易 今臣到州 在於亂民旣散之後
　　且無營邑捉囚之漢 譏詞蹤跡 殆同逐影捕風 盤査情犯 自致曠時費日
12) 『日省錄』197, 哲宗 13年 4月 4日, 64冊, p.113, 115.
　　資料 甲, 再啓, p.7.
　　資料 甲, 查逋狀啓, p.9.
13) 『日省錄』197, 哲宗 13年 4月 22日, 64冊, p.141.
　　『備邊司謄錄』249, 哲宗 13年 4月 22日, 25冊, p.780.
14) 資料 甲, 晋州按覈使狀啓, p.21.
15) 資料 甲, 晋州按覈使查啓跋辭, p.34.
16) 『備邊司謄錄』249, 哲宗 13年 5月 22日, 25冊, p.798.

으로서 그 내용이 가장 구체적인 것은, 심문과정에서 여러 차례 있게 되는 問과 供의 내용을 그대로 기술하고 있는 供草가 중심이 되게 마련인데, 이 보고서는 그 같은 供草를 수록하고 있는 것이 아니었다. 이는 按覈使가 이를 기초로 해서 民亂이 발생하게 된 정황을 이해하고, 그의 판단에 따라 民亂 참여자의 罪狀 전체를 총괄적으로 정리하되, 그 罪의 등급을 변별하여 수록하고 있는 것이 그 전부이었다. 그러므로 이 자료에는 民亂에 참여한 農民들 개개인이 왜 民亂에 참여했는지, 그 社會經濟的 처지는 어떠하였는지 등 우리에게 궁금하게 여겨지는 문제가 그들 스스로에 의해서 진술된 대로 좀더 구체적인 내용으로 기술될 수 있는 여지가 없었다. 그뿐만 아니라 이때의 民亂査覈에서는 民亂 추진자의 首·從을 변별하고 玉石을 구분해서 처벌해야 한다는 按覈事業에 관한 國王의 敎도 있어서,[17] 首魁·背後操縱者를 찾는 데 열중한 나머지, 실제로 民亂을 추진하고 있었던 樵軍 등 밑바닥 階級의 동향에 대해서는 주목하지 못하고 있는 경향이 있었다.

이 같은 문제와 관련해서 우리가 특히 주목하게 되는 것은, 이곳 晋州 按覈使가 民亂을 대하는 자세에는 일정한 先入觀과 偏向性이 있어서, 그것이 이 자료의 내용이나 民亂의 성격 파악에 적지 않은 영향을 미치고 있었다는 점이다. 그것은 그가 亂民을 按覈하기도 전에 이미 어떠한 사람들이 그 主謀者·背後·窩主일 것이라고 판단하고, 또 그러한 각도에서 按覈事業을 추진하고 있었던 것을 통해 그와 같이 이해할 수 있다. 가령 그가 晋州에 도착하면서 各邑에 行關을 하되, 民亂의 책임자를 凡民과 다른 地閥이 있어서 평소부터 一鄕에 號令을 할 수 있는 사람이 아니면, 어찌 千百의 군중을 이같이 激動시킬 수 있었겠는가 하는 점에서 士民父老의 책임이라고 하고 있었음은 그것이다.[18] 그런데 그 후 宣撫使의 간접적인 충고가 있었음에도 불구하고,[19] 그는 按覈事業을 마치고 이를 총정리하여 보고서를 작성하는 과정에서도 이 자세는 달라지지 않고 있었다. 그는 여기에서도 士民父老라는 표현만 생략했을 뿐, 民亂의 조직적 운영과정으로 보아 이는 일반 農民層이 계획

---

17) 『日省錄』 196, 哲宗 13年 3月 10日, 64冊, p.76.
18) 資料 甲, (晋州按覈使朴珪壽)到晋州行關各邑, p.5.
19) 資料 甲, 「鍾山集抄」 嶠南日錄, p.212.

할 수 있는 일이 아니라, 앞에서도 지적한 바와 같이, 반드시 饒戶富(豪)民
이 大土地를 소유하는 가운데 邑·村을 호령할 수 있는 자가 있어서, 이들이
배후에서 운동꾼을 조정함으로써 발생한 것이라고,[20] 실질적으로는 같은 내
용으로 기술하고 있었다. 이는 按覈使 朴珪壽의 정치적 입장·黨色이 老論인
데, 이들은 평소에 嶺南士族을 보는 시각이 곱지 않았고 또 경계하고 있었으
므로,[21] 朴珪壽의 이때의 자세도 이와 밀접하게 관련되는 것으로 생각된
다.[22] 어쨌든 按覈使의 이 같은 시각과 자세는 按覈을 담당하는 法官으로서
는 온당한 것이 아니라 하겠으며, 따라서 이 자료를 이용해서 이곳 民亂의
성격을 파악코자 할 때는, 특히 이 같은 사실에 유의할 필요가 있는 것이라
고 하겠다.

3. 民亂의 展開過程과 都會·呈訴運動의 目標

1) 民亂發生의 契機와 그 展開過程

晋州民亂은, 按覈使 朴珪壽의 按覈文件과 그 밖의 民亂 관련 문서 등을 통
해서 보면, 哲宗 12년 겨울 晋州牧에서 官 주도로 2차의 鄕會를 열고, 그곳
慶尙右兵營에서 一邑頭民을 招致하여 향응과 협박을 하는 가운데,[23] 그간

---

20) 資料 甲, 晋州按覈使査啓跋辭, p.23.
21) 正祖시기에 大邱 監營 앞에 平嶺南碑를 세우고 있었음은 그 한 표현이었다고 하
    겠다. 그 비문은 『朝鮮金石總覽』下, p.1212에 수록되어 있다.
22) 그는 어쩌면 李麟佐亂 때의 安陰의 鄭希亮을 생각하고 있었는지도 모르겠다.
23) 資料 丙, 제6호, 유계춘에 대한 조서, p.188(이 文書는 원 자료에서는 柳繼春査
    覈跋辭 정도로 표기될 수 있는 것이므로, 이하에서는 이 문서를 이 명칭으로 쓰기
    로 한다)에 따르면, 官(牧使) 주도의 두 차례 鄕會는, 한 번은 鄕民(鄕村士夫·兩班
    士族 ─이때 校理 李命允도 초청되었으나 나가지 않았다)을 초청하여 爛漫相議하
    고(資料 甲, 晋州按覈使査啓跋辭, pp.31~32. 被誣事實), 다른 한 번은 各面訓長
    을 초집하여 都結건을 결정하는 것이었다. 그리고 兵營이 統還을 결정하는 방식은
    都結의 결정이 있은 후에, 갑자기 一鄕頭民을 招致하여 협박을 겸한 響應으로써
    (招致一邑頭民 酒食以誘之 囷圄以脅之) 비정상적으로 응락케 하는 것이었다〈資料
    甲,(按覈使) 再啓, p.8〉. 이 경우 頭民은 앞의 鄕村士夫 등 身分·지체가 높은 一鄕
    의 有志는 아니고, 또 鄕村自治나 邑 行政系統에 종사하는 座首·別監이나 面·里任
    도 아니며, 鄕村生活에서 일상적으로 쓰이는 용어였던 것으로 생각된다. 그럴 경

官의 收奪과 吏逋로 결손된 財政을 民結과 統戶에 부과하는, 이른바 都結·統還으로서 補塡하려는 원칙을 세움으로써 발단하게 되었다.[24] 이를 좀더 구체적으로 말하면, 都結은 일반적으로 여러 가지 이유로 징수할 수 없게 된 還穀과 軍役稅를 田結에 부과하되, 이를 金納으로써 하도록 하고 穀價의 시세를 이용하여 징수함으로써 高額의 田結稅를 받아내는,[25] 말하자면 法外의 稅政運營, 三政紊亂의 절정을 이루는 수탈행위였는데, 이곳 晋州牧에서는 그 財政문제를 이 방법을 통해서 해결하고자 하는 것이었다. 統還은 이곳 兵營의 還穀 가운데 吏逋로 인하여 결손된 還穀을 戶籍상의 統·戶에 따라 모든 民戶에게서 强徵하려는 것으로서,[26] 이 또한 三政紊亂의 절정, 還穀運營 불합리의 극치를 이루는 것이었는데, 이곳에서는 이 같은 부당한 政策을 都結과 함께 鄕會의 결정사항임을 내세워 강행하려 하고 있어서 民心을 격앙시키고 있는 것이었다. 물론 이 밖에도 여러 가지 사정이 있어서 晋州民을 자극하고 있었지만,[27] 晋州民으로 하여금 民亂을 일으키게까지 하는 직접적·핵심적 계기가 되었던 것은 都結과 統還의 강행, 즉 三政紊亂이었다.

그리하여 哲宗 13년(1862) 정월에서 2월에 걸치면서, 이곳 晋州民들은 그 都結과 統還을 부당한 것으로 보고, 세 계열의 사람들이(앞으로 상론하게 된다) 그것을 반대하기 위한 운동을 전개하게 되는 가운데, 우선 두 계열,

---

　　우의 頭民은 面里·洞里에서 識見이 있고 年歲가 높아서, 그곳 面里民이 살아나가는 데 어려운 일이 생길 경우, 長老적인 역할을 하는 사람이었을 것으로 생각된다.
24) 資料 丙, 柳繼春査覈跋辭, p.188.
　　資料 甲, 晋州按覈使査啓跋辭, p.23.
25) 『壬戌錄』, 「鍾山集抄」, 三政收議, p.271.
　　都結·加結者 即虛還虛伍之無處徵出 而混入於田結中 以致結價之高濫者也
　　『壬戌錄』 三政策, p.368.
　　近百年 經界旣紊 租稅漸增 至於在下者 擅刱都結之名 以錢代米 每結所收 多至二三千錢 又或有過焉者 較諸豊年之斗直 則民賣米百餘斗 僅可得錢以應之 則加增爲四五倍 而其入於國者 依舊 是惟正之數也 彼四五倍之利安歸乎
26) 註 86)의 原文 및 資料 丙, 柳繼春査覈跋辭, p.189 참조.
27) 資料 甲, (按覈使) 再啓, p.8 ;『備邊司謄錄』249, 哲宗 13年 4月 5日, 25冊, p.771에 의하면, 이곳 右兵使 白樂莘은 ① 還穀作錢 高價取剩, ② 兵庫錢 立本取剩, ③ 菁川敎場 衆民起墾處 謂以冒耕 勒徵爲二千餘兩, ④ 謂以犯禁採鑛 勒徵稍饒之民, ⑤ 積年虛錄邸債 一朝收刷數萬餘兩 등등 여러 가지 명목으로 貧富를 막론하고 그 소관내 民을 收奪하고 있었다.

즉 제1계열과 제2계열의 運動主體들이 그것을 저지하고 혁파하려는 준비를
하게 되었다.[28] 그리고 그러한 결과 위에서, 마침내는 제3계열의 ‘自稱樵軍’
이라고 하는 運動主體가 등장하게 되고 그 분위기가 고조되는 가운데, 2월
14일에서 23일에 걸치면서 폭력에 의한 革罷運動,[29] 이른바 民亂이 일어나
게 된 것이었다. 그러므로 民亂의 성격을 정확하게 파악하기 위해서는 이들
運動主體의 동향을 세심히 고찰할 필요가 있다.

晋州民亂의 農民運動은 이와 같이 처음부터 그 運動主體가 하나의 組織體
를 형성하고 있어서 그 革罷運動이 일사불란하게 추진되고 있는 것이 아니
었다. 그것은 처음에는, 前·後의 두 단계로 이루어지는 전체 農民運動 가운
데 前段階의 운동으로서 전개되었던 것으로, 이때에는 그 운동이 일정한 組
織 없이 두 계통으로 산만하게 추진되고 있었다.

그 하나는 제1계열 運動主體들의 그것으로서, 이 시기에 이 같은 문제를
해결하고자 할 때에는 흔히 취하게 되는 것으로, 鄕村民·農民層이 法的·制
度的 장치 안에서 합법적으로 행하게 되는 呈訴運動이었다. 村民들이 官에
弊政이 있을 경우 이를 시정해 줄 것을 요청하는 訴狀을 民狀·等訴로써 그
들이 거주하는 郡縣에 提訴(呈官)하는 制度였다.[30] 郡縣에서 해결되지 않는
억울한 사정은 監營에 提訴(呈營)할 수 있고, 거기서 해결되지 않을 경우에
는 政府와 國王에게 訴冤할 수도 있는 것이 이 시기의 呈訴制度였다.[31] 朝鮮
後期에는 訴冤制度가 크게 변동 발달하고 있어서 이러한 呈訴運動이 가능하
였다.[32] 그러나 이 같은 呈訴運動은 일반적으로 가장 낮은 官廳에 대한 呈

---

28) 資料 丙, 柳繼春査覈跋辭, p.188.
29) 資料 乙, 壬戌 2月 日, 本營兵使 白樂莘狀啓, 1장.
　　資料 乙, 2月 25日, 再次狀啓, 3장.
　　『日省錄』195, 哲宗 13年 2月 29日, 慶尙監司李敦榮以右兵使白樂莘所報馳啓,
　　64冊, p.65.
　　『日省錄』196, 哲宗 13年 3月 16日, 慶尙右兵使白樂莘以晋州悖黨毀家奪財數爻
　　馳啓, 64冊, p.84.
30)『牧民心書』卷 1, 赴任 莅事條에는 鄕村民이 地方官廳에 呈訴하는 것에 관한 절
　　차가 소상하게 기술되어 있다.
31)『備邊司謄錄』249, 哲宗 13年 2月 29日, 25冊, p.753.
　　以民習言之 呈官而屈 則呈於營 而屈 則呈於廟堂 猶且見屈 則鳴金擊鼓 俱可爲也
32)『續大典』5, 刑典 訴冤.

訴, 즉 呈官(呈邑)의 경우라 하더라도 그렇게 쉬운 일일 수가 없었다. 地方官이나 政府는 그 弊政을 자행한 당사자이기 때문에, 그러한 提訴를 '以民訴官 自有法禁'을 내세워 되도록이면 거부하고자 하는 것이 일반이기 때문이었다.[33] 그러한 거부행위는 대단히 가혹하여서 呈訴者들은 으레 棍杖을 맞고 쫓겨나지 않으면 아니 되었다. 民亂의 시대인 이때에는 특히 더 그러하였다.[34] 그러므로 鄕村民이 呈訴運動을 할 때는 일반적으로 集團으로 몰려가 等訴로써 하게 마련이었고, 따라서 官이 부당하게 대하면 즉석에서 소요사태를 벌이게 되는 것도 왕왕 있는 일이었다. 이 무렵의 民亂은 이렇게 해서 呈訴도 못해보고 폭력으로 돌입하는 경우가 왕왕 있었다.

이 같은 呈訴運動을 이곳에서는 杻谷里에서도 시작하고, 또 加西·青巖里가 중심이 된 5, 6개 里 등에서도 시작하였지만,[35] 晉州民亂의 전개와 관련하여 呈訴運動의 주축을 이루게 되는 것은 전자에서의 운동이었다. 이곳에는 柳繼(桂)春과 李啓烈, 李命允(李 校理) 등이 살고 있었는데,[36] 按覈使 朴珪壽가 사핵한 바에 따르면 이들은 모두 직접 간접으로 民亂의 중심부 指導層에 있었다. 그러한 중에서도 그 呈訴運動을 전개하기 위하여 水谷市에 都會를 소집하기 위한 通文, 回文 등을 작성하고 운동을 앞장서 이끌어 나가고 있었던 것은 柳繼春이었다.[37] 그는 뒤에 다시 언급하겠지만 身分階級的으로

韓相權, 「朝鮮後期 社會問題와 訴冤制度의 發達」, 서울大 大學院, 1993.
『朝鮮後期 社會와 訴冤制度』, 1996 참조.

33) 『備邊司謄錄』 249, 哲宗 13年 正月 23日, 25冊, p.744.

34) 資料 丙, 柳繼春査覈跋辭, p.188에 따르면 水谷都會에서 呈訴問題가 논의되고 있을 때, 이곳 村民들은 訴狀을 呈官할 경우 '難免被杖'할 것을 염려하여, 직접 呈巡營(監營)할 것을 주장하고 있었다. 그리하여 실제로 이곳 晉州에서 統還의 革罷運動은 요란하게 하면서도, 정작 중요한 그 訴狀은 兵營에 提訴도 하지 못하고 있었다(資料 乙, 壬戌 2月 日, 本營兵使白樂莘狀啓, 1장).

35) 資料 丙, 柳繼春査覈跋辭, p.188. 그러나 이때 이 加西·青巖 등지에서의 운동은 統還의 革罷만을 목표로 하는 것이어서, 柳繼春 등의 운동과는 적지 않은 거리가 있는 것이었다.

36) 資料 甲, 晉州按覈使査啓跋辭, p.24, pp.31~32.
資料 丙, 杻谷李校理宅奴子得孫 所志, p.189.
李命允, 被誣事實.

37) 李命允, 被誣事實.
資料 甲, 晉州按覈使査啓跋辭, p.24.

는 이 시기 沒落 兩班의 상징적 존재였으나, 이 지방 社會運動의 한 有志로
서 李命允이 권하는 바도 있어서 水谷都會와 呈訴運動을 계획 추진하고 있
었다.[38] 이 都會는 2월 1일과 6일 두 차례의 장날[39]에 열렸는데,[40] 그 목표는
都結과 統還을 革罷하도록 訴狀을 올리고(呈邑·呈營)[41] 水谷市의 撤市도 강
행하려는 것이었다.[42] 撤市 정도의 亂暴행위는 民亂은 아니지만, 정상적인
呈訴運動의 범주를 넘어서는 것으로서, 일면 정상적으로 訴狀을 내고 일면
大衆의 위력도 보이려는 것이었다. 그러나 이 水谷都會의 계획은 여러 洞里
에서 많은 有力者들이 참여하여 토론을 하게 됨으로써, 柳繼春이 생각하는
바와 같이 그렇게 순탄하게 진행되지는 않았다. 都會에서의 議題 중에는 訴
狀을 呈官(邑)으로 할 것인지 아니면 직접 呈營(監營)으로 할 것인지를 정하
는 문제가 있었는데, 柳繼春의 의견은 전자로 해야 한다는 것이었으나, 衆論
은 그의 견해를 거부하고 후자를 주장하고 있었다. 그리하여 이로 인해서 그
는 그 자리를 뜨지 않으면 아니 되었다.[43] 그리고 2월 7일에는 이곳 右兵營
에 의해서 水谷都會의 주모자로 몰려 체포되고 구금되기에 이르렀다.[44] 이
러한 운동과정을 통해서 보면 그는 확실히 晋州民亂의 主謀者 가운데 한 사
람임에 틀림없었고, 따라서 그는 民亂에 대한 按覈의 결과 極律을 면하기가
어려웠다.[45]

  다른 하나는 제2계열 運動主體들, 그 중에서도 校理 李命允의 운동이었

    資料 丙, 柳繼春查覈跋辭, p.188.
38) 資料 甲, 晋州按覈使查啓跋辭, p.32.
39) 『邑誌』1, 慶尙道編 ① 晋州, 場市, p.166.
40) 李命允은 그의 被誣事實에서 柳繼春이 水谷都會를 열기 위하여 通文을 돌린 날짜
    를 2월 2일이었던 것으로 말하면서, 柳繼春은 그날을 水谷장날(장날은 1일과 6일)
    이라고 말하였음을 또한 기술하고 있었는데, 이로써 보면 李命允의 2월 2일은 2월
    1일의 착각이었으며, 따라서 첫 번째 水谷都會는 2월 1일에 있었다고 하겠다.
    資料 丙, 제5호 김윤화에 대한 조서(이하 金允化查覈跋辭로 약칭)에서는 水谷都
    會가 2월 6일의 장날에도 열리고 있었음을 명기하고 있다(p.187).
41) 資料 丙, 金允化·柳繼春查覈跋辭, pp.187~188.
42) 李命允, 被誣事實.
43) 資料 丙, 柳繼春查覈跋辭, p.188.
44) 同 上.
45) 資料 甲, 晋州按覈使查啓跋辭, p.24, 36.

다. 그는 身分階級的으로 이 고장 兩班士族·鄕村士夫의 일원이었으며, 中央
政界에 진출하고 있는 兩班官僚이기도 하였는데, 이곳 牧과 兵營에 대하여
現職官僚의 結·戶에 都結·統還을 부과하는 것은 부당하다는 항의를 하고,
都結·統還을 시행하더라도 朝官의 結·戶는 거기서 제외되어야 한다는 朝官
結·戶 頉給運動을 하고 있었다.[46] 이 운동은 鄕村民의 呈訴運動과 근본적으
로 그 성격이 다른 것이었지만, 그러면서도 兩者의 목표는 부당한 都結·統
還을 반대한다는 점에서 공통되는 것이었고, 그러한 점에서 兩者의 運動은
일정한 범위 내에서 連帶化될 수 있는 운동이었다. 설사 連帶化에 이르지 못
한다 하더라도 일반 鄕村民은 그들의 呈訴運動을 전개하는 데 그에게서 도
움을 받고 의지하고자 하였을 것이고, 그는 또 鄕村民에게 법적 테두리 안에
서 운동을 하도록 助言할 수도 있었다. 사실 그는 柳繼春에게 법적 테두리
안에서의 呈訴運動을 위하여 水谷市에서 都會를 열도록 권하였고,[47] 柳가
그것을 넘어서는 撤市까지도 계획하게 되자 호되게 질책하여 그렇게 하지
못하도록 하고 있었다.[48] 그리고 樵軍이 晋州城으로 진군하는 도중 杻谷에
서 一泊하였을 때는, 全村民이 모두 식사를 제공하는 특수한 사태하에서의
일이기는 하였지만, 그의 집에서도 4, 5가마(釜) 100여 명분의 식사를 해내
기도 하고,[49] 또 그 樵軍이 晋州城을 점령하고 牧使를 위협하고 있을 때는
牧使의 부탁을 받고 입성하여 都結革罷의 完文을 공포케 함으로써 樵軍을
무마하기도 하였다.[50] 그리하여 李命允은 그의 이러한 일련의 운동과 處身
을 통해서 朝官結·戶 頉給의 통보를 받게는 되었지만,[51] 그러나 牧과 兵營의

---

46) 資料 甲, 晋州按覈使查啓跋辭, p.32.
47) 同 上.
48) 李命允, 被誣事實.
49) 資料 甲, 晋州按覈使查啓跋辭, pp.32~33.
50) 李命允, 被誣事實.
　　資料 丙, 杻谷里李校理宅奴子得孫 所志, p.189.
51) 李命允, 被誣事實 ; 資料 丙, 杻谷里李校理宅奴子得孫 所志, p.190
　　그러나 이 文件들에서는 그의 結·戶 頉給이 어느 시점에서 이루어졌는지 명시하
　　고 있지 않다. 아마도 이때의 慶尙監司 金世均은 이임 전에(그는 哲宗 13년 정월
　　24일 成均館大司成으로 임명되고, 同 25일에는 李敦榮이 그 후임으로 임명된다)
　　右兵使의 統還問題를 不許하고 있었으므로(資料 乙, 壬戌 2月 日, 本營兵使白樂
　　莘狀啓, 1장), 右兵使는 朝官의 結·戶 頉給問題를 그대로 유보하고 있다가 水谷都

미움을 사고, 그뿐만 아니라 후술하는 바와 같은 按覈使의 일정한 民亂觀과
도 관련하여, 晋州民亂을 배후에서 조종한 人物·窩主로 지목받게 되었다.
그리고 그 때문에 그는 康津古今島로 流配되고, 마침내는 그곳에서 생을 마
치지 않으면 아니 되었다.[52)]

그러나 이 경우 朴珪壽는 이 제2계열 運動主體를 반드시 李命允 한 사람
만이라고 보는 것은 아니었다. 그는 이 제2계열 運動主體를 그 대열에 속할
수 있는 사람들, 즉 身分階級으로서 주목하고 문제삼는 것이었다. 그는 그러
한 신분계급을 李命允과 동일한 사회적 지위에 있으면서, 이 고장에서 신분
적으로나 경제적으로 鄕村民을 지배하고 호령할 수 있는 위세 당당한 사람
들, 즉 이 고장 兩班士族·鄕村士夫로서의 饒戶富民(豪民)으로 표현하고 있
었다.[53)] 구태여 말한다면 그는 이 지방의 兩班土豪層을 제2계열 運動主體로
보고 있는 셈이었다. 이 시기의 民亂은 吏鄕과 체결한 사대부들의 土豪武斷
으로, 小民層의 富者는 蕩産하고 貧者는 離鄕하게 된 데서, 즉 몰락하게 된
데서 연유하고도 있었으므로,[54)] 이는 어떤 면에서는 타당한 추정이기도 하

　　會와 관련하여 그 전후에 결정하고 본인에게 통보하였던 것이 아닐까 생각된다.
　　그것은 그가 統還不許의 지시가 있었음에도 불구하고, 이를 즉시 공표하지 않고,
　　2월 17일에 가서야 '依前以結夫分糴'할 것임을 發令하고 있었던 것으로써 알 수
　　있다(同 上書).

52)　資料 甲, 晋州按覈使査啓跋辭에 이어지는 晋州亂犯에 대한 傳敎, p.36 ; 資料 乙,
　　備邊司回啓 ; 資料 丙, 제9호 備邊司回啓草. 단 資料 甲에서는 窩主가 寫主로 되어
　　있고, 資料 乙·丙에서는 窩主로 되어 있는데, 이는 政府의 기록에 窩主로 되어 있
　　는 점으로 보아(『備邊司謄錄』249, 哲宗 13年 5月 22日, 25冊, p.799), 후 2자의
　　기록이 옳다고 하겠다. 이때의 李命允의 억울한 사정에 관해서는 河炫綱, '李命允
　　의 「被誣事實」에 대하여'(『史學硏究』 18, 1964)를 참조.

53)　註 83), 84), 85), 86) 참조.
　　그런데 朴珪壽가 資料 甲, 晋州按覈使査啓跋辭, p.23에서 쓰고 있는 '饒戶富民'이
　　라는 용어는, 같은 내용의 자료인 資料 乙, 晋州査變跋辭에서는 같고, 資料 丙, 按
　　覈罪人狀啓跋辭와 資料 丁, 按覈使朴(珪壽)啓草樵軍作變後各人等捧招跋辭에서는
　　'饒戶豪民'으로 기술하고 있어서 그 뜻에 큰 차이가 있다. 이 자료들은 모두 원본에
　　서 필사한 것이므로 어느쪽이 맞는지 분명치 않지만, 朴珪壽가 표현하고자 한 것
　　은 후자가 아니었을까 생각된다. 그는 民亂의 책임이 兩班士族에 있다고 말하고
　　있었는데, 이에 대해서는 嶺南士族들의 반발이 만만치 않아서 부담을 느끼지 않을
　　수 없었으므로(宋讚燮, 註 3의 논문 참조), 이렇게 우회적인 표현을 쓸 수도 있었
　　을 것으로 사료된다. 豪民의 身分은 본시 '士族·品官之家'(『南坡集』 卷 6, 請蕩滌
　　逋欠疏 ; 拙 著, 『朝鮮後期農業史硏究』 II, p.244)를 가리키기 때문이다.

였다. 이 지방은 본시 土沃하여 산업이 발달하고, 兩班士大夫는 '誇富豪'하는 것으로 정평이 나 있었는데,[55] 이때의 嶺南士大夫는 전체가 昔賢의 遺風을 상실하고 習俗이 卑汚해지는 가운데,[56] 그 富力을 바탕으로 土豪化하고 있는 것으로 그는 보는 것이었다. 그렇지만 그들은 朝官이 아니기 때문에 李命允의 운동과 같은 내용의 운동을 할 수는 없었다. 그러므로 按覈使는 그들은 자신들의 利益 수호를 위하여 都結·統還에 대한 반대운동을 하지 않을 수 없었으며, 그러한 점에서, 뒤에 언급되는 바와 같이, 이들 身分階級이야말로 晋州民亂의 背後일 것으로 보는 것이었다.[57] 그러나 그는 자신이 지목하는 民亂의 背後를 이 고장의 兩班土豪層으로 보면서도, 李命允 외에는 다른 어떤 인물도 찾아내지 못하고 있었으며, 李命允도 朴珪壽가 생각하는 바와 같은 背後는 아니었다.

都結·統還의 革罷運動은 그 前段階까지는 이같이 水谷都會를 중심으로 한 呈訴運動으로써 전개되었지만, 그러나 이 단계까지의 운동으로는 그 목표하는 바 결실을 얻어내지 못하고 있었다. 朝官結·戶의 頉給은 있었지만, 일반 民人의 그것은 樵軍 入城까지는 실현되지 못하고 있었다.[58] 그뿐만 아니라 水谷都會에서의 群衆會議도 呈訴의 대상 官廳을 어디로 정할 것인가를 놓고 支離滅裂이었다.[59]

枏谷里의 運動主體들, 특히 李啓烈은 이 같은 사정을 관망하면서 都結·統還을 혁파하기 위해서는 다른 새로운 방법, 즉 제3의 運動方略을 찾아야 할 것으로 생각하였다. 그의 身分階級은 沒落兩班으로서 李 校理의 6寸이었으나, 農民化하고 그것도 최하의 農民層으로 전락하여 농민의 입장에서 운동을 전개하고 있었다. 그가 구상하는 運動方略은 그 방향을 획기적으로 전환

---

54) 『備邊司謄錄』 249, 哲宗 13年 8月 13日, 25冊, p.844.
　　　傳曰 土豪武斷之弊 前後禁飭 不啻屢遭矣 盖其締結吏鄕 侵虐小民 富者而蕩其家
　　産 貧者而離厥鄕井 在在愁怨 有足以上干天和 此固朝家之常所痛惋者也
55) 『擇里誌』 八道總論 慶尙道, p.19.
56) 『瓛齋集』 卷 7, 書啓, 慶尙左道暗行御史書啓(『朴珪壽全集』 上, p.472).
57) 註 53)과 同.
58) 資料 乙, 壬戌 2月 日, 本營兵使白樂莘狀啓, 1장.
59) 資料 丙, 柳繼春查覈跋辭, p.188.

시켜 일거에 暴力運動으로 문제를 해결하려는 것으로서, 都結·統還 革罷運
動의 後段階의 운동이 되는 것이었으며, 晋州民亂 전개과정에서의 제3계열
運動主體들에 의한 운동이 되는 것이었다. 그리하여 晋州民亂은 다음에 언
급하는 바와 같이 여기에서 비로소 民亂으로서 전개케 되고 있었다.

제3계열 運動主體들의 운동은 '樵軍'의 조직을 이용하여 힘으로써 都結·統
還의 革罷問題를 해결하려는 것이었다.[60] '樵軍'은 문자 그대로 '나무꾼'으로
서, 그 身分階級的 지위는 이 시기의 農民層分解 과정에서 최하의 계급, 賃
勞動層으로 전락하고 있는 존재이었다. 그러나 여기서 樵軍은 그 같은 자연
인으로서의 나무꾼 개개인이 아니라, 官衙의 燃料(柴·炭·草) 공급이라는 徭
役[61]을 담당하기 위하여, 관내의 주민 가운데에서 '나무꾼' 외에 零細貧農層
까지도 일정한 수를 징발하여 특정한 조직으로 편성한, 나무꾼 勞動部隊로
서의 樵軍이었다.

그러나 이 경우 官에서는 이 같은 徭役을 樵軍들에게만 부과하는 것이 아
니었다. 다른 지방에서도 마찬가지였지만, 이곳에서는 이 徭役을 全民結(土
地)에다 다른 結稅와 마찬가지로 부과하고 있었다.[62] 그리고 그것을 자금으
로 하여, 많은 주민 가운데에서 징발되어 採柴·炭·草 작업을 하고 있는 樵軍
들에게 일정한 役價를 지급하는 것이었으며, 그 柴·炭·草는 그것을 필요로
하는 各色 官廳에 現物 또는 金錢으로 지급하는 것이었다.[63] 그리하여 官에
서 樵軍이 필요할 때는 수백 명, 수십 명씩 대단위로 동원하고 집단으로 작
업을 시켰다.[64] 이곳 官衙에서는 그러한 여러 문제를 담당하기 위하여 樵軍
廳을 두되 세 사람의 所任을 두고 있었으며,[65] 이들은 각 洞里에서 징발되고

---

60) 資料 甲, 晋州按覈使查啓跋辭, pp.32~33. 그래서 이 資料를 편찬한 사람들의
　　 일부는 資料의 題目 자체를 『晋州樵軍作變謄錄』(資料 丙), 『晋陽樵變錄』(資料
　　 丁) 등으로 정하고도 있었다.
　　 資料 乙, 壬戌 2月 日, 本營兵使白樂莘狀啓, 1장.
61) 『邑誌』 1, 慶尙道 編 ①, 晋州 徭役, p.159.
62) 同 上.
63) 『邑誌』 3, 慶尙道 編 ③, 嶺南 晋州, 乙未 正月 日, 晋州牧邑事例, p.685 ; 同 上,
　　 嶺南 開寧, 開寧縣事例, p.813 ; 同 上, 嶺南 咸陽, 咸陽郡 月廩區別, p.254 등
　　 참조.
64) 『嶠營民狀草槩冊』 1, 壬戌 8月 24, 29日.

있는 樵軍을 그들의 책임자인 <u>座上</u>을 통해서 장악 지배하고 있었다. 樵軍座
上은 전 樵軍의 어른이고 지도자로서, 그리고 그 勞動部隊의 대장으로서, 관
내의 樵軍을 자유롭게 지휘 통솔할 수 있는 능력을 가진 사람이 되었을 것으
로 생각된다. 李啓烈은 이때 바로 그러한 樵軍의 座上이었다.[66] 그러한 점에
서 그는 都結·統還 革罷運動을 이 樵軍을 동원하면 그들이 생각하는 대로
쉽게 수행할 수 있을 것으로 생각하였다.[67]

李啓烈이 樵軍의 動員을 계획하고 그 공작을 시작한 것은 '日不記二月初'
였으므로,[68] 2월 1일 都會(장날)에서 6일의 都會에 이르는 사이, 아마도 더
구체적으로는 1일의 都會에서 회의의 진행방향이 그들의 뜻대로 되지 않음
을 간파하면서 일을 계획하고, 柳繼春이 6일의 水谷都會에서 의견이 맞지
않아 자리를 뜨게 되는 것을 보면서 결정적으로 일을 추진하게 되었던 것으
로 추측된다. 柳繼春은 7일날 체포되어 13일까지 구금되고 있었기 때문이
다.[69] 李啓烈은 그 사이에 柳繼春 및 그가 지휘하는 樵軍 간부들과 충분한
의논을 하였을 것이고 또 대체적인 합의도 있었을 것이다. 柳繼春이 都會석
상에서 자리를 뜰 수 있었던 것도 이 같은 별도의 계획이 있었던 까닭이라고
생각된다. 그리하여 李啓烈은 그 작업을, 柳繼春으로 하여금 樵軍에게 돌릴
回文을 언문(한글) 歌詞體로 작성케 하여, 우선 柤谷 마을의 樵軍에게 돌리
는 것으로 시작하고,[70] 이어서는 樵軍組織을 통해 전 고을 내의 樵軍들에게
돌리게 되었을 것으로 생각된다. 그 歌詞體 回文의 내용이 구체적으로 어떠
하였는지는 알 수 없지만, 그것은 그들의 行動綱領으로서, 그 후의 事態로
보아, 官과 兵營에서 부당하게 마련하고 있는 都結·統還을 힘으로써 革罷하
고, 기타 여러 가지 부당한 처사를 감행한 官·吏를 징벌하며, 또 이 기회에
兩班 富民으로서 民에게 冤을 쌓은 자들도 응징한다는 점을 구호로 삼고, 軍
歌化한 것이 아니었을까 생각된다.

---

65) 同 上書, 11月 14日.
66) 資料 甲, 晋州按覈使查啓跋辭, p.24, 32.
67) 資料 甲, 晋州按覈使查啓跋辭, p.32.
68) 同 上.
69) 資料 丙, 柳繼春查覈跋辭, p.188.
70) 資料 甲, 晋州按覈使查啓跋辭, p.32.

폭력에 의한 樵軍의 都結·統還 革罷運動이 시작된 것은 2월 14일이었다. 그들은 이날 우선 德山市(장)를 先打하고,[71] 그곳 訓長 李允瑞家를 毁破하는 것으로 氣勢를 올림으로써,[72] 실질적으로 民亂 또는 民의 叛亂상태에 들어 갔다. 晋州民亂의 시작(始亂)이었다.[73] 그리고 위협적인 言辭로써 전 고을 일반 농민들의 호응과 참여를 촉구하고, 각 面里洞에 散居하는 樵軍을 動員· 起送하는 일은 그 面里洞의 風憲·頭民·洞任 또는 班民으로 하여금 담당케 하였다.[74] 그리하여 이때의 운동은 처음에는 邑 西面 사람들에 의해서 시작 되었지만, 그 후에는 점차 邑 東·南·北面 사람들도 모두 호응하게 되어,[75] 운동은 晋州 전역으로 확산되기에 이르렀다. 그러한 가운데 그들은 어느 정 도 분위기가 고조되고 樵軍集團이 커지게 된 18일에는, '頭着白巾 手持木 棒'[76] '蓬頭亂髮 蒙着白巾 各持支械捧杖'[77]한 지게꾼 복장과 지게 작대기로 무장을 하고 晋州城 서쪽으로부터 富民家屋을 毁破하며 진군하여 성 서쪽 5리 밖에 주둔하고, 都結·統還을 革罷할 것과 營·州吏房의 가옥을 毁破할 것을 외치며 시위를 했다.[78] 그리고 19, 20일에는 본격적인 행동에 들어가 牧使와 兵使를 위협하여 都結과 統還의 革罷完文을 받아 내고,[79] 營·州 吏房 을 撲殺하여 燒却하고 그 아들 동생도 打殺하거나 死生未判之境에 이르도록 하며, 그 가옥을 燒却할 뿐만 아니라 邑底의 家舍 또한 毁破 燒却하고 재물

---

71) 資料 丙, 柳繼春査覈跋辭, p.189.
　　　資料 甲, 晋州按覈使查啓跋辭, p.33.
72) 資料 丙, 柳繼春査覈跋辭, p.189.
73) 資料 甲, 晋州按覈使查啓跋辭, p.23.
　　　其曰杻谷·水谷·水谷市·德山市者 亂民之初會·再會·起鬧·始亂之地
74) 資料 甲, 晋州按覈使查啓跋辭, p.29, 28, 26, 黃應瑞, 金正寔, 曺錫哲, 許瑚 등에
　　　대한 査覈상황 참조.
75) 同 上書, p.23.
　　　資料 乙, 壬戌 2月 日, 本營兵使白樂莘狀啓, 1장.
76) 資料 甲, 嶺南(晋州民亂), p.1.
77) 資料 乙, 壬戌 2月 日, 本營兵使白樂莘狀啓, p.1.
78) 同 上.
79) 同 上.
　　　『晋州奈洞文書』에는 이때의 都結·統還에 관한 革罷完文이 '壬戌 2月 日 完文'으
　　　로 수록되어 있다. 李命允의 被誣事實에 晋州牧使 洪秉元이 校理 李命允을 청해서
　　　樵軍 무마를 부탁한 것도 이때의 일이었다.

을 약탈하였다. 성 내에서의 행동은 대체로 이로써 그쳤는데, 이때 소각되고 毁破된 가옥은 70호에나 달하였다.[80] 樵軍들은 그 임무를 완수하였으므로, 23일에는 晋州城을 떠나게 되었는데, 그들은 이때에도 이곳저곳 전전하며 富民의 가옥을 닥치는 대로 毁破하고서야 해산하기에 이르렀다.[81] 그리하여 民亂이 끝났을 때 晋州牧 일경에서의 피해액은 人命殺傷 10명, 衣冠之人 無數打破, 家舍의 毁徹·毁燒된 것 126(56)호, 財産錢穀 등 見奪된 자 78(40) 호 近 10만 財에 이르고 있었다.[82] 표면상으로 볼 수 있는 晋州民亂의 실상 은 바로 이러한 것이었다.

2) 都會·呈訴運動의 主體와 그 目標

晋州民亂과 관련되는 都結·統還의 革罷運動은 대체로 이같이 세 계열의 運動主體들에 의해서 전개되고 있었다. 여기에서 우리에게 궁금한 문제로 제기되는 것은 그러한 세 계열의 사람들 가운데에서도 晋州民亂을 都會·呈 訴運動으로서 출발시킨 勢力은 어떤 계열 어떤 사람들이고, 이것을 民亂·暴 力運動으로까지 전환시켜 나간 核心勢力은 어떠한 계열 어떠한 사람들이었 을까 하는 점이다. 이는 民亂의 성격을 이해하는 데 대단히 중요한 의미를 지니는 것으로 생각된다. 그것은 民亂을 어떠한 계열·어떠한 세력의 어떠한 목표를 위한 운동으로 보는가에 따라, 그 民亂의 성격이 크게 달라질 수 있 기 때문이다. 그런데 이 같은 문제와 관련하여, 民亂을 보는 시각은 民亂 당 시부터 이미 크게 두 계통으로 갈리고 있었다. 하나는 제2계열을 運動主體 로 보는 것이고, 다른 하나는 제3계열을 運動主體로 보는 것이었다. 그 중 에서도 이곳에서 특히 주목하게 되는 것은 按覈使 朴珪壽의 시각인데, 그것

---

80) 同 上, 壬戌 2月 日, 本營兵使白樂莘狀啓, 2장.
81) 資料 乙, 2月 25日, (白樂莘) 再次狀啓, 3장.
　　二十三日 …… 同悖黨 轉轉多處 所過富戶 無不毁撤 而當日午後 各退歸家 ……
82)『壬戌錄』嶺南(晋州民亂), p.1.
　　資料 乙, 壬戌 2月 日, 本營兵使白樂莘狀啓, 2장.
　　資料 丁, 兵使白公 三次修啓, p.278.
　　『日省錄』196, 哲宗 13年 3月 16日, 64冊, p.84.
　　문장 속에서 가옥·재산 등의 수치는 邑·村을 합한 것이고, 괄호 안의 수치는 邑 內를 제외한 村里지역의 것만을 표시한 것이다.

은 곧 이 시기 政府·支配層의 입장을 대변하는 것이기도 한 것으로, 이곳 民
亂을 발발케 한 주모자를 평범한 사람과는 다른 地閥 있는 鄕村士夫, 경제
적으로 田連阡陌하고 있는 饒戶富民(豪民)으로서 평소부터 一鄕의 民에게
號令을 할 수 있는 사람, 지배력을 발휘할 수 있는 사람, 즉 제2계열의 運動
主體일 것으로 보고 있는 점이었다. 그것은 다음과 같은 몇 가지 이유에서
였다.

　그 하나는 通文을 발하여 都會를 열고 있는 것은 小民이 아니라 모두 大戶
의 주장이었다는 점,[83] 둘째는 군중을 동원하여 그들을 亂으로 유도하고 亂
을 전개해 나가는 선후 경과과정을 살피면, 그것은 결코 일개 樵夫·農軍들이
능히 할 수 있는 일이 아니라,[84] 鄕村社會에서 평소부터 위력을 발휘하고 있
었던 사람이 아니고서는 불가능하다는 점에서이었다.[85] 그리고 셋째는 都結·
統還은 饒戶富民이거나 零細 小·貧農層의 어느 경우를 막론하고 모두 이를
바라는 바가 아니었지만, 그러한 가운데서도 특히 전자는 都結을 시행하면
結稅를 더 많이 내야 하고, 統還을 시행하면 일반적인 還穀 운영에서는 누릴
수 있었던 '拔戶不受'의 旣得權을 상실하게 되기 때문이라는 것이었다.[86]
　말하자면 朴珪壽는 제2계열의 運動主體와 같은 威力 있는 鄕村士夫로서
경제적으로 鄕村民을 지배할 수 있는 饒戶富民들이, 수하의 인물을 使嗾하
여 都會를 열고 樵軍을 불러모아 背後에서 지휘 조종함으로써 사태가 저와

---

83) 資料 甲, 晋州按覈使査啓跋辭, p.23.
　　都結·統還 非獨小民之不願 而里會·都會 皆是大戶之主張 則惟彼漫山盖地而來 閧
鬧作變於邑中者 何得諉之於樵軍者乎
84) 同 上.
　　觀其爲亂之次第 跡其起手之先後 有若機謀叵測之所爲 決非擔柴負薪之所能一朝
而可辦也
85) 資料 甲, (晋州按覈使朴珪壽) 到晋州行關各邑, p.5.
　　…… 苟非地閥 有異於凡民 號令素行於一鄕 何以能倡起激動 千百齊奮如彼哉 以
此推究 則都是士民父老之責也
86) 資料 甲, 晋州按覈使査啓跋辭, p.23.
　　…… 以必有饒戶富民(資料 丙·丁에는 豪民) 田連阡陌 氣壓邑村 以都結 則有斂
錢居多之苦 以統還 則失拔戶不受之權 惡其害己 大不便宜 於是 ……
　　여기서 統還은 종래에 身分·金力으로 還穀 부과에서 제외되던 特權層에게도 統·
戶의 조직에 따라 의무적·강제적으로 부과하게 되는 것임을 알 수 있다.

42

같이 전개될 수 있었다고 보는 것이었다. 그러나 그러면서도 그는 끝내 그러한 배후 주모자를 찾아내지는 못하고 있었다. 그는 그러한 인물로서 우선 李命允을 지목하고 있었지만, 李命允이 그러한 背後人物이 아니었음은 분명하였으며,[87] 다른 배후를 찾아내고 있는 것도 아니었다. 그는 그것을 柳繼春을 問招함으로써 밝히려 하고 있었지만, 그에게서는 끝내 그러한 답변을 들을 수가 없었다.[88] 朴珪壽에게는 일정한 民亂觀이 있어서 많은 사실을 밝히기는 하였지만, 그는 그의 선입관에 너무나 집착한 나머지, 按覈文件상에 나타나는 事實도 사실대로 보지 않거나, 더 심층적인 배경을 보지 못하고 편견에 사로잡히는 면이 없지 않았다.

그러나 그의 관점이 전혀 빗나가고 있는 것은 아니었다. 그는 배후 주모자를 鄕村士夫 饒戶富民으로 지적하면서도, 그들에 의해서 使嗾되어 구체적으로 추진되고 있는 일에 관해서는, 都結·統還의 혁파를 위해서 柳繼春 등이 전개한 水谷都會, 즉 제1계열의 呈訴運動으로 이해하고 있었다. 그리고 그럼으로 해서 柳繼春을 民亂의 主謀者(罪魁禍首)로 보면서 그 배후를 실토케 하려고 무던히 애쓰고 있었다.[89] 그는 제1계열과 제2계열의 運動主體를 구분하지 않고 하나로 취급하고 있었으며, 제1계열의 행동을 독자적인 것이 아니라, 제2계열의 지시에 의해서 취해지고 있는 것으로 보고 있었다. 그러나 이는 按覈使의 시각이 그러하였을 뿐 그 사실 여부는 별개의 문제였다. 그러므로 水谷都會에 참여한 제1계열 運動主體에 관해서는 좀더 세심한 고찰이 있어야 하겠다.

水谷都會에 참여한 제1계열 運動主體의 身分階級的 성격이 어떠하였을까 하는 점은 그 都會의 진행상황을 고찰함으로써 대략 짐작할 수 있다. 그리고

---

87) 資料 甲, 晉州按覈使査啓跋辭, pp.31~32.
　　柳繼春三招曰 與李校理同謀主張之說 誠甚虛妄 水谷都會 矣身主之 而李校理初不
　干與是乎矣 …… 四招曰 …… 水谷都會通文 矣身實主之 豈可以初不干與之人 公然
　枉援云云
88) 資料 甲, 晉州按覈使査啓跋辭, p.24.
　　柳繼春段 …… 第其杻谷寓居 不過十年于玆 本無田地 何論結·還 都非渠身甘苦
　之攸關 則必有他人指嗾之可覈 而惟事抵賴 終不直招
89) 同 上.

그러한 고찰의 결과에 의하면, 이 제1계열 運動主體는, 이 고장 身分階級의 정상에 있는 兩班士族·饒戶富民(豪民)으로서 평소부터 一鄕의 民을 號令할 수 있었던 제2계열 運動主體와는 階級的으로 이해관계를 달리하는, 中小土地所有者·堅實한 自營農民層이 주축이 되고 있었던 것이라고 하겠다.

그 이유는, 첫째 이들이 이번에 혁파운동을 벌이고 있는 都結·統還은, 이 지방의 兩班士族을 중심으로 한 支配層(제2계열)이 牧使·兵使의 요청을 승인함으로써 발생하고,[90] 그로 인해서는 그들 土地所有 農民層이 특히 都結을 중심으로 큰 피해를 보게 되었으므로, 이들은 兩班士族層과 이해관계를 달리하는 입장에 있고 그들을 敵對視하면서 그 혁파운동을 전개하고 있었기 때문이었다. 둘째 柳繼春이 水谷都會를 소집하여 呈訴運動을 하고 있는 목표는, 兩班士族들이 兵營에 呈訴運動을 통해서 얻으려 하고 있었던 목표와 달랐으며, 그러한 점에서 그는 兩班士族 등 특권층을 위하는 운동에는 참여하지 않고 있었기 때문이다. 즉 전자의 경우는 일반 民에게 부과하는 都結·統還을 모두 부당하게 부과하는 것으로 보기 때문에 거부하는 것이었으나, 후자의 경우는 都結은 그들이 승인하였으므로 묵인하고, 統還은 頭民을 회유·협박함으로써 시행하려는 것이므로 이를 철회시키려는 것이었는데, 그 것은 그들이 본래 누리던 기득권(拔戶不受之權)을 상실하게 되는 것을 싫어하였기 때문이었다. 그러므로 불평등 구조를 타파하려는 柳繼春과 불평등 원리를 추구하는 兩班士族 등 특권층과는 階級的 利害關係가 대립되는 관계에 있었다고 하겠으며, 따라서 그는 이 고장 특권층의 부당한 이익추구 운동에 참여하고 협조할 수 있는 입장이 아니었다.[91] 그리고 또 그러한 점에서

---

90) 註 23) 참조.

91) 資料 丙, 柳繼春查覈跋辭, pp.188~189에 의하면, 柑谷里의 柳繼春은 加西·青巖里 등의 鄭元八, 姜千汝 등이 統還의 혁파를 위해서 邑內(兵營)에 呈訴하러 가자는 제의를 하였을 때 이를 거절하였는데, 이는 그들이 제기하는 統還革罷는 특히 '統還存廢 大爲還民中以不受作奸者之利害'라는 점에서이었다. 이는 按覈使 朴珪壽가 이곳 사람들 중에서 統還을 반대하는 것은 '饒戶富民'(豪民)으로서, 그들은 '失拔戶不受之權'할 것을 싫어하기 때문이라고 한 것과 같은 것으로(資料 甲, 晋州按覈使查啓跋辭, p.23), 이에서 보면 柳繼春 등의 都結 革罷運動은, 그 목표가 兩班士族 饒戶富民을 위해서가 아니라, 일차적으로 그들 자신, 즉 被支配層으로서의 中小土地所有者·自營農民層을 위하는 것이었음을 알 수 있다.

보면 이 지역 제1계열 運動主體와 제2계열 運動主體를 동일시하거나, 전자가 후자에 의해서 使嗾되는 관계에 있는 것으로 보아서는 아니 되는 것이라 하겠다.

그런데 여기서 우리의 관심사가 되는 것은, 이 같은 제1계열의 運動主體는 小·貧農層에서 中·富農層에 이르는 여러 계층의 농민들로 구성되었을 터인데, 그 중에서도 水谷都會의 呈訴運動에서 중심적 역할을 한 것은 어떤 계층의 농민들이었을까 하는 점이다. 이와 관련하여 우리가 생각하게 되는 것은 두 가지 점이다. 그 하나는 水谷都會의 呈訴運動에서 중심적 역할을 한다는 것은 그 회의석상에서 가장 열성적으로 발언을 하고 회의를 주도하는 것을 말할 것인데, 그러한 사람이면 이번에 새로 설치되는 都結과 統還, 특히 都結로 인해서 가장 많은 피해를 받게 되는 사람들일 것이라는 점이다. 統還은 戶 단위로 부과하는 것이므로 대체로 모든 鄕民·農家에 균등하게 배분되도록 될 것이고, 都結은 農地所有의 多寡, 즉 結負數의 多寡에 따라 부과하도록 하는 것이므로, 農家 중심으로 보면 農地가 많은 사람일수록 많은 都結稅를 부담하지 않으면 아니 되었기 때문이다. 그리고 그러한 사람이라면 小·貧農層이 아니라 中·富農層, 특히 富農層에 속하는 농민들이 그에 해당하리라 생각된다.

다른 하나는 水谷都會에는 여러 洞里에서 30여 명의 사람들이 모여서 一鄕民의 이해관계를 논하고 현안문제를 해결하려 하였는데,[92] 그러한 회의에 참석하여 그 같은 문제를 토론하는 사람이 될 수 있으려면 평소부터 그들 洞里에서 洞民을 지도하고 이런 저런 洞內의 문제를 해결하고 있었던 有力者, 그뿐만 아니라 他洞里에까지도 그 명성이 잘 알려진 유력자들이었을 것이라는 점이다. 그러한 사정은 水谷都會에 참여한 사람들의 회의 진행방식이 그 都會를 소집한 柳繼春의 '呈官'論을 '呈官하면 被杖을 면하기 어렵다'는 이유로 간단하게 거부하고, 그들 衆民의 '呈營'論을 결의사항으로 채택하고 있었던 사실에서도 이해될 수 있는 일이라 하겠다.[93] 그리고 그렇게 할 수

---

92) 資料 丙, 金允化查覈跋辭, p.187.
93) 資料 丙, 柳繼春查覈跋辭, p.188.
　　以其市日之致會者甚多 而衆論成曰 若呈官家 則難免被杖矣 不如直愬巡營云 矣身

있는 농민이라면, 비교적 투쟁적·전투적일 수 있는 小·貧農層이 아니라, 이
시기 농촌사회의 分解過程 속에서 몰락하지 않고 성장할 수 있어서 비교적
안정적인 생활을 할 수 있었던 被支配層으로서의 饒戶富民들, 그리고 難題
에 직면했을 때 소극적이긴 하지만 비교적 자제력을 잃지 않고 일을 처리할
수 있는 中小土地所有者·堅實한 自營農民層일 것이며, 그 중에서도 비교적
여유가 있는, 그러나 兩班土豪 兩班地主層과는 구별되는, 일반인으로서의
饒戶와 富農層이 그 중심이 되었을 것으로 생각된다.[94]

　말하자면 이때의 呈訴運動은 이 같은 農民層으로서의 農村有力者·農村中
堅層, 饒戶와 富農層이 그들의 이익을 지키기 위해서 추진하되, 그 운동방식
으로서는 이 시기 이 고장의 사회운동가로서 그들과 지향하는 바가 유사하
였던 沒落兩班 柳繼春 등을 내세워 전개하고 있는 것이었다고 하겠다. 그리
고 그러한 점에서는 朴珪壽도 水谷都會와 呈訴運動의 主體, 그가 보는 晋州
民亂의 실질적 주체를, 背後論을 논외로 한다면, 사실상 이 제1계열의 運動
主體로 보고 있는 셈이었다고 하겠다.

　이 같은 晋州民亂 前半 단계의 都會·呈訴運動을 통해서 보면, 晋州民亂의
계기는 분명 都結과 統還의 강행에 있었고, 따라서 民亂·呈訴運動의 주체들
은 그것을 저지하고 혁파할 것을 목표로 하지 않을 수 없었다. 民亂 발생의
계기가 이와 같이 三政紊亂에 있었다고 하는 사실은 이 시기 다른 지방 民亂
의 경우에도 마찬가지였다. 어느 지방의 民亂이거나를 막론하고 都結·기타
등등 三政紊亂이 그 계기가 되고 있었음은 공통된 현상이었다. 그것은 이미
民亂발생 당시부터 분명하였다. 널리 알려진 바와 같이, 三政紊亂은 이른바
三政(田政·軍政·還穀)의 부당한 운영과 그것을 통한 支配層(地方官·鄕吏層)
의 誅求를 말하는 것인데, 당시 각 지방 地方官의 보고서나 按覈使·宣撫使·
暗行御史 등의 啓文에 따르면 각 지방 民亂의 계기는 대부분 이 같은 현상으

　　答以爲 不呈本邑 大非道理 …… 則會中之人 俱不聽從 以直呈巡營斷定
94) 이 시기 饒戶·富民의 용어 개념에 관해서는 『牧民心書』39, 賑荒 規模에 설명된
　　바가 있어서 열람이 필요하고, 근자의 연구로서는 安秉旭, '19세기 壬戌民亂에 있
　　어서의 鄕會와 饒戶'(『韓國史論』14, 1986)가 특히 참고된다. 이 밖에 拙 稿, '朝
　　鮮後期의 經營型 富農과 商業的 農業'(『朝鮮後期農業史硏究』II, 증보판)에서도
　　이 문제를 언급하였다.

로써 지적되고 있었다.[95] 사실 三政은 본시 制度的·構造的으로도 불합리하였
으므로, 그 운영이 부정하고 문란하게 되는 것은 필연적이었으며,[96] 따라서

---

95) 『壬戌錄』에는 朴珪壽의 報告書 외에도 그러한 내용의 보고서가 허다하게 수록되
   어 있다. 全羅監司狀啓, 『壬戌錄』, p.59 ; 盆山按覈使啓跋, 同上, p.60 ; 嶺南宣
   撫使 李參鉉, 『鍾山集抄』, 「嶠南日錄」, 同上, pp.201~234 ; 慶尙右道暗行御史
   李寅命 別單, 同上, p.51 등은 그 몇몇 예이다.
96) 이를 좀더 구체적으로 논하면 다음과 같이 설명할 수 있을 것이다.
   田政은 국가가 農地로부터 稅(田稅·三手米·大同·其他 附加稅)를 징수하기 위하
   여 행하는 일련의 稅政 運營의 과정을 말하는데, 이 같은 목적을 위해서 朝鮮王朝
   는 역대 中世 封建國家 이래의 先行하는 制度를 계승하여 특이한 제도를 설정하고
   있었다. 그것은 여러 각도에서 지적될 수 있겠지만, 특히 三政紊亂의 문제와 관련
   하여 이를 지적한다면, 다음과 같은 두 가지 점을 들 수 있을 것이다.
   그 하나는 農地를 파악하기 위한 單位가 所出·土地面積·稅額의 세 가지를 하나
   의 개념으로 파악하는 結負制로서, 국가의 農地로부터의 收稅行政·田政은 이 제도
   를 軸으로 하여 운영되고 있었다는 점이다. 가령 米 20石이 産出되는 농지이면 그
   實 面積의 廣狹(3천 坪~1만 2천 坪)을 막론하고 1結이고, 그 稅額은 그 實 面積
   의 廣狹에 관계없이 그 소출의 10분의 1인 米 2石(후에는 변동)이 되는 것이었다.
   이러한 제도에서는 근원적으로 소출과 토지면적을 연결시키는 데 難点이 있게 마
   련인데, 이를 최소한으로나마 해결하기 위해서 朝鮮王朝는 1等田에서 6等田까지
   의 田品制를 두기도 하고, 20년에 한 번씩 量田을 하도록 하는 제도적 장치를 마련
   하고도 있었다. 그러나 이 같은 結負制는 기본적으로 收稅者·國家의 입장에서 마
   련한 것으로, 그들 입장에서는 지극히 편리하고 합리적인 제도라는 일면이 있었지
   만, 納稅者·農民의 입장에서는 원천적으로 불합리한 것일 수밖에 없었다. 量田시
   賂物의 授受나 신분의 귀천이 田品의 규정에 영향을 주는 것은 말할 것도 없고,
   量田이 규정대로 행해지지 않는 가운데, 田品이 한번 정해지면 좀처럼 고쳐지기
   어려웠다.
   다른 하나는 國家가 農地所有者에게 田稅를 부과하는 방법이, 郡縣 단위의 結摠
   制(稅收總額制)를 원칙으로 하면서 운영하는 특이한 방법이었다는 점이다. 그것
   은 국가가 量田事業을 통해서 각 지방의 農地結數를 파악하고, 이를 그 지방의 結
   摠(郡摠)으로서 확정하게 되면, 따라서 전국의 농지 結數를 파악하여 이를 전국의
   結摠으로서 확정하게 되면, 그 후부터는 그 郡縣과 전국의 田結에 부과되는 稅는
   이 結摠에 의해서 부과되며, 각 地方民의 실제의 收益에 변화가 있어도, 좀처럼 그
   結摠額數를 변동하기가 어려운 것이었다. 가령 天災地變이 있어서 陳田이 생겨도
   쉽사리 陳田免稅의 조치를 받기 어려웠고, 農作에 계속 흉년이 들어서 災結이 늘
   어나도 災結免稅의 혜택을 받기 또한 어려웠다. 이 같은 문제에 대한 法的·制度的
   配慮가 전혀 없었던 것은 아니나, 그러나 그러한 배려보다는 국가재정을 충실히
   해야 한다는 관점이 항상 우선시되고 있었다. 이는 稅賦課의 원칙이, 농민 개개인
   에게 그들의 農地所有·農家所得에 따라 거기에 합당한 稅를 수납토록 하는 것이
   아니라, 국가가 필요로 하는 稅額을 국가재정 위주로 미리 정해놓고 지방민·농민
   으로 하여금 어떠한 일이 있어도 그것을 수납토록 하는 것이어서, 原理的·根源的
   으로 불합리한 것이 아닐 수 없었다.

이 때문에 民亂이 발생하게 되는 것은 지극히 자연스러운 일이기도 하였다.

그뿐만 아니라 그럼으로 해서 당시 民亂을 근원적으로 수습하려 한다는 정부의 대책도 그러한 각도에서 취해지고 있었다. 정부에서는 이때 이 문제를 수습하기 위하여 三政策問의 求言敎를 내리고, 三政釐整廳이라는 기구를

軍政은 국가가 軍役을 질 壯丁으로부터 正兵의 役을 징발하거나 軍役稅를 징수하는 데 관한 일련의 稅·役 운영의 과정을 말하는데, 이 같은 목적을 위해서도 朝鮮王朝는 그 특유의 제도를 마련하고 있었다. 그것은 軍役을 질 身分·社會階層을 平民層으로 한정하는 가운데, 郡縣 단위로 그 軍摠·軍額의 수를 정하고, 여하한 일이 있어도 그 郡縣에서는 그곳에 배정된 軍摠·軍額의 役과 稅를 부담하도록 하는 것이었다. 가령 그 軍摠·軍額의 수가 3천 명인 郡縣에서 3백 명의 闕額이 생겨도, 그 郡縣에서는 그 闕額만큼 그 稅·役을 면제받을 수 있는 것이 아니었으며, 3천 명분의 稅·役을 全額 부담하지 않으면 아니 된다는 것이었다. 이 시기의 軍政은 말하자면, 각 郡縣의 軍額을 그들이 애초에 파악한 戶口數·壯丁數에 따라 정하되, 그 후에도 계속 그 軍額을 定額制로서 고정시키는 가운데 운영하는 것이었다. 이는 軍政을 국가가 戶口·人丁 위주로 운영하는 것이 아니라 국가재정 위주로 운영하는 것으로서, 이러한 軍政 운영에는 人丁과 軍額이 일치되기 어려운, 稅政 원리상의 근본적 불합리성·모순이 내포되지 않을 수 없었다. 그뿐만 아니라 이 시기에는 사회변동·신분변동이 격심하게 전개되는 가운데, 平民層·農民層의 軍役 담당자가 격감하고 있었으므로, 軍政의 불합리성은 더욱 확대되고, 軍丁闕額에 따르는 모순문제도 더욱더 확산되지 않을 수 없었다.

還穀은 애초에는 救荒·賑恤을 위한 貸穀事業으로 출발한 것이었으나, 朝鮮後期에는 국가의 中央財政과 地方財政 수입을 위한 高利貸的인 息利事業으로 化하고 있었으며, 그것으로도 부족하여 마침내는 강제성을 지닌 貸付業으로 化하고, 농민의 입장에서는 이를 의무적으로 받아먹고 이자를 갚아야 하는, 일종의 賦稅로 化하고 있는 것이었다. 朝鮮王朝에서는 이 같은 還穀에 대해서도 특이한 제도를 마련하여 운영하고 있었다. 그것은 郡縣 단위로 還摠이 정해지고, 還穀配分의 원칙이 가령 '半留半分'으로 정해지면, 그곳 鄕村民들은 싫건 좋건 그 半分하는 還穀을 받아먹고, 그것에 대한 이자 1割을 의무적으로 官에 수납해야 하는 것이었다. 가령 어느 郡縣에 還摠이 1만 石이라고 한다면, 그 고을에서는 매년 5천 石을 배분하고 추수 후에 本穀과 함께 이자 5백 石을 상납하도록 하는 것이었다. 이 경우 이 같은 還摠은 어떠한 일이 있어도 마음대로 변동할 수 없으며, 따라서 극단적으로 말하여, 地方官·吏의 협잡으로 還摠이 다 없어져서(吏逋) 농민들이 還穀을 받아먹지 못하더라도 그 이자는 賦稅로서 상납해야만 하였다. 그리고 地方官廳의 필요에 따라서는 半分해야 하는 還穀을 盡分하고 그 이자를 징수해도 농민들로서는 어쩔 수가 없었다. 그뿐만 아니라 신분 지체가 높고 官權·金力이 있는 사람들은 還穀 부과에서 면제되는 것이 일반적이었으므로, 일반 농민들의 부담은 더욱 커지게 마련이었다. 이는 실로 국가재정 지방재정만을 고려한 불합리한 제도가 아닐 수 없었으며, 따라서 이로 인해서는 부정행위가 허다하게 발생하지 않을 수 없었다. 拙稿, '朝鮮後期의 賦稅制度 釐正策'(『韓國近代農業史研究』上, 증보판, 1984) 참조.

설치하였으며, 「三政釐整策」이라고 하는 捄弊方略을 마련하고 있었다.[97] 三政은 封建 朝鮮王朝에 있어서 국가활동의 중요한 財政的 측면을 의미하는 것이었고, 국가는 이러한 物的手段의 정상적 운영에 의하여 그 체제유지가 가능하였기 때문에, 地方官廳의 末端官吏·鄕吏層에 의해서 이 物的手段의 운영에 異常이 생기게 되었을 때, 즉 三政紊亂이 발생하게 되었을 때 정부에서 그 같은 대책을 세우게 되는 것은 지극히 당연한 일이었다. 이는 朝鮮王朝 정부가 이 시기의 사회문제를, 과거에 財政 經濟 문제와 관련하여 어려운 상황에 직면하게 되었을 때는 늘 그러하였듯이, 賦稅制度의 釐整을 통해서 그것을 수습하고 해결하려 하였던 바 전통적인 政策을 그대로 따르고 있는 것이었다고 하겠다.

4. 民亂發生의 背景과 亂 推進勢力의 指向

앞에서와 같이 정리하고 보면, 哲宗朝 民亂發生의 계기 및 원인을 三政紊亂·三政運營의 불합리에 있는 것으로 보고, 따라서 民亂의 추진을 제1·2계열의 運動主體로 보는 시각에 큰 착오는 없으며, 이는 움직일 수 없는 사실이라 하겠다. 그러나 그러면서도 이 시기의 여러 자료를 검토해 보면, 우리는 이 시기 民亂의 원인을 단순히 三政의 문란에만 돌리거나 民亂의 推進主體 또는 핵심세력을 제1·2계열로 보는 데는, 근본적인 면에서 적지 않은 의문을 제기하지 않을 수 없다. 三政紊亂으로 표현할 수 있는 현상은 이미 오래전부터 전국적으로 전개되고 있었으며,[98] 비교적 안정된 생활을 하고 있는

---

97) 「釐整廳謄錄」(『壬戌錄』, p.297).
  『三政策』1, 2(亞細亞文化社).
   拙稿, '哲宗朝의 應旨三政疏와 「三政釐整策」'(『韓國近代農業史研究』上, 증보판, 1984).
98) 朝鮮後期에는 兩亂 이후 賦稅制度와 관련하여 많은 부정행위·불합리한 수탈행위가 있었는데, 이는 요컨대 三政紊亂으로 표현할 수 있는 것이었다. 그러한 사정은 일일이 그 예를 들 수 없을 만큼 많으며, 그 내용 또한 다양하였다. 田政과 관련하여 量田의 논의가 거듭 나오고, 軍政과 관련하여 良役變通의 논의가 끊이지 않으며, 還穀과 관련하여 그 부당성과 개혁의 논의가 계속 제기되고 있었던 일이라든

鄕村民 農民層이 政治的 목표를 갖지 않은 상태에서, 자기 고장에서 民亂·亂을 일으킨다는 것은 쉽지 않은 일이었을 터인데,[99] 이 시기의 三南民은 그같은 거창한 일을 예사롭게 감행하고 있었기 때문이었다.

그리고 朴珪壽의 按覈文件을 통해서 그가 民亂을 査覈하는 방식을 살피더라도 거기에는 대단히 부자연스러운 점이 있었기 때문이다.

이를테면 그는 民亂의 배후인물을, 평소부터 鄕民을 號令하고 지배하고 있었던 鄕村士夫로서의 饒戶富民(豪民)으로 보고자 하였는데, 民亂의 결과를 보면, 鄕村士夫와 대단한 饒戶富民들은 李 校理 외에는 鄕吏層과 함께 樵軍에 의해서 공격을 받고 家屋이 毀破되고 있어서 그의 논리는 모순되는 바가 있었다.[100] 그리고 그는 民亂의 시작을 樵軍의 德山打市에서 비롯되는 것으로 보면서도,[101] 民亂의 주모자를 水谷都會의 呈訴運動(合法運動)과 관련하여 찾고자 하고 있었는데,[102] 이는 民亂의 段階性, 民亂推進의 핵심세력을 제대로 파악하지 못하고 있었음을 보여주는 것이라 하겠다. 더욱이 晉州民亂의 전개과정에서 樵軍의 역할은 다른 身分階級에 비하여 두드러진 바가

가(拙 稿, '朝鮮後期의 賦稅制度 釐正策', 『韓國近代農業史硏究』上), 暗行御史의 派遣이 더욱 빈번해지고, 訴寃制度가 더욱 용이하게 행해질 수 있도록 改革되고 있었음은 단적으로 그러한 사정을 반영하는 것이었다(金明淑, '朝鮮後期 暗行御史 制度의 一硏究', 『歷史學報』115, 1987 ; 韓相權, 註 32의 저서).

99) 정치적 목표를 지닌 亂이란, 이른바 '李麟佐亂' '洪景來亂' 등으로 불리는 亂을 말한다. 이러한 亂에서는 晉州民亂 나아가서는 三南民亂의 경우와는 달리, 亂의 주체들이 권력의 쟁취라는 뚜렷한 목표를 가지고 일을 전개하고 있었으며, 거기에 참여하는 農民層도 그들 자신이 무슨 일을 하고 있는지 의식하지 않을 수 없었다.

100) 資料 甲, 晉州按覈使査啓跋辭, p.33.

　　禹良宅 …… 三招曰 伊日 樵軍輩見衣冠之人 則皆爲打破 而獨於李校理之來也 一齊開路 ……

　　資料 甲, 嶺南(晉州), p.1.

　　晉州民數萬名 …… 燒毀吏胥家屢十戶 …… 分黨出村 馬洞鄭營將·南星成富人·靑崗崔進士三家 并爲燒毀矣

　　註 81) 참조. 이 같은 사정은 다른 지역 民亂의 경우에서도 마찬가지였다.

101) 註 73) 참조.

102) 資料 甲, 晉州按覈使査啓跋辭에 따르면, 朴珪壽의 民亂발생에 대한 이해는, 背後勢力·司令塔으로서의 鄕村士夫·饒戶富民(豪民)이 있어서, 이들의 指揮·使嗾하에 柳繼春 등의 指導層이 都會를 열고 呈訴運動을 하며, 나아가서는 이들의 지휘하에 樵軍 등 行動隊의 暴力運動도 전개되는 것으로 보는, 말하자면 晉州民亂의 전과정을 단일체계의 운동으로 보는 것이었다.

50

있었는데,[103] 그는 이곳 民亂을 이 樵軍을 중심으로 검토함으로써 그 원인을 찾으려 하고 있지 않았다. 뿐만 아니라 그의 按覈文件을 통해서 보면, 民亂을 일으킨 당사자들의 행동을 使嗾에 의한 피동적인 것으로 보거나,[104] 또는 몰락한 지 오래된 자들이 이 기회에 積寃懷憤을 풀려는 일시적 衝動心에서 나온 것으로 보고,[105] 그들이 그렇게 행동할 수밖에 없었던 역사적 배경이나 그들 나름대로 主體的 입장에서 한 행동이었음을 밝히려 하고 있지 않았다. 民亂을 이같이 고찰하면, 民亂의 성격을 民亂 推進者의 입장에서가 아니라, 亂民의 공격을 받은 정부·국가의 입장에서 풀이하는 것이 되어서, 연구방법상 근본적으로 한계성을 지니게 된다고 하겠다.

그러므로 우리가 이 民亂을 바로 이해하기 위해서는, 설혹 朴珪壽가 按覈한 바 文件을 분석하고 그가 제시한 바 民亂의 실상을 고찰하는 가운데서 이를 파악하고자 하는 것이기는 하지만, 民亂의 전개과정을 단계적(呈訴運動과 暴力運動)으로 파악하고 그 차이성을 파악하되, 民亂을 추진하고 있는 핵심세력들이 자연스럽게 民亂을 일으킬 수 있었던 사회적·역사적 배경을 찾아야 할 것으로 생각된다. 그러기 위해서는 民亂을 呈訴運動 단계에서 暴力運動 단계로 전환시켜 나간 제3계열의 運動主體와 沒落農民이나 沒落兩班 등 小·貧農層에 관해서 특히 주목해야 할 것으로 생각된다. 이는 제3계열의 運動主體야말로 民亂推進의 핵심세력이라고 보는 견해로서, 이러한 시각도 이미 民亂 당시부터 제기되고 있었다.[106] 이는 주로 진보적 지식인들 가운데에서도 사태를 體制的 矛盾關係로 보고 그것을 농민적 입장에서 해결해야 할 것으로 보는 사람들에 의해서 제기되고 있었다. 그리고 이 같은 시각

---

103) 晋州民의 운동을 民亂·亂일 수밖에 없도록 한 人命殺傷, 家屋毁破 등 사태는 樵軍의 暴力運動으로써 일어나고, 都結·統還의 결정적 해결도 樵軍의 활동으로써 얻어지고 있었다.
104) 註 88) 참조.
105) 資料 甲, 晋州按覈使査啓跋辭, p.24.
  大衆一聚 摠是無識無知之輩 積屈旣久 莫非懷寃懷憤之民 乘時肆氣 猖狂自恣 遂陷於干紀犯分 凌虐殘酷之罪
106) 예컨대, 『古歡堂收草』 卷 4, 擬三政捄弊策에 정리된 姜瑋의 견해는 그 한 예이다. 拙稿, '哲宗朝의 應旨三政疏와 「三政釐整策」'(『韓國近代農業史研究』上, 제II편) 참조.

에서 民亂발생의 배경을 찾기 위해서는, 이 시기 농촌사회에서의 農民層分解, 社會變動 및 社會意識의 成長問題가 정면으로 고찰되어야 할 것으로 생각된다.

1) 農村社會의 分解와 矛盾의 深化

우리는 晉州民亂의 按覈文件을 분석 고찰하는 가운데, 그 民亂의 발생을 둘러싼 農民運動을 前·後의 두 단계로 나누고, 前段階에서는 다만 제1계열에 의한 呈訴運動이 있었던 데 그쳤고, 後段階에 이르러서야 제3계열에 의한 실질적인 民亂이 추진된다는 점을 지적하였거니와, 民亂발생의 배경을 좀더 심층적으로 이해하기 위해서는, 이 後段階에서 활약하는 運動主體·推進勢力에 대해서 좀더 세심하게 고찰할 필요가 있다고 생각된다. 이 단계의 운동을 제론하고 계획한 주모자는 이미 지적한 바와 같이 李啓烈과 柳繼春이었으며, 동원된 主力部隊는 樵軍이었는데, 民亂발생의 배경은 이들의 社會的·階級的 성격과 깊은 관련이 있었기 때문이다.

朴珪壽의 按覈文件에 의하면, 李啓烈은 李 校理의 6寸이었으므로 신분상 양반이었지만, 일자무식인 가운데 양반의 지위에서 완전히 몰락하여 일개 農軍으로 化하고 있었으며, 경제적 지위는 그가 鄕村社會에서 樵軍과 어울려 지내는 가운데 그 座上이 되고 있었던 점으로 보아,[107] 이 시기 이 지역에서는 최하의 계층에 속하는 존재였던 것으로 보인다. 柳繼春도 李 校理家의 所志에 '柳班'[108]으로 기술하고 있어서 본시 양반신분이었음이 분명하다고 하겠다. 그러나 朴珪壽의 그에 대한 설명에는 그를 양반으로 대접하는 점이 보이지 않으며, 그 모친을 '召史'[109]로 부르고 있었던 점이라든가, 또는 그의

---

107) 資料 甲, 晉州按覈使査啓跋辭, p.24.
　　 李啓烈段 柳繼春所謂校理之六寸 樵軍之座上也 使繼春而製出樵軍回文 渠所納招 如此 繼春所供如此 而所謂座上者 頭目之稱也 稱號已極乖異 情節豈非殊常 只據供 招 驟聞其說 則有若此獄肯綮 專在此漢 而觀其爲人 卽一擔糞服牛之農丁也 聽其言 辭 全是無知沒覺之蠢氓也 稱有班閥 故坐必在樵件之上 又多年齒 故餼必居耘夫之先 如此之輩 俗稱座上 卽不過隣里之尊稱 無足爲亂民之渠魁是白乎旀

108) 資料 丙, 柞谷李校理宅奴子得孫 所志, p.190.
　　 김준형, '진주농민항쟁'(『진주신문』 1993. 12~1994. 10)에는 柳繼春의 내력이 잘 소개되어 있다. 이에 의하면 그는 南冥 曺植의 제자 潮溪 柳宗智의 9대손이었다.

경제사정을 '本無田地'[110]한 것으로 지적하고 있는 점으로 보아, 그도 그 몰락이 바닥에까지 미쳐 있는 지체가 낮은 沒落兩班이었던 것으로 보인다. 그러나 그러면서도 그는 일정한 識見이 있는 가운데 意識이 살아 있어서, 鄕中에 사회문제가 발생할 때는 언제나 앞장서서 鄕會·里會를 열고 邑訴·營訴(묘官·묘營)하기를 좋아하는 運動家이기도 하였다.[111] 樵軍의 身分階級은 태반이 '雇奴' '傭夫'로서 구성되는데,[112] 전자는 노비신분으로서 그들을 소유하고 있는 주인이 아닌 다른 사람(雇主)에게 雇工으로 고용되고 있는 賃勞動層이며, 후자는 常民 또는 양반으로서 몰락하여 농촌에서 雇傭勞動에 종사함으로써 삶을 이어가지 않으면 아니 되는 賃勞動層이었다. 그리하여 그들은 지게 지고 산에 가면 樵軍이 되고 들에 나가면 農夫(農業勞動者)가 되는,[113] 말하자면 이 시기 농촌사회의 分解와 그에 따르는 階級構成에서 최하의 위치로 전락해 있는 賃勞動層과 零細 小·貧農層이 주가 되고 있는 존재들이었다.

晋州民亂의 발생 배경은 이러한 종류의 農民層의 形成, 즉 階級構成과 깊은 관련이 있었다. 그리고 그 階級構成은 이 시기의 사회경제 전반의 발전과 관련하여 전개되는 농촌사회의 광범위한 分解에서 발생하는 것이었다. 그러므로 民亂의 발생 배경을 이해하려는 작업은 곧 이 시기 농촌사회의 分解過程을 이해하는 것이 되지 않으면 아니 되는 것이라 하겠다.

농촌사회가 分解되는 사정으로서 먼저 생각하게 되는 것은, 이 시기에는 商品貨幣經濟가 발달하고 있는 가운데, 토지의 商品化가 촉진되고 있었다는 점이다. 우리나라 중세사회에서는 본시 토지의 私的所有權이 법적으로 인정되고,[114] 따라서 그 소유의 上限이 제약되지도 않았는데, 朝鮮前期까지에는

---

109) 資料 丙, 제12호 진주폭동 조직자들의 최후진술서(이하 柳繼春·金守萬·李貴才結案으로 약칭) 중의 柳繼春結案, p.200. 단, 이 경우의 호칭은 柳繼春을 罪人으로 보고 있는 데 따르는 표현일 수도 있겠다.
110) 註 88) 참조.
111) 資料 甲, 晋州按覈使査啓跋辭, p.24.
112) 『壬戌錄』 慶尙右道暗行御史李寅命 別單, p.51.
113) 『壬戌錄』 南海人의 等訴, p.101.
114) 『經國大典』 戶典 田宅.

支配層의 토지를 통한 收入의 한 원천이었던 收租權 分給制가 쇠퇴하고 있
어서,[115] 이 시기에 이르러서는 토지를 통한 富의 증대가 이 所有權에만 의존
하게 되고, 따라서 그 賣買가 더욱더 촉진되지 않을 수 없도록 되었던 까닭
이었다.[116] 더욱이 이 시기의 地主經營은 市場과 연결되는 가운데 운영되고
있어서 收益性이 좋았으므로, 地主層은 農地에 큰 결격사유가 없는 한, 그
剩餘를 새로운 농지에 투자하고 매입하는 데 주저하지 않았다.[117] 大土地를
소유하고 地主經營을 하는 것은 본시 경제기반이 탄탄하였던 兩班層이 주를
이루었지만, 土地所有에는 身分的 제약이 없었기 때문에 常·賤民도 中·小土
地所有者가 되는 데 어려움은 없었다.[118] 부유한 地主層이 토지를 매입코자
할 때는 반드시 仲介人을 내세워 願賣者를 찾아다니지 않아도 되었다. 이 시
기에는 이런 저런 사정으로 경제적으로 급한 처지에 있는 鄕村民이 늘 많았
으므로,[119] 부유한 地主層이 자금을 넉넉히 가지고 집에 있으면, 願賣者들이
土地文記를 들고 찾아와 그 토지를 買入해 줄 것을 간청하는 것이 일반이었
다.[120] 물론 토지의 賣買가 이같이 자연스러운 商行爲로서만 이루어지는 것
은 아니었다. 이 시기의 각 지방에는 鄕吏層과 결합한 兩班層의 土豪武斷 행
위가 많아서, 이들은 힘없는 일반 富民이나 常·賤民에 대하여 高利貸的인 債
務關係를 통해, 거의 폭력적이고 약탈적인 방법으로 그 토지를 抵當物로 差
押하는 경우가 흔히 있었다.[121]

---

115) 李景植, '職田制의 施行과 그 推移'(『朝鮮前期土地制度研究』, 1986).
116) 李景植, '16세기 地主層의 動向'(『歷史教育』 19, 1973).
　　　　'朝鮮前期의 土地改革論議'(『韓國史研究』 61·62, 1988).
　　金泰永, '朝鮮前期의 均田·限田論'(『國史館論叢』 5, 1989).
117) 李世永, ①'18,9세기 穀物市場의 형성과 流通構造의 변동'(『韓國史論』 9, 1983).
　　　　②'18,19세기 兩班土豪의 地主經營'(『韓國文化』 6, 1985).
118) 그 같은 사정은 量案의 起主欄에 기재된 農地所有主의 신분을 통해서 확인할 수
　　있다. 어느 지방의 量案을 보더라도 양반층이 常·賤民보다 農地所有에서 유리하고
　　우세하였지만, 그러나 常·賤民 중에도 起主로 기록되어 있는 자, 말하자면 農地所
　　有者가 광범위하게 존재하고 있었다. 이 시기는 自營小農層이 광범위하게 존재하
　　는 시기였다. 拙 著, 『朝鮮後期農業史研究』 I, 증보판 참조.
119) 周藤吉之, '朝鮮後期의 田畓文記에 관한 研究'(『歷史學研究』 7의 7·8·9, 1937).
120) 『燕岩集』 卷 16·17, 「課農小抄」 限民名田議(『農書』 6, 亞細亞文化社本), p.411.
121) 註 54) 참조.
　　郭東燦, '高宗朝 土豪의 成分과 武斷樣相'(『韓國史論』 2, 1975).

54

그리하여 이러한 과정을 거치면서 부유층은 더욱 많은 토지를 兼倂하게
되고, 그와 반대로 많은 농민층은 토지를 상실하는 가운데 점차 몰락하지 않
을 수 없었다.[122] 泰仁지방의 金永寬이란 地主는 본시 漢陽 사람으로, 이곳에
서 약간의 錢財와 小土地를 소유한 群小地主로서 출발하였으나, 토지매입에
열을 올리고 百·千으로 헤아리는 주변의 많은 농민들로부터 농지를 매입함
으로써, 자기 당대에 110여 結을 兼倂 소유하고 2천 石을 추수하는 泰仁지
방 굴지의 大地主가 되고 있었다.[123] 그리고 晋州地方 성명 미상의 어떤 土豪
는 奴尙卜의 이름으로 奈洞里라고 하는 한 里에만도 33結 91負 6束의 농지
를 소유하고 있었는데, 이는 이곳 里 전체의 농지면적 145結 41負 1束의
23.3%나 되는 것이었다.[124] 그리하여 한 사람의 土地兼倂者가 한 里 내에서
거의 4분의 1이나 되는 농지를 겸병함으로써, 이곳 里에 토지를 소유하는
사람들 중 62.8%나 되는 많은 사람들(F급 농민)은 겨우 평균 11負 1束밖에
소유하지 못하게 되고 있었다.[125] 이는 평균치를 말하는 것이므로 이 가운데
는 겨우 가옥과 2, 3負의 垈田을 소유하는 데 불과한 無田農民에 가까운 사
람도 있었고, 또 사실상 한 필지의 농지도 소유하지 못한 無田窮民도 다수

李世永, 註 117)의 ② 논문.

122) 이는 이 시기의 커다란 사회문제가 아닐 수 없었고, 여기에 마침내는 진보적인
人士들에 의한 土地改革論이 나오지 않을 수 없게까지 되고 있었다. 이 시기 土地
改革論의 추세에 관해서는 拙 著, 『朝鮮後期農業史硏究』II, 증보판, 제IV편 農業
論의 動向 참조.

123) 同 上書, p.243.

124) 拙 稿, '晋州奈洞里大帳의 分析'(『朝鮮後期農業史硏究』I, 증보판).
이 量案의 作成年代는 '丙午年 9月'로 되어 있다. 필자는 이를 憲宗 11年 乙巳年
의 量田令과 관련하여, 憲宗 12年(1846)의 丙午年에 작성하였을 것으로 보았으
나 그 내용은, 그 起主의 人名이 이 시기 이곳 洞案의 인명과 일치하지 않는 부분
이 많은 점에서, 丙午年에 앞선 어느 시기의 것을 복사한 것으로 보았었다. 아마도
憲宗 11年의 量田令과 관련하여 量田을 하기는 해야겠으나 이를 하지는 못하고
그 이전의 量案을 그대로 필사하여 이용했던 것으로 본 것이었다(同 上 논문의 註
3 참조). 그런데 최근 晋州 「金冬於里大帳」의 발굴과 아울러 연구된 바에 의하면,
「晋州奈洞里大帳」의 내용이 肅宗 庚子量田(1720)시의 것으로 밝혀졌다(金建泰,
'朝鮮後期 民의 農地所有 現況과 그 推移', 2001). 이 年代는 晋州民亂과 너무 멀
리 떨어져 있어서, 이를 晋州民亂과 직접 연결시켜 고찰하는 데는 문제가 있겠으
나, 그 배경으로서 고찰하는 데는 큰 무리가 없을 것으로 생각된다.

125) 同 上.

존재하고 있었다. 그러므로 이들은 그 耕食이 보장되지 않는 官有의 閑地(菁川敎場)를 개간해서라도 살아가지 않으면 아니 되었으며, 이 때문에 이들은 兵使에게 冒耕으로 몰려 勒徵을 당하게 되고, 그럼으로 해서 이들은 官·營에 대하여 愁怨의 恨을 품게도 되고 있었다.[126]

농촌사회를 分解시키는 사정은 여기에 머무르지 아니하고, 이 밖에도 이를 심화시키는 사정이 農業技術의 발달을 중심으로 광범위하게 전개되고 있었다. 晋州지역은 그 중에서도 중심이 되는 곳이었다. 그러한 농업기술의 발달에서 특히 주목되는 것은 두 가지 점이었는데, 그 하나는 이 시기에는 水稻의 재배에서 付種法보다 노동력이 절약되는 移秧法을 중심으로 한 농업기술이 水田種麥을 수반하면서 발달하고,[127] 또 여러 가지 새로운 시대에 적합한 雇傭勞動의 방법이 발생하고 있는 점이었다.[128] 그리하여 많은 經營地主 富裕農民層에 의한 經營擴大(廣作) 현상이 일어나고,[129] 따라서 自作農이거나 時作農이거나를 막론하고 그들의 經營規模를 중심으로 하여 富農層의 성장과 小·貧農層의 쇠퇴현상, 즉 현저한 分解현상이 일어나 貧富의 차이가 뚜렷해지고 있었다.[130] 이는 朝鮮後期 사회의 일반적 현상이었고,[131] 宮房田 같은 곳에서는 특히 더 그러하였다.[132] 그리고 다른 하나는 이 시기 嶺南지

---

126) 註 27) 참조.
127) 拙 稿, '朝鮮後期의 水稻作 技術 ― 移秧法의 보급에 대하여'(『朝鮮後期農業史研究』II, 증보판).
　　　宋贊植, '朝鮮後期 農業에서의 廣作運動'(『李海南博士華甲紀念論叢』, 1970).
　　　宮嶋博史, '李朝後期에 있어서의 朝鮮農法의 發展'(『朝鮮史研究會論文集』18, 1981).
128) 拙 稿, '朝鮮後期의 經營型 富農과 商業的 農業'(同 上書).
129) 同 上 논문.
　　　宋贊植, 前揭 논문.
　　　宮嶋博史, '李朝後期 農書의 研究'(『人文學報』43, 京都大, 1977).
130) 다음 논문들에서는 한 지역 안에서 일어나고 있는 分解현상·貧富차이에 관하여 조사한 바를 구체적으로 살필 수 있다.
　　　李榮薰, '朝鮮後期 八結作夫制에 대한 研究'(『韓國史研究』29, 1980).
　　　拙 稿, 註 124)의 논문.
　　　'朝鮮後期 無田農民의 問題'(『朝鮮後期農業史研究』I, 증보판).
131) 李潤甲, '18세기말의 均竝作論'(『韓國史論』9, 1983).
132) 拙 稿, '續·量案의 研究'(『朝鮮後期農業史研究』I, 증보판).
　　　'司宮庄土에서의 時作農民의 經濟와 그 成長'(同 上書).

56

방은 湖南지방과 함께 商業的 농업으로서의 綿業이 전국적으로 가장 발달하고 있는 가운데,[133] 이곳 晋州牧은 특히 朝鮮第一의 綿布 생산지로서 발달하고 있는 점이었다.[134] 그리하여 이곳 농민층 중에서도 이 같은 농업을 할 수 있는 中·富農層은 더욱 성장하고, 그렇지 못한 小·貧農層은 더욱더 分解의 대열에서 쇠퇴의 길을 걷지 않을 수 없었다.

이러한 分解과정을 통해서 농민층은 富農·富民·饒民으로 성장하는 層도 적지 않았지만, 零細 小·貧農層으로 전락하는 層은 더 많았다. 따라서 이로 인해서는 농민층 사이에서 농지를 借耕하기 위한 경쟁이 발생하지 않을 수 없었다. 財力과 노동력이 넉넉한 中·富農層은 農地借耕이 용이하였으나, 小· 貧農層은 그것이 어려워지는 형편이었으며, 無田農民·窮迫農民은 農地借耕 의 경쟁에서도 배제되어 극히 영세한 규모의 농지를 借耕할 수 있거나,[135] 아주 척박한 농지를 얻을 수 있는 데 불과하였다.[136] 같은 지역 내에 사는 농민이라 하더라도 그들이 소유 경작하는 농지의 肥瘠 여하에 따라서는 그 수입에 큰 차이가 있게 마련인데, 이곳 晋州지방은 面里에 따라 그 肥瘠의 차이가 현저한 바 있어서,[137] 窮迫農民은 이 같은 척박한 농지를 경작하는 가운데 그 衰頹가 더욱 분명해지지 않을 수 없었다. 그러한 가운데서도 三南 地方에서는 田結稅를 부담해야 時作의 권리를 얻을 수 있는 현상이 오래전부터 발생하고 있었는데,[138] 이 무렵에 이르러서는 借地競爭이 심해지는 가운데, 時作地의 태반이 그렇게 해야 얻을 수 있는 형편이 되고 있었으며,[139]

---

133) 『擇里誌』 卜居總論 生利, p.45.
　　木綿 則兩南爲最 無論峽土海土 皆宜種
134) 梶村秀樹, ‘李朝末期(開國後)의 綿業의 流通及生産構造’(『朝鮮에서의 資本主義의 形成과 展開』, 1977).
135) 時作人의 借地競爭에 관해서는 拙稿, ‘18,9世紀의 農業實情과 새로운 農業經營論’(『韓國近代農業史研究』上, 증보판) 및 註 94)의 ‘朝鮮後期의 經營型 富農과 商業的農業’ 참조.
136) 『經世遺表』 卷 6, 地官修制 田制 4, 『全書』 下, p.103.
　　同 上, ‘朝鮮後期의 經營型 富農과 商業的 農業’ 참조.
137) 『邑誌』 3, 慶尙道 3, 晋州 上, 各里, pp.586~598.
138) 韓㳓劤, 『李朝後期의 社會와 思想』, 1961, p.274.
139) 『壬戌錄』, 「鍾山集抄」, p.267.
　　且 三南結稅 太半是作者所納 而作者是貧寠之民也 借人數頃之田 以作一年之農

그뿐만 아니라 그러한 時作地조차 얻을 수 없는 농민도 적잖이 발생하고 있었다. 無田農民으로서 時作地조차 얻을 수 없는 농민이 있었다는 사실은, 農民層이 自作地에서 배제되는 것은 말할 것도 없고 時作地에서도 배제되고 있어서, 농사를 지을 수 없는 無農層이 형성되고 있었음을 보여주는 것이었는데, 이 무렵에는 그러한 無農層이 적지 않았다.[140] 이는 농촌사회의 分解가 느슨하지만 심각하게 전개되고 있음을 보여주는 것으로서, 이러한 농민들은 겨우 그 자신의 노동력에 의존해서 살아갈 수밖에 없는 이른바 封建末期의 賃勞動層이 되거나, 재주가 있는 사람이면 다른 직업으로 전환함으로써 비로소 살아갈 수가 있었다.

농촌사회를 分解시키는 요인으로서 끝으로 우리가 생각하게 되는 것은, 農村經濟의 기반이 이같이 동요하고 있는 위에서, 앞에서 언급한 바 三政紊亂, 三政運營의 불합리성이 심화되고 있어서 농민층의 몰락을 가속화시키고 있었다는 점이다. 여러 가지 이유가 제시되는 가운데 田結稅가 계속 늘어나고, 부당한 軍役稅가 2중 3중으로 부과되며, 還穀이 부당하게 운영되는 가운데 그 耗穀·賦稅가 도를 넘게 부과되고 있었음은 그 구체적 내용이었다.[141] 이는 단순히 地方官·吏의 貪虐, 三政의 운영상의 불합리에서만 연유하는 것은 아니었다. 그것은 三政의 제도적·구조적 특성 또는 그 불합리성 때문에 필연적으로 발생할 수밖에 없는 것이기도 하였다. 三政은 본시 郡縣 단위의 結摠·軍摠·還摠(穀摠)制, 즉 郡縣 단위의 定額制로 되어 있어서 제도적·구조적으로 불합리하였고,[142] 따라서 그 운영도 출발부터 불합리할 수밖에 없도록 되어 있는 것이었다. 그리하여 賦稅의 부과가 부당하게 운영됨으로써 농민층이 몰락할 경우, 거기에는 富農이나 中小地主도 포함될 수 있었지만, 그러나 그 몰락의 피해를 가장 혹독하게 받게 되는 것은 小·貧農層이 아닐 수 없었다. 그러므로 이 三政紊亂의 문제는 그 자체로도 民亂발생의 계기가 되고 있었지만, 그에 앞서서는 이같이 三政의 제도적·구조적 특성이

　　而其所納稅過重　則所農之利　入不當出　往往有捨田不耕之慮
140) 拙 稿, 註 130)의 '朝鮮後期 無田農民의 問題' 참조.
141) 拙 稿, 註 97)의 '哲宗朝의 應旨三政疏와「三政釐整策」' 참조.
142) 註 96) 참조.

농촌사회의 분해를 촉진시키고 있었다는 점에서, 民亂발생의 배경을 형성하는 중요한 요인이 되고 있는 것이었다.

농촌사회의 분해는 일반적으로 常·賤民의 농민층 分解를 지칭하는 것으로 이해되기 쉽지만, 그러나 이 시기의 현실은 반드시 그러한 것이 아니었다. 농촌사회에는 이들 외에도 많은 양반층이 살고 있었는데, 농촌사회의 분해는 이들 양반층에게서도 그 몰락과 관련하여 광범위하게 일어나고 있는 것이 현실이었다.[143] 양반층의 분해는 이 시기에는 그들 개개인의 학문적 능력, 黨色, 門閥, 學統, 地方色 등등의 이유로 權力參與에서 탈락하게 되고,[144] 또 경제적으로도 쇠퇴하게 되면 자연스럽게 몰락하는 층이 있게 됨으로써 일어나고 있었다. 이 시기의 양반층 가운데에는 아직도 권력의 정상에 있으면서 경제적으로 大地主인 사람이 많이 존재하고 있었지만, 권력에서 배제된 채 경제적으로만 大地主 또는 中小地主로서 여유가 있는 사람, 권력에서 배제된 것은 말할 것도 없고 경제적으로도 쇠퇴하여 자기 토지를 직접 手作을 해야 하는 사람들, 경제적으로 몰락하여 自作을 할 수 있으면 그래도 다행이고 타인의 토지를 借耕 時作해야 하는 사람, 借耕地의 時作도 어려워서 賃勞動으로 전전해야 하는 사람 등 그 分解현상은 다양하였다.[145] 그리고 농촌사회의 경제적 階級構成은 다양하였으므로, 그 分解에서 小農層이 그 分解대상의 중심이 되는 것은 사실이었지만,[146] 그러나 富農層이라고 예외가 되는 것은 아니었다. 農業經營을 합리적으로 잘 하는가, 아니면 불합리하게 잘못하고 있는가의 여하에 따라서는 富農 中小地主層도 분해의 대열에서 벗어날 수가 없었다.[147] 그리하여 이 시기에는 양반층이 이같이 몰락하게 되

---

143)『擇里誌』總論, p.78.
　　品官與士大夫 同謂之兩班 …… 不能無盛衰存亡之變 故士大夫或夷爲平民 平民久遠 則或昇漸爲士大夫矣
144)『丁茶山全書』詩文集 文, 通塞議.
145) 拙 稿, ‘朝鮮後期 兩班層의 農業生産’(『朝鮮後期農業史硏究』II, 증보판) 참조.
146) 註 129)의 宮嶋博史 논문.
147) 註 145)의 논문에서 언급한 바, 金生員宅『秋收記』에 作人으로 등장하는 黃生員 乃亨의 경우는 그러한 예이다. 그는 본시 2結 46負 3束의 농지와 그 밖에 柴地도 소유하고 있었던 富農이었으나, 몰락하여 金生員宅의 농지를 借耕하는 時作人이 되고 있었다(p.245).

면 그들은 신분만이 양반일 뿐 그 경제 정도는 常·賤民의 그것과 같거나 그 이하일 경우도 적지 않았으며, 그 意識만이 양반임을 자처할 뿐 실질적으로는 일반 농민층과 다르지 않은 農民化의 과정을 걷지 않을 수 없었다.[148]

이상과 같은 농촌사회의 分解, 農民層分解는 그 자체로 그치는 것이 아니었다. 이는 결국 농촌사회 내에 이해관계를 달리하는 새로운 階級이 성립되는 것으로, 이들은 그러한 상태로 같은 농촌사회 내에 살면서 農業生産에 종사해야 하였으므로, 그 농업생산을 중심으로 하여서는 階級間의 葛藤構造 矛盾關係를 수반하지 않을 수 없도록 되고 있었다. 그러므로 이 시기에는 농촌사회의 분해가 심화되면 될수록, 거기에 수반하는 階級間의 葛藤 矛盾關係도 더욱 심화되지 않을 수 없었다. 그러한 모순은 여러 가지 계통으로 나타나고 있었지만, 그 중에서도 특히 鄕吏層 및 그들과 結束하고 있는 兩班土豪層에 대한 沒落農民·樵軍層의 뼈에 사무친 원한,[149] 軍役·還穀의 불균등 부과를 둘러싼 兩班層과 常民層의 갈등,[150] 地主와 作人 사이의 收益分配를 둘러싼 作人의 抗租鬪爭,[151] 雇用主들의 雇傭人 탄압 및 雇工들의 雇主에 대한 계급적 갈등구조,[152] 권력에서 배제되고 경제적으로 몰락한 沒落兩班層

---

148) 앞에서 언급된 晋州民亂의 주모자의 한 사람인 李啓烈은 그 예가 되겠다.
149) 『壬戌錄』, 「鍾山集抄」嶠南日錄, p.224, 228.
　　挽近以來 貪婪成習 剝割之政 邑邑皆然 而吏緣爲奸 民之積怨於官吏者 便成仇隙 而大民之侵害小民 尤爲難堪 …… 村民之於邑吏 小民之於大民 積有嫌怨 常二切齒者也 …… 尙州事 小民積怨於大民 激起撓攘 而大民見辱者頗多云
150) 朝鮮後期 軍役과 還穀의 특징은 郡縣 단위의 總額制로써 운영되고, 그것도 신분과 金力(賄賂)에 의해서 차등을 두고 불평등 原理로써 운영하는 점이었으므로, 兩班·富民層과 常民層은 그 賦稅의 부담을 둘러싸고 항상 利害關係를 달리하고, 따라서 갈등관계에 있지 않을 수 없었다. 註 96)의 논문 참조.
151) 李榮昊, '18,19세기 地代形態의 변화와 農業經營의 변동'(『韓國史論』11, 1984).
　　朴贊勝, '韓末 驛土·屯土에서의 地主經營의 강화와 抗租'(『韓國史論』9, 1983).
　　都珍淳, '19세기 宮庄土에서의 中畓主와 抗租'(『韓國史論』13, 1985).
　　拙 稿, '18,9세기의 農業實情과 새로운 農業經營論'(『韓國近代農業史硏究』上, 증보판).
　　'韓末에 있어서의 中畓主와 驛屯土地主制'(『韓國近代農業史硏究』下, 증보판).
152) 이 같은 사실을 우리는 아래에 예시한 바와 같은 두 가지 資料를 통해서 확인할 수 있다. 전자에 관해서는 자료 ①을 통해서 살필 수 있는데, 이는 「花嶺里楔員洞約節目」 중의 한 항목으로서, 洞中의 雇用階層(雇主)이 挾戶不農者인 貸勞動層을

의 집권세력·官에 대한 불만·투쟁의식,[153] 새로 성장하는 富民·新鄕과 몰락 과정에 있는 兩班士大夫·舊鄕 사이의 鄕權을 둘러싼 갈등·鄕戰[154] 등등은 그 심각한 현상이었다.

2) 身分制의 動搖와 社會平等意識의 成長

民亂의 경과과정을 살피면 우리는 이 시기의 농민들의 행동에 관하여 지

雇價를 둘러싸고 속박 통제하고 있었음을 보여주는 것이다(『朝鮮後期農業史硏究』 II, 증보판, p.334 ;『韓國近代農業史硏究』下, 증보판, p.98). 그리고 후자에 관 해서는 자료 ②를 통해서 살필 수 있는데, 이는 曹垣淳, 『復菴集』 卷 4, 雇人說에 나오는 기술로서, 雇工들의 雇主에 대한 계급적 갈등구조를 생생하게 보여주는 것 이라 하겠다. 雇工은 民亂에서 樵軍을 형성하는 계급인데, 이들은 평소에도 그들 동류끼리 결속하는 가운데, 雇主에 대한 그들의 입장이나 대응태도 등을 중심으로 해서 보조를 맞추어 나가고 있었으며, 여기에 동의하지 않는 자는 雇工살이를 할 수 없도록 여러 가지로 압력을 가하고 있었다. 農業生産과 관련되는 雇工관계 논 문으로서는, 崔潤晤, '18~19세기 농업고용노동의 전개와 발달'(『韓國史硏究』 77, 1992) ; 拙 稿, '朝鮮後期 兩班層의 農業生産'(『朝鮮後期農業史硏究』 II, 증보판) ; '朝鮮後期의 經營型 富農과 商業的 農業'(同上) 등을 참조.

① 農作規則이니 …… 雇價은 一洞이 開會酌定하되 時勢에 依하야 公平歸定後에 난 雖節晩人難時라도 一二戔을 不得加給이고 挾戶不農者가 本洞種耘之役을 磨勘 前에 난 他洞에 出雇을 一禁하고 雇夫가 雇價에 歇小함을 稱托하고 汗漫廢役者은 洞中에 接趾을 不許하고 …… .

② 余家以農爲資 而耕種耘穫 一任雇人之手 農之得失 惟在其人 往年有姓申者雇 於家 其人勤實純良 無險側猜夸之態 又無欺諂浮華之色 早出暮還 凡事之繫於任者 無失其時 而靡不勤綜 蓋出於其類者也 隣有同類者 多忌嫉之 常誘之曰 若雖辛苦如 是 奈主人之不知其功何 莫如入吾黨 泛泛以度日之爲愈也 雇人曰 惡知不知在 人勤 不勤在 吾烏可以在人者反害夫在 吾之道也 益勤不怠 以是 衆怒羣猜 毁謗日滋 主人 若不聞然也 一日以告主人曰 勢不得爲雇 請以今日辭 曰飮食衣服不愜於口體歟 曰非 也 不得容于同類 而將讒間于主人矣 如是而豈能爲雇 曰然則不然 汝無失我 不信何 嫌焉 因不許去 未幾又請去 如是者凡三 噫雇人之難行 亦如是乎 因其請而解之曰 與 其媚於衆而違吾志 曷若行吾道而不背主乎 彼於是 蹶然曰 然哉 因起而就役 主人記 其事 以觀.

153) 晋州民亂에서의 柳繼春·李啓烈과 같은 인물은 그 예이다. 단, 沒落兩班의 권력측 에 대한 불만은 시대에 따라, 그리고 그 運動主體로서의 力量·목표 등에 따라, 가 령 洪景來의 平安道 農民戰爭, 全琫準의 甲午農民戰爭과 같이 權力奪取까지도 목 표로 하는 경우가 있었으나, 柳繼春 등의 晋州民亂은 단순한 民亂·農民抗爭에 머 무르고 있었다.

154) 金仁杰, 「조선후기 鄕村社會 변동에 관한 연구」, 서울大 大學院, 1991. 高錫珪, 註 3)의 논문.

극히 놀라운 사실에 접하게 된다. 그들은 아무 거리낌없이 鄕吏를 打殺하고, 鄕村兩班을 毆打하며 또 그들의 가옥과 鄕村民의 積寃을 산 富民의 가옥을 毁破 燒却하고 재물을 약탈하고 있었다.[155] 그리고 그 고장 수령을 욕보이고 政事를 볼 수 없도록 東軒에서 끌어내며,[156] 官府와 三政에 관련되는 문서를 毁破 燒却하고 있었다.[157] 그뿐만 아니라 그들은 官을 위협하여 都結·統還을 革罷하기도 하고,[158] 양반·士族들과 논쟁을 하는 가운데 그들의 의견에 따라 結錢, 軍政(洞布), 還穀을 조정케 하고도 있었다.[159] 이러한 현상은 아무리 民亂 상태하에서 小民은 大民에 대하여 積寃이 있고 村民은 邑吏에 대하여 嫌怨이 있었던 까닭이라고 하더라도[160] 놀라운 일이 아닐 수 없었다. 朝鮮後期의 사회는 아직 신분제 사회·중세 봉건사회이고, 그 사회의 최대의 특징은 지배층이 피지배층에 대하여 불평등 原理·상하관계적인 원리의 遵守를 강하게 요구하는 사회였는데, 民亂이 발생한 19세기 중엽의 哲宗朝에 이르러서는 그러한 요구가 무력해지고, 피지배층·농민층이 그들의 주장을 힘으로써 관철시키고자 하고 있는 까닭이었다.

여기에서 우리에게 궁금한 문제는, 戰亂이나 革命이 아닌 상태에서, 이러한 투쟁의식은 어디서 나오는 것일까 하는 점이다. 우리는 이를 이 시기의 紀綱이 총체적으로 해이해지고 있는 가운데 民亂의 주체들, 즉 피지배층·농민층의 사회의식이 예전에 비하여 현저하게 성장하고 있었던 까닭이라고 생각된다. 그것은 이 시기에 이르러서는 中世的인 體制·身分制가 전반적으로 동요하는 가운데, 피지배층·농민층의 의식이 점차 平等意識·對等意識을 갖추어 가게 되고, 따라서 그들의 人間類型이 굴종하고 복종만 하는 인간이 아니라, 지배층이나 지방관청에 대하여 자기 주장을 내세우고, 비판적·대항

---

155) 이는 晋州民亂에서 볼 수 있었던 사정이지만, 이러한 현상은 이 시기 여러 지방의 民亂에서 볼 수 있는 民亂의 일반적 형태이기도 하였다.

156) 『哲宗實錄』14, 哲宗 13年 4月 癸酉, 48冊, p.650.
　　　咸平民鄭翰淳 嘯聚徒黨 標立旗幟 各持竹槍 攔入東軒 捽曳該倅 仍爲擔昇毆去事

157) 『壬戌錄』嶺南, 善山亂民事巡營啓跋 중의 尙州民亂, p.49.

158) 註 29)와 同.

159) 『壬戌錄』, 「鍾山集抄」嶠南日錄, p.205(尙州), p.216(居昌), p.217(星州) 등 참조.

160) 註 149) 참조.

적인 자세를 취할 수 있는 類型으로 서서히 변하고 있었다는 사실로써 설명할 수 있을 것이다.[161] 다시 말하면 이 시기는, 앞에서 언급한 바와 같은 사회경제 전반의 발전을 기반으로 하면서, 不平等 原理가 軸이 되던 中世 封建社會에서 平等 原理가 축이 되는 近代社會로 移行하는 과도적 단계에 있었으며, 이와 병행해서는 피지배층·농민층의 의식구조에도 서서히 변화가 오고 있었다는 것이다. 그러므로 民亂발생의 배경을 보다 심층적으로 이해하기 위해서는, 이들 피지배층·농민층에게 새로운 사회의식을 형성시켜 주고 있었던 基層的 社會事情을 좀더 구체적으로 살피는 것이 필요하리라고 생각된다.

不平等 社會를 살고 있는 피지배층·농민층이 平等意識·對等意識을 갖게 되는 것은 여러 가지 사정에서 연유하는 것이지만, 그러한 가운데서도 무엇보다 주목되는 것은, 이 시기에는 科田法 체제가 그대로 지속되고 있었던 麗末·鮮初의 시기에 비하여 經濟事情·田制가 전반적으로 변동하고 있어서, 양반층에 대한 피지배층·농민층의 경제적 지위가 예전 시기에 비하여 상대적으로 높아지고 있었다는 점이다. 그것은 前時期에는 收租權 分給을 통해서 양반층과 농민층이 '田主 佃客'으로 묶이고 느슨하지만 지배 예속의 관계에 있었던 것이, 이 시기에는 收租權 分給制가 소멸되는 가운데 그것에 의거한 '田主 佃客'의 지배 예속관계도 또한 소멸되게 된 까닭이었다.[162]

그리고 이로 인해서는 토지를 중심으로 한 경제력은 다만 所有權에 입각한 土地支配에만 한하게 되는데, 토지소유는 양반층에 大土地所有者가 많았던 점과 관련하여 전반적으로 그들이 우세하였던 것이 사실이지만, 양반층 중에도 大土地所有者는 소수이고 많은 사람들은 中·小土地所有者의 상태에 있는 것이 일반이었다.[163] 그런데 토지는 피지배층도 이를 자유롭게 소유할

---

161) 訴寃制度에 변화가 있고 呈訴運動이 제도적으로 정착하고 있었음은 그러한 현상을 반영하는 단적인 표현이었다고 하겠다. 韓相權, 註 32)의 논문 및 金仙卿, '民狀置簿冊을 통해서 본 조선시대의 재판제도'(『역사연구』 창간호, 1992) 참조.

162) 深谷敏鐵, '科田法에서 職田法으로'(『史學研究』 51의 9·10, 1940).
   金泰永, 『朝鮮前期土地制度史研究』, 1983.
   李景植, 註 115)의 논문.

163) 拙 稿, '量案의 研究'에서 몇몇 地域 兩班層의 農地所有 상황 表를 발췌하여 아래

수 있었으므로, 많은 常民層 가운데 中·小土地所有者는 경제적으로 비교적
윤택한 自營農民의 상태에 있으면서, 中·小土地를 소유하는 데 불과한 많은
양반층과는 경제적으로 대등한 입장에 있는 농민이 되고 있는 것이었다.[164]
뿐만 아니라 地域差가 있기는 하였지만, 그러한 사정은 賤民層의 경우에도
마찬가지였다.[165] 물론 양반층에 의한 土地兼倂은 확대되고 농촌사회는 分
解되지만, 그러나 모든 양반층이 土地兼倂을 하고 있는 것은 아니었으며 또

와 같이 정리해 보면 그러한 사정을 분명하게 파악할 수 있다.

各地域 兩班層의 農地所有와 階層分化

階 層	基準所有	大 邱(2)		義 城		全 州(2)	
		起主數	同上百分比	起主數	同上百分比	起主數	同上百分比
A	10結 이상					1	0.3
B	5 ——					10	2.8
C	1 ——	47	35.6	28	15.6	145	40.3
D	50負 이상	28	21.2	19	10.6	74	20.6
E	25 ——	21	15.9	32	17.9	53	14.8
F	25負 이하	36	27.3	100	55.9	76	21.2
計		132	100.0	179	100.0	359	100.0

*『朝鮮後期農業史研究』I, 증보판, p.172, 157, 175 참조. 여기서 大邱(2)는 『大邱府
租岩面量案』에서 租岩面 내에 居住하는 兩班(末端支配層 포함)起主들이 面內에 소유
하고 있는 農地, 義城은 『義城縣龜山面量案』에서 이 量案에 등장하는 兩班起主들이 이
面內에 소유하고 있는 農地, 全州(2)는 『全州府亂田面量案』에 등장하는 兩班起主들이
이 面과 이웃 面에서까지도 소유하고 있는 農地의 소유상황을 각각 정리한 것이다.

164) 同上, '量案의 研究' 같은 곳(p.172, 157, 175)에서는 常民層의 農地所有상황도
아래 表와 같이 발췌 정리할 수 있어서, 그러한 사정을 분명히 파악할 수 있다.

各地域 常民層의 農地所有와 階層分化

階 層	基準所有	大 邱(2)		義 城		全 州(2)	
		起主數	同上百分比	起主數	同上百分比	起主數	同上百分比
A	10結 이상						
B	5 ——					3	0.3
C	1 ——	9	8.1	19	12.6	106	11.1
D	50負 이상	28	25.2	31	20.5	173	18.2
E	25 ——	30	27.0	29	19.2	198	20.8
F	25負 이하	44	39.7	72	47.7	472	49.6
計		111	100.0	151	100.0	952	100.0

165) 同上, '量案의 研究' 같은 곳(p.172, 158, 176)에서 賤民層의 農地所有 상황도
발췌 정리하여 보면 아래 表와 같아서, 그들의 經濟事情이 보통은 常民層의 그것
보다 열세하지만, 그러나 義城 지방과 같은 경우는 常民層보다 우세한 것은 말할
것도 없고 兩班層보다도 우세한 자가 있어서, 이들에 관해서도 常民層의 경우와
같은 말을 할 수 있다고 하겠다. 이 지역의 賤民層은 寺奴婢가 대부분이었다.

64

農民層分解는 양반층에서도 광범위하게 일어나고 있었으므로,[166] 피지배층
으로서 양반층과 경제적 지위가 대등한 수준에 있는 농민은 많았으며, 한걸
음 더 나아가서는 양반층보다 우위에 있는 자도 적지 않았다.[167] 그리하여
이 같은 經濟事情은, 이 시기의 양반사회에는 정치·사회적으로 커다란 변동
(분해·몰락)이 일어나고 있었던 다른 事情과도 관련하여, 그들 피지배층·농
민층으로 하여금 양반층에 대하여 對等意識·平等意識을 갖게 하는 기반이
되었을 것으로 생각된다.

　다음으로 들 수 있는 것은, 이 시기에는 不平等 原理·上下關係的 질서의
상징이라고 할 수 있는 身分制가 해체되어 나가고 있는 일이었다. 그것은 국
가에 의해서 財政難을 타개하고 사회불안을 해결하려는 한 방법으로서 合法
的·政策的으로 취해지기도 하고, 沒落兩班과 여유 있는 常賤民 및 郡縣吏屬
들 사이의 담합을 통해 非合法的으로 일어나기도 하였지만, 이 시기에는 그
렇게 해서 엄격하였던 신분제가 실로 광범위하게 動搖·解體되어 나가고 있
었다. 贖良, 奴婢從母法, 納粟授職, 內寺奴婢解放, 庶孽許通, 庶孽의 幼學許
稱 등은 전자의 예가 될 것이고, 冒屬·逃亡 등은 후자의 예가 되겠다.[168] 그

各地域 賤民層의 農地所有와 階層分化

階　層	基準所有	大　邱(2)		義　城		全　州(2)	
		起主數	同上百分比	起主數	同上百分比	起主數	同上百分比
A	10結 이상						
B	5　——						
C	1　——			34	7.7		
D	50負 이상	2	7.15	65	14.7	3	10.0
E	25　——	2	7.15	69	15.6	2	6.7
F	25負 이하	24	85.7	274	62.0	25	83.3
計		28	100.0	442	100.0	30	100.0

166) 註 163)의 表 및 　註 145)의 논문 참조.
167) 이를테면 量案上에서(註 163, 164, 165의 表) 볼 수 있는 常民層·賤民層 가운데
　　　富農層(C급 이상)·中農層(D급)의 經濟形便은 지배층의 그것과 대등하거나 또는
　　　지배층 중 小·貧農層의 그것보다 우세하며, 被支配層 중 小·貧農層의 經濟形便은
　　　支配層의 그것과 대등한 처지에 있는 것이었다고 하겠다.
168) 四方博, ‘李朝人口에 關한 身分階級別的 觀察’(『朝鮮經濟의 研究』3, 1938 ;『朝
　　　鮮社會經濟史研究』中).
　　　鄭奭鍾, 『朝鮮後期社會變動研究』, 1983.
　　　李俊九, 『朝鮮後期身分職役變動研究』, 1993.

러한 신분제의 解體는, 하루아침에 兩班 常·賤民의 신분을 폐지하는 가운데 모든 身分階級을 평등화하는, 이른바 革命的인 방법으로써 진행되는 것은 아니었다. 그것은 국가나 兩班支配層이, 하위신분 소유자들이 상위신분·양반신분으로 상승하려는 욕구를 받아들여, 朝鮮後期의 17세기에서 19세기에 이르는 오랜 세월에 걸치면서 先進지역을 중심으로 부분적·점진적으로 진행되고 있는 것이었다. 시각적으로는 양자의 방법에 큰 차이가 있어 보이나, 긴 안목으로 그리고 결과적으로 보면 후자도 평등화를 지향하는 것이라는 점에서, 양자는 공통된 목표와 공통된 결과를 갖는 것이었다고 하겠다.

그러나 이 경우 下位 身分層의 신분상승 운동이 처음부터 당당한 양반층으로의 진입을 기도하는 것은 아니었다. 개중에는 그러한 사람도 있었지만 그것은 극히 한정된 일이었고, 대개 처음에는 말단 지배층의 基層身分인 業武·軍官職 등을 얻는 것을 목표로 하고, 다음 단계에서는 이러한 身分職役과 함께 양반층의 基層身分인 幼學身分을 얻는 것을 목표로 하며, 셋째 단계에서는 중간 단계를 거치지 아니하고 직접 幼學身分을 얻을 것을 목표로 하고 있었다.[169] 幼學은 당당한 上位 兩班層의 基層身分이기 때문에, 鄕村社會에 살고 있는 농민층으로서는 이 신분을 취득하는 것이, 그 사회적 지위를 향상시키고 軍役을 면하며 양반층과의 사이에 평등성을 확보할 수 있는 최소한의 방법이 되기 때문이었다. 그리하여 19세기 중엽으로 내려오면서는 戶籍상 幼學身分의 소유자, 즉 양반층이 점점 늘어났으며, 그 결과 지역에 따라서는 이들 幼學·兩班層이 全身分階級 構成에서 점하는 비율이 80~90%에까지 달하게 되는 지방도 생기고 있었다.[170] 물론 이 같은 현상이 곧 신분제의 전면적 해체는 아니고, 따라서 不平等 原理·上下關係的인 질서가 전면적

　　拙稿, ① '朝鮮後期 身分制의 動搖와 農地所有'.
　　　　② '朝鮮後期 身分制의 變動과 農地所有'(『朝鮮後期農業史研究』I, 증보판).
　平木實, 『朝鮮後期奴婢制研究』, 1982.
　全炯澤, 『朝鮮後期奴婢身分研究』, 1989.
　裵在弘, '朝鮮後期의 庶孼許通'(『慶北史學』10, 1987).
　李鍾日, '朝鮮後期의 嫡庶身分變動에 대하여'(『韓國史研究』65, 1989).
　韓榮國, '朝鮮中葉의 奴婢結婚樣態'(『歷史學報』75·76·77, 1977).
169) 同 上, 拙稿, ② 논문.
170) 同 上, 拙稿, ② 논문 및 '朝鮮後期의 大邱「夫仁洞洞約」과 社會問題'(同 上書).

으로 해체되는 가운데, 平等의 原理·水平的 秩序가 완전히 수립되었음을 뜻하는 것은 아니었다. 그러한 사회가 되려면 아직도 남은 길이 요원하였다. 그러나 모든 사람이 양반신분이 된다는 것은 양반신분이 이미 身分秩序로서 존재하지 않게 되는 것,[171] 平等의 原理·水平的 질서의 단서가 시작되고 있는 것이나 마찬가지였다. 이때에는 방향이 그와 같이 잡혀 있는 가운데, 양반층의 基層身分이 확대되고 있었으므로, 이는 종래와 같은 특수한 귀족신분이 아니라, 사회적 平等化를 가져오는 축으로서의 양반신분이 확대되고 있는 것에 불과하였다.

그리하여 이러한 과정을 거쳐 신분상승을 하게 되는 사람들은 世代가 교체되는 데 따라 그 자세가 당당해지고,[172] 신분이 변동하고 買官買爵하여 벼슬이라도 하게 되면 그 처신하는 바는 양반의 생활태도 바로 그것이었다.[173] 富力을 토대로 鄕權에 참여하거나 面里任을 맡게 되면, 그들은 이미 과거의 常賤民이 아니라 鄕村社會의 有力者로서 활동하고 발언을 하는 새로운 존재가 되는 것이었다. 이는 피지배층의 성장에 따른 종래의 不平等 秩序·封建

---

171) 『丁茶山全書』 詩文集 跋, 跋顧亭林生員論, 上, p.292.
172) 『牧民心書』 15, 戶典 戶籍에는 그러한 事情이 茶山이 目睹하고 經驗한 바로서 소상하게 기술되어 있다.
　　拙　稿, 註 168)의 ② 논문 ; 同 上書, p.575 註 87) 참조.
173) 19세기 純祖朝의 『歌辭集』에는, 이 시기의 社會變動 속에서 몰락하여 살아가기 어려운 처지에 있는 사람들이, 변동하는 사회상을 한탄하는 '恨時節曲'이라는 歌辭가 수록되어 있는데, 이에 의하면 이때 성장하여 벼슬(買官)하는 사람들의 생활상이 풍자적으로 생생하게 기술되어 있다. 그 일부를 발췌하면 다음과 같다.
　　세상의 귀한거시 전곡뿐 되여셔라, 중한 罪 지어두고 전곡으로 도모한이, 천한 몸이 귀이되여 金玉으로 꾸며내여, 교만코 얼언뜻지 날마다 충출한이, 엇그졔 됴소 군이 양반이 되여지고, 가난한 백성덜은 三四父子 중한구실, 밧칠길이 젼혀읍셔 일독의 침책하내, 四六寸이 남이되고 원슈갓치 생각하니, 가난도 심헐시고 어이안이 참혹허랴, 사람마다 부하면은 귀쳔이 읍셔져셔, 긔강이 해이하고 怒狂도 허련이와, 어와 사람더라 이내말쌈 드로보쇼, …… 父母同生 모르거든 四六寸을 생각헐가, 중마고우 간듸읍고 有無相資 젼혀읍고, 錢穀을 相資하기 富者까지 셔로하고, …… 질비한 남의종이 동지영감 되여시니, 전곡이 만한고로 당상은 허련이와, 아기씨 셔방님의 마누라가 과헐시고 …… . (원문은 옛글자로 되어 있으나 여기서는 현대문으로 고쳤다)
　　이 자료에 대해서는 許興植 교수의 해설을 겸한 논문 '새로운 歌辭集과 湖西歌' (『百濟文化』 11, 1978)를 참조.

的 身分制度의 교란, 그리고 그들의 지배층과의 平等意識·對等意識의 성장
과정 그것이 아닐 수 없었다.

  셋째로 들 수 있는 것은, 정부에서 不平等 原理·上下關係的 질서의 기반
위에 수립된 이 시기의 賦稅制度를 平等 原理의 賦稅制度, 즉 均賦均稅의 방
향으로 釐整하고 있는 일이었다. 이 문제도 朝鮮後期의 17세기에서 19세기
에 이르는 전과정에 걸쳐 점진적·부분적으로 서서히 진행되었지만, 정부가
兩亂期의 國家再造 정책 이래로 완만하지만 지속적으로 추구하고 또 실현하
고 있는 것이었다. 大同法의 실시,[174] 均役法의 시행,[175] 지역에 따라 官民의
합의하에 재량껏 시행하고 있었던 戶布制·軍布契·役根田(洞里徵)[176]·洞布의
慣行[177]을 거쳐, 法制로써 시행되는 洞布法·戶布法,[178] 結還·戶還의 관행[179]
을 거쳐, 法으로써 추구되는 罷還歸結[180] 등등은 그러한 정책의 추이를 보여
주는 것이었다. 그리고 均賦均稅, 즉 賦稅平等을 추구하는 이 같은 정책은
이 시기 정부 정책의 커다란 특징으로서 크게는 이 시기의 時代思潮를 반영
하는 것이었다. 그 중에서도 특히 洞里徵·洞布 관행을 거쳐 民亂 후에 戶布
法이 法制化되고 시행된 일은 대단히 중요한 의미를 지니고 있었다. 이는 종
래의 軍役稅가 平民層에게만 부과되던 불합리·불평등을 시정하여 常民, 兩

---

174) 韓榮國, '湖西에 實施된 大同法'(『歷史學報』 13·14, 1960).
     金潤坤, '大同法 實施를 둘러싼 贊反兩論과 그 背景'(『大東文化研究』 8, 1971).
175) 車文燮, '壬亂以後의 良役과 均役法의 成立'(『史學研究』 10·11, 1961).
     鄭萬祚, '朝鮮後期 良役變通論議에 대한 檢討'(『同德女大論叢』 7, 1977).
     鄭演植, '17,18세기 良役均一化政策의 推移'(『韓國史論』 13, 1985).
     西田信治, '李朝軍役體制의 解體'(『朝鮮史研究會論文集』 21, 1984).
176) 拙 稿, ① '18,9세기의 農業實情과 새로운 農業經營論'.
          ② '朝鮮後期의 賦稅制度 釐正策'(『韓國近代農業史研究』 上, 증보판,
              p.271, 87, 240).
177) 宋亮燮, '19세기 良役收取法의 변화 ― 洞布制의 성립과 관련하여'(『韓國史研究』
     89, 1995).
178) 韓㳓劢, '大院君의 稅源擴張策의 一端 ― 高宗朝 洞布·戶布制實施와 그 後弊'(『金
     載元博士回甲紀念論叢』, 1969).
     拙 稿, 註 176)의 ② 논문.
179) 拙 稿, 註 176)의 ① 논문, p.84.
180) 拙 稿, 註 176)의 ② 논문 및 '哲宗朝의 應旨三政疏와「三政釐整策」'(『韓國近代農
     業史研究』 上, 증보판).
     宋讚燮, 「19세기 還穀制 改革의 推移」, 서울大 大學院, 1992.

班, 鄕吏, 奴婢 등 모든 신분계급에게 부과하도록 하는 法制로서, 軍役을 중심으로 볼 때, 이는 확실히 신분제하의 不平等 原理를 제거하고 均賦均稅의 平等 原理를 실현하고 있는 것이기 때문이었다. 물론 이 같은 戶布法의 시행에 관해서는, 그것이 제기되었을 때부터 계속 찬반의 논의가 많았고,[181] 그래서 大院君이 이를 法制化함에 있어서는 신분에 따라 어느 정도의 차등을 두고 있었지만, 그러나 넓은 안목으로 보면 平等 原理를 추구하고 있음이 분명한 것이었다.[182] 그리고 이는 軍役民이 軍役稅의 모순·불합리에 대하여 오랫동안 抗爭하는 가운데 均賦均稅·賦稅平等을 추구하고 있었던 산물이기도 하였다. 그러므로 大院君의 통치기간 동안 이 戶布法이 실시케 되었을 때, 軍役을 지던 常民層은 이것이 곧 불평등 사회의 평등화를 뜻하는 것으로 보고, 양반층과 동등하고 대등하게 지내려 하고도 있었다.[183] 賦稅平等化는 곧 신분상의 평등화를 뜻하는 것이었으며, 그러한 점에서 이는 그들로 하여금 더욱 강한 平等意識·對等意識을 갖게 하는 바가 되고 있었다.

넷째로 들 수 있는 것은, 이 시기의 思想界에서는 儒敎思想의 안팎에서 反朱子學的 思想이 등장하여 확산되고 있는 일이었다. 이 시기의 國定敎學·思想界의 중심세력은 朱子學이고, 따라서 이 사상을 신봉하는 老論系의 학자·정치인들은 朝鮮王朝의 체제유지와 朱子道統主義를 표방하는 가운데, 사회모순이 있어도 이를 최소한으로 釐整하려 하고 있었는데,[184] 이 시기의 다른 학문·사상에서는 처음에는 주로 南人·少論의 학자들이 그러하였고, 좀 후에는 老論 중에서도 진보적인 학자들이 그러하였지만, 反朱子學적인 입장을 취하는 가운데, 피지배층에게 고무적인 社會思想·土地改革論까지도 내놓고 있었다.[185] 그러한 反朱子學적인 思想界의 동향에 관해서는 좀더 구체적으로 언급할 필요가 있겠다. 여기서 우리가 특히 주목하고자 하는 것은, 가령 그러한 학문·사상으로서 대표적 존재였던 陽明學과 天主敎 思想인데, 이들

---

181) 池斗煥, '朝鮮後期 戶布制論議'(『韓國史論』 19, 1988).

182) 拙稿, 註 176)의 ② 논문.

183) 拙稿, '古阜民亂의 社會經濟事情과 知的環境' 참조.

184) 金駿錫, 「朝鮮後期 國家再造論의 擡頭와 그 展開」, 연세大 大學院, 1991.

185) 拙稿, '朝鮮後期 土地改革論의 推移'(『朝鮮後期農業史研究』 II, 증보판)에는 그 대체적인 동향이 정리되어 있다.

학문과 사상에서는 노비해방·사회평등을 표방하기도 하고, 朝鮮王朝의 理學至上主義적인 統治體制 倫理道德을 부정하고 平等思想을 潛行시키고도 있었다.[186] 그리고 다음으로 주목하게 되는 것은, 經典註釋에 관하여 朱子와 견해를 달리하는 儒者, 특히 古典儒敎를 강조하는 儒學者들의 사상인데, 이들의 경우에는 가령 星湖 李瀷과 같이 科擧制度의 일환으로 力田科를 설치함으로써 力農하는 農村知識人을 관리로 등용할 것을 제언하고도 있었다.[187] 그리고 그 가운데에서도 丁若鏞이나 徐有榘 같은 사람은 전국에 수많은 閭田(閭단위 農場)이나,[188] 수십 수백의 屯田(國營·民營의 農場)을[189] 설치함으로써 農業改革을 하되, 그 책임자들 가운데 특히 農場經營을 잘 하고 農業生産力을 증진시킨 사람들은 매년 일정한 수를 선발하여 관리로 임명할 것을 제언하고도 있었다.[190] 이러한 견해들은 참으로 社會改革·農業改革에 관한 案으로서 파격적인 견해가 아닐 수 없었으며, 사회·경제면에서 평등을 지향하는 사상이 아닐 수 없었다.

끝으로 우리가 들고자 하는 것은, 지금까지 언급한 국가와 사회 전반에서 사회적 평등을 지향하는 動向과 함께, 이와 병행해서, 鄕村社會 내에서 실제로 鄕村民의 鄕權參與 문제를 둘러싸고 커다란 변동이 일어나고 있는 일이었다.[191] 여기서 鄕權이라 함은, 朝鮮王朝의 集權官僚體制·集權的 封建制下의 地方郡縣에서는 守令들이 地方民을 완전히 장악할 수 없었으므로, 그 지방에서 조상대대로 世居하고 있는 鄕村有力者·兩班士大夫들의 협력을 얻지 않으면 아니 되었고, 여기에 官에서는 그들로 하여금 鄕廳을 중심으로 鄕村

---

186) 朴京安, '霞谷 鄭齊斗의 經世論 ―『霞谷集』중「箚錄」에 대한 一考察'(『學林』10, 1988).
　　　石井壽夫, '理學至上主義李朝에의 天主敎의 挑戰'(『歷史學硏究』12의 6, 1942).
　　　趙珖, 『朝鮮後期 天主敎史硏究』, 1988.
187) 韓㳓劤, 『李朝後期의 社會와 思想』, 1961.
　　　『星湖 李瀷 硏究』, 1980.
188) 鄭奭鍾, '茶山 丁若鏞의 經濟思想'(『李海南博士華甲紀念 史學論叢』, 1970).
　　　愼鏞廈, '茶山 丁若鏞의 閭田制 土地改革思想'(『丁茶山硏究의 現況』, 1985).
189) 유봉학, 『燕巖一派 北學思想 硏究』, 1995.
190) 拙 稿, 註 176)의 논문 ①.
191) 鄭奭鍾, '"洪景來亂"의 性格'(『韓國史硏究』 7, 1972).
　　　拙 稿, '朝鮮後期의 經營型 富農과 商業的 農業'(『朝鮮後期農業史硏究』II, 증보판).

自治權·鄕村運營權을 장악하고, 수령과 협력하여 鄕村民·農民層을 지배하는 가운데 그 鄕村의 봉건적 질서를 유지하도록 하고 있었음을 말하는 것이다. 그런데 이러한 鄕權은 본시 향촌사회에서 朱子學으로 훈련된 兩班士大夫들이 鄕廳을 중심으로 座首, 別監, 기타 鄕任 등의 직임을 맡고 그 임무를 수행하도록 하는 것이었으나,[192] 朝鮮後期로 넘어오면서, 특히 17세기 말~18세기에 이르면서부터는 鄕權을 장악하는 주체가 이른바 '新鄕'(이 시기에 성장하고 있었던 庶蘗 鄕吏 常民으로서의 富民)으로 통칭되는 사람들에 의해서 점진적으로 교체 변동되고 있는 것이었다.[193] 즉 朝鮮王朝에서는 兩亂 후 그 國家再造 정책과도 관련하여 지방에 대한 集權官僚體制를 보다 강화하고 있었는데,[194] 이로 인해서는 兩班士大夫의 鄕村自治權이 점차적으로 약화될 수밖에 없었으며, 이를 계기로 하여서는 이른바 新鄕들이 富力·金力으로서 守令支配의 官僚體制에 종속하면서 鄕權을 장악하고, 鄕村을 自治하며, 향촌 질서를 유지하는 주체가 되기에 이르고 있는 것이었다.[195] 鄕權參與는 일종의 정치참여였으므로, 被支配層의 입장에서는 이는 정치적 평등에의 길을 열고 있는 셈이었으며, 그럼으로 해서 평등을 지향하는 鄕村民들에게는 이는 실로 고무적인 현상이 아닐 수 없었다.[196]

이러한 사회적·사상적 변동은 결국 中世 封建社會의 체제·질서를 점진적으로 해체시키되, 그것을 그 기층으로부터 와해시키는 것이 되지 않을 수 없

---

192) 李泰鎭, '士林派의 留鄕所 復立運動'(『韓國社會史硏究』, 1986).
　　　'16세기 士林의 歷史的 性格'(『大東文化硏究』 13, 1979).
193) 金仁杰, 「조선후기 鄕村社會 변동에 관한 연구」, 서울大 大學院, 1991.
　　　李海濬, '朝鮮後期 晋州地方 儒戶의 實態─1832년 晋州鄕校修理記錄의 分析'(『震檀學報』 60, 1985)에 의하면 晋州에서는 儒戶를 元儒戶와 別儒戶로 구분하고 있었는데, 여기서는 別儒戶가 새로이 등장하는 新鄕에 해당된다고 하겠다.
194) 吳永敎, 「朝鮮後期 鄕村支配政策의 轉換」, 연세大 大學院, 1992.
195) 高錫珪, 註 3)의 논문.
196) 그러나 이는 동시에 腐敗한 政治權力 地方官의 鄕權 勒賣를 통한 富民수탈의 방법이 되고도 있었으므로, 이를 통한 수탈행위는 民亂발생의 한 원인이 되고도 있었다. 『壬戌錄』(慶尙右道暗行御史) 別單, p.51.
　　　今番亂民起鬧之端 諸邑景狀 大同小異 大抵其端有二 其一 諸邑守宰之臣 職在分憂 不思牧民之道 擧有貪婪之志 視富民如奇貨 强差鄕任 勒索高價 不計其免與不免 其若一番而止 則梢富之民 豈欲雜散乎 每年一次 官視應行之禮 民有恒年之費 移此接彼 到處有痺 ……

었다. 그것은 오랜 세월에 걸치면서 不平等 原理의 社會에 작용하되 이를 점진적으로 平等 原理의 社會로 변질시키게 되고, 상하관계적인 복종형 인간에게 새로운 意識을 부여하는 가운데 그들을 점차 水平的·平等的 관계의 人間類型으로 전환시키게 되었을 것으로 이해된다. 그리고 이같이 不平等 原理가 해체되는 가운데, 피지배층의 의식 속에 平等 原理가 사회의식으로서 자리하게 되면, 그들의 지배층에 대한 자세는 당당해지고 그 투지는 좀더 왕성해질 것으로 사료된다.

3) 沒落農民의 思亂意識 形成과 指向

앞에서 우리는 晉州地域의 農民運動을 呈訴運動 단계에서 暴力運動 단계로 전환시키고, 이를 民亂으로서 추진해 나간 제3계열 運動主體의 형성 배경을 두 계통으로 살폈거니와, 우리는 그러한 운동세력의 형성 결과가, 그들로 하여금 民亂을 자연스럽게 발생시키고 전개할 수 있도록 한 사회분위기의 조성에 관해서도, 앞에서 살핀 바 社會平等意識의 성장 문제와도 관련하여 좀더 언급할 필요가 있겠다. 晉州民亂은 民亂이 발생한 해의 都結·統還 사건이 계기가 된 것은 사실이지만, 그러나 民亂은 이로 인해서만 돌발적으로 발생한 것이 아니라, 그에 앞서 民亂이 쉽게 일어날 수 있는 광범위한 사회분위기의 조성이 있음으로써, 비로소 그와 같이 격렬하게 전개될 수 있었던 것으로 생각되기 때문이다.

그러면 民亂을 자연스럽게 발생시키고 전개할 수 있도록 한 사회분위기란 어떠한 것인가. 그것은 이 시기의 피지배층·농민층의 社會平等意識은 전반적으로 성장하고 있었는데, 經濟事情은 그러한 것이 아니어서, 그 중에는 농촌사회가 分解되고 收奪이 가중하는 가운데 몰락하여 小·貧農層 또는 無農層으로 전락하는 계층이 있었고, 이들 沒落農民層은 생존이 어려워지는 가운데 사회적 불만·비판의식이 고조되는 현상이 일어나고 있었음을 말한다. 다시 말하면 이 시기에는 앞에서 언급한 바와 같은 사회의 矛盾構造, 즉 농촌사회·농민층의 分解, 社會矛盾의 심화, 그 몰락자·無産者의 국가·체제에 대한 불만·투쟁의욕의 고조 및 地方官吏의 수탈적인 통치, 불합리한 三政 운영에 대한 地方民의 불만 등등의 현상이 총체적으로 복합하고 相乘作用을 일으키는 가운데, 沒落農民으로 하여금 이 시기의 사회문제에 대하여 보다 강한 비판의식과 度를 넘어서는 투쟁의욕을 보이고, 나아가서는 '思亂'을 생각하는 데까지 이르도록 하고 있었음을 말하는 것이다. 우리는 이 같은 사회분위기를 思亂意識의 形成이라고 부르고자 한다.

이 같은 사정은 여러 사람들의 기술에서 살필 수 있지만, 먼저 들 수 있는 것은 茶山이 남기고 있는 생생한 글이다. 그에 따르면 그가 살고 있었던 시기(18세기~19세기)의 鄕村社會의 분위기는 바로 이러한 것이었다. 그가 『牧民心書』에서 다음과 같이 기술하고 있었음은 그것이다.

近年以來 賦役煩重 官吏肆虐 民不聊生 擧皆思亂 妖言妄說 東唱西和[197]

여기서 近年이란 표현은 좀 막연하지만, 이는 茶山이 살고 있는 시기를 기준으로 할 때 그 이전의 가까운 시기가 되겠다. 그런데 '그때부터의 鄕村社會에서는 賦役은 무겁게 가중하고 官吏는 肆虐해서 농민들이 편히 살 수 없게 되었으며, 그럼으로 해서 그들은 거의 모두 亂을 일으킬 것을 생각하고, 한 지역에서 妖言 妄說이 한번 일어나면 다른 지역에서 모두 이에 和應하게 되고 있다'는 것이었다. 이는 민심이 이미 당시의 정부·체제를 떠나고, 따라서 社會 底邊에는 정부·체제에 대하여 反逆하고 抗爭할 수 있는 사회적 분위기가 조성되어 있었음을 말하는 것이었다고 하겠다. 그리하여 茶山은 英祖 戊申年(1728)의 李麟佐亂이나 純祖 辛未年(1811)의 洪景來亂도 이 같은 사회 저변의 분위기를 기초로 해서 일어났다고 보고 있었다.[198] 사실 당시는 농촌사회의 分解·농민수탈의 가중 등으로 矛盾構造가 심화되고 있었는데, 정부에서는 社會矛盾을 근본적으로 해결하지 못하고 있는 것은 말할 것도 없고, 改良政策마저도 지지부진 소극화하고 있었으므로, 鄕村社會의 저변에 이 같은 분위기가 조성되는 것은 자연스러운 일이 아닐 수 없었다.

鄕村社會의 저변에 民의 思亂意識이 깔려 있는 이러한 현상은 그 후에도

---

197) 『牧民心書』 28, 兵典 應變.
　　拙 稿, '朝鮮後期의 賦稅制度 釐正策'(『韓國近代農業史研究』上, 증보판, p.267).
198) 『牧民心書』 28, 兵典 應變.

해소되지 못하고 있었다. 그 원인이 제거되지 못하고 있는 까닭이었다. 가령 茶山보다 한 세대 후의 儒學者 鳳棲 兪莘煥은 그러한 사정을 軍役과 관련하여 다음과 같이 기술하고 있었다.

　　지금의 이른바 軍役을 지는 良人은 모두 至貧至窮한 사람들이다. 이러한 사람들에게는 한 해에 1천 錢을 내게 해도 감당이 어려운데, 하물며 2,3천 錢을 내게 하면 어찌되며, 또 族徵 隣徵을 하면 어찌 되겠는가. 그들은 憤慨하고 焦燥하고 울부짖으며 고통스러워하기를 마치 모래 위의 물고기와 같고 재 속에 던져진 지렁이와 같아서 참으로 견디기 어려운 것이다. 그러므로 草幕과 움막에 살고 있는 이들 至貧至窮의 軍役民들은 稅를 징수하는 官吏를 흘겨보고 노려보며 亂을 꾀하는 자가 열 집에 다섯 집은 된다(欲爲亂者十室而五). 그러니 만일의 사태가 있을 경우, 어찌 그들이 東奔西走하며 거기에 호응하지 않으리라고 할 수 있겠는가.[199]

이러한 세태는 그 후에도 그대로 계속되고 있었다. 鳳棲보다 한 세대 후의 인물인 古歡堂 姜瑋는 民亂이 전개되고 있는 시점에서 그러한 사정을 다음과 같이 기술하고 있었으며, 晋州民亂도 바로 그러한 사회분위기·思亂의식을 기초로 해서 발생하였다는 점을 특히 지적하고 있었다.

　　亂은 본시 良民에서 일어나는 것이 아니라 窮民에서 일어나는데 그것은 어찌해서 그러한가. 그것은 良民은 土着者이고 窮民은 浮寄者이기 때문이다. 이들은 자신들이 의존해서 살아갈 만한 근거가 없으므로 밤낮으로 국가를 원망하고 亂을 생각한 지 오래며(日夜怨望 思亂久矣), 義理로써 타일러도 듣지 않는다. …… 이번 三南地方의 民亂도 모두 이들 窮民 浮寄者가 主唱하는 바이고 良民은 脅從者에 불과하다.[200]

---

199) 『鳳棲集』 卷 5, 時務篇.
　　　今之所謂良軍者 大抵皆至貧至窮之民也 使至貧而至窮者 歲止出一千亦所不堪 而況於二三其出乎 況於代出其族與隣之所當出乎 其憤懣焦燥呼號而顚連者 如魚在沙 如蚓在灰 故蓽門圭竇眄眄盻盻 欲爲亂者十室而五 脫有不虞之變 安知其不波奔而響應乎
200) 『古歡堂收草』 卷 4, 擬三政捄弊策.
　　　亂不作於良民 而必作於窮民何也 良民是土着者也 窮民是浮寄者也 …… 惟此浮寄之氓 旣無聊賴可以得活 日夜怨望 思亂久矣 雖以義理論之不從也 …… 近見南民之擾 皆此屬爲之唱 而良民特其脅從者也
　　　拙 稿, '哲宗朝의 應旨三政疏와「三政釐整策」'(『韓國近代農業史硏究』上, 증보판,

古歡堂은 이 같은 窮民 浮寄者를 더 구체적으로 언급하여서는 流民, 浮客, 夯商, 傭傭 등이라고도 하였는데,[201] 이는 요컨대 이 시기 농촌사회의 分解過程에서 몰락하여 最貧困層으로 전락한 사람들이 아닐 수 없으며, 晋州民亂에서 제3계열 運動主體로 활약한 樵軍의 주축을 이루는 사람들이 아닐 수 없었다. 말하자면 그는, 이러한 사람들은 社會矛盾이 해결되지 못하고 수탈만이 증대되는 사회풍토 속에서 평소부터 늘 '思亂'의 문제를 생각하고 있었는데, 都結·統還 문제가 제기되고 이것이 呈訴運動을 통해서 해결되지 못하자, 그 단계를 뛰어넘어 평소부터 생각하고 있었던 바 '思亂'을 실천에 옮기게 되었다는 것이었다. 농촌사회의 分解와 농민층의 몰락은 국가의 農民收奪에서만 연유하는 것이 아니었지만, 이로 인해서 심화되는 社會矛盾을 국가가 해결하지 못하면, 민심은 국가를 떠나고, 沒落農民層·無産者의 불만은 결국 국가에 돌아가지 않을 수 없었기 때문이었다.

이 무렵의 이 같은 사회분위기는 진보적인 지식인뿐만 아니라 官에서도 정확히 파악하고 있었다. 그래서 慶尙監營에서는 東學敎主 崔濟愚가 여러 가지 呪文을 만들어 布敎를 하게 되었을 때, 그를 체포하여 '平世思亂 暗地聚黨'[202] 하는 것으로 지목하여 처형하고 있었다. 그러한 사회분위기의 형성 위에서 亂은 발생하는 것으로 보고 있는 까닭이었다.

그러면 이들 思亂階層·沒落農民層·民亂主體들의 궁극 목표는 무엇이었을까. 그들의 목표가 亂을 일으키는 것 그 자체는 아니었을 터인데, 그렇다면 그들이 바라는 바 실질적인 목표는 무엇이었을까. 이 같은 물음에 대하여 朴珪壽의 按覈文件에서는 樵軍을 問招하여 기록하고 있는 바가 없었다. 按覈使 朴珪壽의 亂民査覈의 방향은, 앞에서도 지적한 바와 같이, 三政紊亂의 틀 안에서 都結·統還의 革罷運動을 한 주모자를 찾고 추종자를 가리는 데 있었으며, 그 주모자·배후자는 兩班士族으로서 晋州一鄕의 民을 경제적으로도 號令할 수 있는 대단한 饒戶富民일 것으로 전제하고 있었기 때문이었다. 按覈使는 柳繼春을 按覈하는 과정에서 그가 '本無田地'하다는 사실을 알게 되

---

　　p.490).

201) 同 上書.

202) 『日省錄』 高宗 元年 2月 29日, 高宗篇 1, p.160.

었지만,[203] 이러한 사실에 대해서 주목하지 않았으며, 그뿐만 아니라 農地도 없는 사람, 즉 都結로 인해서 고통을 받을 염려가 없는 사람이 都結 革罷運動을 하고 있는 것을 못마땅하게 생각하고 나무라고 있었다. 이러한 亂民査覈의 방식에서라면 思亂階層·沒落農民層·民亂主體들의 농민운동의 목표가 제대로 按覈文件상에 반영되기는 어려웠다.

그러나 그들이 思亂하게 되는 동기가, 政府官吏의 부정부패와 兩班支配層의 수탈 때문에 그들이 몰락하고 생존이 어려워지고 있는 데 있었던 것으로 보면, 그들이 궁극적으로 바라는 바가 무엇이었겠는가 하는 것은 자명하여진다고 하겠다. 그것은 결국 부정부패한 관리를 일소하고 賦稅制度를 均賦均稅의 방향으로 합리화하며, 土地制度를 개혁하여 沒落農民에게 農地를 줌으로써 그들이 안정된 경제생활을 할 수 있도록 하라는 것이 되지 않을 수 없었을 것이다. 사실 이때에는 朴珪壽의 按覈事業이 갖는 방향으로 인해서, 民亂을 추진한 당사자들에게는 이 같은 사실을 언급할 기회가 주어지지 않았지만, 按覈使 朴珪壽와는 달리 民亂을 體制的·構造的 矛盾의 시각에서 보고 있었던 진보적 지식인들은 당연히 그러해야 할 것으로 보고 있었다. 그러므로 그들은 民亂의 수습방안을 제기하게 되었을 때, 정부의 정책과 같은 三政의 釐整에 그치지 않고, 토지제도의 개혁을 위요한 이 같은 모든 문제의 改革을 提論하고 있었다.[204] 그러한 점에서 그들의 改革論은 沒落農民 民亂主體들이 지향하는 바를 지식인으로서 대변하고 있는 셈이었다고 하겠다.

5. 結　語

晋州民亂의 按覈文件을 재삼 검토하고 그 전개과정을 위에서와 같이 정리하고 보면, 民亂의 발생 원인을 단순히 民亂발생 시점에서의 三政紊亂에만

---

203) 註 88) 참조.
204)『古歡堂收草』卷 4, 擬三政捄弊策.
　　『性齋集』卷 9, 雜著, 三政策.
　　拙 稿, 註 197), 200)의 논문 참조.

있는 것 또는 地方官吏의 三政을 둘러싼 수탈에만 있는 것으로 보는 것은
정확하지 않다고 하겠다. 그러한 문제가 民亂발생의 계기로서 작용하고 있
었던 것은 사실이지만, 그것은 다만 民亂이 발생할 수 있는 契機的 원인에
불과하였다. 民亂은 그 이전에 이미 보다 심층적 원인으로서의 농촌사회의
分解와 矛盾의 심화 등 체제적·구조적 모순의 문제가 있어서 그 발생이 불
가피하였고, 또 신분제적·봉건적 사회질서, 즉 不平等 原理가 점진적으로
쇠퇴하는 가운데, 민중의 사회의식 속에 平等 原理가 자리하게 되고, 나아
가서는 수탈이 加重하는 가운데 그들로 하여금 思亂意識을 갖게 함으로써,
이 지방 沒落農民·沒落兩班層으로서의 運動主體로 하여금 그 농민운동을
그와 같이 철저한 民亂으로서 수행할 수 있도록 한 것이라고 하겠다. 그리
고 또 그럼으로 해서 晋州民亂은 처음부터 民亂, 즉 폭력적인 破壞運動으로
서 출발한 것이 아니라, 그 運動主體(제1계열·제2계열·제3계열)에 따라 목
표를 달리하는 가운데, 처음에는 呈訴運動으로 출발했으나, 다음에는 暴力
運動으로 전환하는 단계성을 보이게 되었다. 말하자면 이 民亂은 그 推進主
體·社會階層을 달리하는 두 계열의 운동이 하나로 복합된 운동이었으며, 따
라서 晋州民亂의 성격은 단계를 달리하는 이 두 운동의 주체와 목표를 확실
하게 파악할 때 더욱 분명해지는 것이라고 하겠다.

前段階 運動으로서 전개된 呈訴運動은, 제1계열의 운동주체들이 哲宗 13
년 2월 1일과 2월 6일에 水谷都會를 열고 晋州 일원의 鄕民의 의견을 모아,
呈官·呈營의 等訴運動을 전개함으로써 이 地域民에게 새로 부당하게 부과
되고 있는 都結과 統還을 합법적으로 철폐케 하려는 농민운동이었다. 沒落
兩班 柳繼春이 중심이 되어 鄕民을 대표하여 추진하고 있는 운동이었다. 都
結은 이곳 晋州牧에서 그 鄕吏들이 횡령한 還穀의 缺損 부분을 晋州民의 전
田結에 부과함으로써 補塡하려는 것이고, 統還은 이곳 慶尙右兵營에서 그
鄕吏들이 횡령한 還穀의 결손 부분을 晋州民의 全統戶에 부과함으로써 補塡
하려는 것으로서, 晋州牧에서는 이를 경내의 兩班士族을 초청하여 양해를
구하고, 兵營에서는 이를 경내의 頭民을 초청하여 향응과 협박을 통해서 양
해케 하고 있는 것이었다. 그러나 이는 어느 것이나 부당하고 불법적인 조
치인 데다, 농지를 소유한 이곳 농민과 統戶를 구성하고 있는 이곳 주민에

게 法外의 큰 부담을 강요한다는 점에서, 이러한 조치를 양해한 身分階級 이외의 이곳 일반 鄕民들로서는 이를 쉽게 받아들이기 어려웠으며, 이는 마땅히 철회되어야 한다고 생각하고 그 운동을 전개하게 되었다. 그리고 呈訴運動이 제기되는 경위가 이와 같았음에서, 이 운동을 추진한 것은 農地所有者로서 여러 계층의 사람들로 구성된 제1계열 運動主體이지만, 그 중에서도 중심적 역할을 하게 되는 것은, 농지를 비교적 많이 소유함으로써 상대적으로 小·貧農層에 비하여 손해를 많이 보게 되는 계층, 즉 兩班土豪가 아니면서도 鄕村 내에서 有力者의 위치에 있는, 일반민으로서의 饒戶富民을 포함한 견실한 自營農民層, 中·富農層이 되지 않을 수 없었다. 그러나 그럼으로 해서 이들의 운동에는 그 계급적 성격과도 관련하여 일정한 한계가 있게 되는 것 또한 어쩔 수 없는 일이었다. 그리하여 이들의 운동은 그 주체들 내부에 견해차가 있는 가운데, 그 운동이 제대로 추진되지 못하고, 따라서 그들이 목표한 바 결실을 쟁취할 수가 없었다.

後段階 運動은 여기에 제3계열 運動主體들에 의해서 새로운 형태로 전개되었는데, 그것은 都結·統還의 혁파를 일거에 暴力運動·民亂으로써 달성하려는 것이었다. 運動主體가 달라지는 가운데 운동의 방법도 획기적으로 달라지고 있었다. 이러한 운동을 계획하고 추진한 것은 呈訴運動에도 참여하고 있었던 바 農民化한 沒落兩班 李啓烈이었으며, 暴動軍의 주축·주력부대가 된 것은 樵軍組織·洞里組織을 통해서 동원한 樵軍과 沒落農民·沒落兩班들이 중심이었다. 그리하여 이들의 운동은 2월 14일에 德山市를 先打하고, 전고을에 都結·統還 革罷運動의 분위기를 위협적인 언사로써 고조시키는 가운데, 2월 18일부터 2월 23일에 걸치면서 晋州邑 안팎에서 전개되었다. 兵使와 牧使를 욕보이는 가운데 목표하였던 바 都結·統還의 혁파를 달성한 이외에도, 인명살상 10명, 衣冠之人打破 無數, 家屋毀破 126戶, 財産見奪 78戶 10만 財 등의 피해를 남기고 자진 해산함으로써 종결되었다. 晋州民亂의 실상은 이러한 것이었다. 그러므로 그 民亂의 전개과정을 이같이 정리하고 보면, 民亂의 원인은 보다 심층적인 데서 찾아야 하는 것이라고 하겠다. 그리고 그것은 이 시기 농촌사회의 分解過程 속에서 성장과 몰락이 가져온 체제적·구조적인 모순의 문제, 이 시기 봉건적인 신분제 사회에서 신분제의

원리가 여러 가지 면에서 해체되는 가운데, 피지배층의 사회의식 속에 자리하는 平等意識이 더욱 성장하고, 그것은 矛盾構造의 문제와도 연결되는 가운데 그들의 불만을 체제적·구조적 불만으로까지 승화시키고, 그것은 나아가서 그들로 하여금 체제에 대하여 思亂意識을 갖게까지 한 데서 연유하는 것이었다고 하겠다.

그러나 그러면서도 이때의 運動主體들은 그들이 봉기하고 있는 이유, 그들의 봉기에서 바랄 수밖에 없는 條件을 체제적·구조적 모순의 개혁, 즉 農業改革·土地改革으로서 주장하고 있지는 않았다. 그들은 그 前段階의 제1계열의 運動主體와 그 지도층이 내세우고 있었던 都結·統還의 혁파를 강하게 주장하고 쟁취하고 있을 뿐이었다. 그러나 그들에게 그러한 욕구가 없었던 것이라고는 볼 수 없으며, 그러한 욕구가 다른 방식으로 표출되고 있을 뿐이었다. 지배층으로서의 饒戶富民, 兩班士族, 鄕吏層에 대한 처절한 보복은 바로 그것이었다. 또 按覈使의 三政紊亂 중심의 民亂 査覈方式으로 인해서도 그러한 그들의 뜻은 按覈文件상에 등재되기가 어려웠다. 그러한 사정을 運動主體 자신들보다 더 분명하게 파악하고 그들을 변호하고 있는 것은 진보적 지식인들이었다. 그들은 運動主體들이 봉기한 원인을 체제적·구조적 모순으로 보고 있었으며, 따라서 民亂을 수습하는 방식도, 그 체제적·구조적 모순의 문제를 근본적으로 개혁하는 農業改革·土地改革이 되지 않으면 아니 될 것으로 강조하고 있었다. 그리고 그들의 思亂意識을 바탕으로 한 民亂은, 그 지도층의 사회모순 타개에 대한 의욕이나 현실인식의 정도 여하에 따라, 郡縣 단위나 地域 단위 民亂으로 그칠 수도 있고, 앞서 있었던 洪景來亂이나 후에 있게 되는 甲午動亂과 같은 전국적인 農民戰爭·農民革命으로 확대될 수도 있는 것이었으나, 이때에는 地域 단위 民亂으로 머무르는 데 그치고 있었다. 그 문제는 晋州民亂 지도층의 능력 밖의 문제였으며, 그것은 뒷날 다른 지도층을 기다리지 않으면 아니 되었다.

〔『東方學志』 94, 1996. 揭載〕

古阜民亂의 社會經濟事情과 知的環境

― 東學亂·農民戰爭의 背景 理解와 관련하여 ―

1. 序　言

　高宗 30년 11, 12월에서 同 31년 正, 2, 3월에 걸쳐서는 湖南地方의 古阜郡에 民亂이 발생하고 있었다.[1] 이른바 古阜民亂으로서, 이는 壬戌民亂 이후의 政治, 經濟, 社會, 思想 등 나라 안팎의 제반 情勢의 변동을 배경으로 하고 있는 새로운 차원의 農民運動이었다. 그러므로 이 단계의 이 民亂, 이 농민운동은 哲宗朝 壬戌民亂 단계의 그것과 封建末期 농민운동으로서의 성격에 질적인 차이가 있지 않을 수 없었다. 물론 古阜民亂은 壬戌民亂 이후 30년 만에 일어나는 유일한 농민운동으로서 발생하고 있는 것은 아니었다. 이 시기에는 많은 抗爭·民亂이 아래 註에 제시되는 바와 같이 여러 지방에서 여러 가지 형태로 지속적으로 발생하고 있었으며,[2] 古阜民亂은 그 일환으로서 그 연장선상에서 발생하고 있는 하나의 民亂·農民運動에 불과하였다.

　그러나 그러면서도 古阜民亂은 이 시기 다른 지방의 민란과 차이성이 있었다. 그것은 다른 民亂들은 그 民亂이 당시의 體制矛盾에서 연유하는 것이

---

1) 古阜民亂의 발생시기에 관해서는 기록에 따라 차이가 있다. 여기서 우리는 古阜民亂의 농민운동을, 「全琫準 供草」에 기술되어 있는 時日, 즉 제1단계의 1893년 11, 12월의 呈訴運動(呈狀·呈邑)에서 제2단계의 1894년 正, 2, 3월 초의 示威 및 郡衙打擊에서 勒徵稅 還推와 萬石洑 毀破(暴力運動)에 이르는 기간을, 그 전개과정의 全期間으로 보고 있다. 이 두 단계의 운동 중에서 民亂이라는 용어는 엄밀하게는 제2단계의 운동을 지칭하지만, 넓은 뜻으로는 제1단계와 제2단계의 운동을 모두 포함하는 것으로 보고자 한다. 단, 이 경우에도 그 날짜는 全琫準이 그 기억을 더듬어서 진술하고 있는 것이므로, 반드시 정확한 것이라고 말하기는 어려운 바 있다.

2) 三南民亂 이후 高宗朝의 火賊과 民亂의 발생 지역을 정리해 보면 다음과 같다.

었음에도 불구하고, 아직은 그 運動目標가 단순히 눈앞의 收奪除去만을 문제삼거나, 軍器를 탈취하여 한바탕 兵亂을 꾀하는 것이었다 하더라도, 원대한 體制改革의 구상을 갖지 못하는 運動者의 활동이었음에 대하여, 古阜民亂은 이 시기 다른 정치·사회운동에 자극되면서, 그러한 차원을 뛰어넘어, 그 주체들이 그들의 운동을 이른바 東學亂으로 연계시키는 가운데, 體制變革을 지향하는 農民戰爭·農民革命으로까지 확대시켜 나가고 있는 점이었다. 그러므로 東學亂을 보다 정확히 이해하기 위해서는, 그것을 유도한 古阜

年 度	火 賊	民亂 東學(남부)	民亂(중부·북부)
哲宗 13年	牙山	晉州 등 三南民亂	
14			豊川
高宗 1	果川 楊根		
2	陽城		
3			
4	洪州		
5		漆原	穩城
6		固城 光陽	
7		晉州(亂 기도)	
8		寧海 鳥嶺	
9	安東		
10			
11	鄕外		
12	高揚	蔚山	
13	近畿		
14	波州 金浦 靈岩		
高宗 15	忠淸·京畿各邑 京		
16	平山 長興		
17	京近郊 外邑		長連
18	各道營邑 淸州		
19	江西 龍江 三和		
20	江華 畿甸 八道四都	東萊 星州	
21	八道四都 忠淸道	加里浦	安岳(吏·鄕)
22	湖南(活貧黨) 黃海道 兎山 鎭海		兎山 驪州 原州
23	陰城		
24	畿湖 京近郊		
25			北靑 永興 高山驛
26		全州 光陽	水原 麟蹄 旌善 通川 歙谷 吉州
27	畿內 忠州 振威	咸昌	安城
28	山林賊熾盛	濟州(漁民)	高城 平山(呈營)
29	京·外盜賊熾盛	醴川 羅州 東學忠全監營에 敎祖伸寃	狼川 咸興 德源 會寧 鐘城 成川 江界
30		全州 益山 古阜 淸風 黃澗 東學各郡衙門掛書 東學伏閤上疏 報恩集會 東學外國公館掛書 東學金溝集會	仁川 開城 載寧 咸從 中和 鐵島

* 資料 : 『備邊司謄錄』, 『日省錄』, 『高宗實錄』, 『東學史』, 註 3) 韓㳓劤 논문 ①, 其他

民亂을 또한 構造的으로 보다 깊이 있게 이해할 필요가 있으며, 그러기 위해
서는 古阜民亂을 있게 한 바 壬戌民亂 이후의 經濟事情, 政治·社會動向, 知
的環境 問題 등등을, 그 핵심만이라도 시대적·사회적 배경으로서 파악해 두
는 것이 필요하리라 생각된다.

2. 古阜民亂의 經濟事情

　哲宗朝 이후 高宗朝에 들어와서도 民亂이 다시금 발생하게 되는 經濟事情
은 東學亂의 역사적 배경에 대한 연구와도 관련하여 비교적 잘 알려져 있
다.[3] 그것은 기본적으로 이미 검토한 바 있는 哲宗 壬戌年의 民亂 발생사정
과 크게 다르지 않았다. 한편으로는 賦稅制度 및 각종 명목의 無名雜稅와 수
탈이 있고, 다른 한편으로는 地主制가 성장 확대되고 農村社會의 분화가 심
화되고 있는 일이었다. 壬戌民亂에 대한 대책으로서 그 해에 「三政釐整策」이
마련되고, 그 후에도 大院君의 三政 및 기타에 관한 內政改革이 부분적으로
시행되고 있었지만, 그러한 정도의 정책으로서는 본시 불합리하고 불평등한
三政 및 각종 명목의 雜稅 징수와 收奪의 근거를 근본적 전면적으로 개혁할
수 있는 것이 아니었다. 土地改革의 문제는 논의는 무성했지만, 그러나 이
문제는 賦稅制度를 개혁하는 문제보다도 더 어려운 사업이었다. 더욱이 이

---

3) 韓㳆劤, ① 『東學亂 起因에 관한 研究 — 그 社會的 背景과 三政의 紊亂을 중심으
　　　　　로』, 1971.
　　　　② '米穀의 國外流出'(『韓國開港期의 商業研究』, 1970).
　　鄭昌烈, ① '古阜民亂의 研究'(『韓國史研究』 48·49, 1985).
　　　　② 「甲午農民戰爭 研究」, 연세大 大學院, 1991.
　　李榮薰, ① 「조선후기 토지소유의 기본구조와 농업경영」, 서울大 大學院, 1985.
　　　　② 『朝鮮後期 社會經濟史』, 1988.
　　朴明圭, '19세기말 고부지방 농민층의 존재형태'(『全羅文化論叢』 7, 1994).
　　拙　稿, ① '高宗朝 王室의 均田收賭問題'(『韓國近代農業史研究』 下, 증보판,
　　　　　1984).
　　　　② '近代化過程에서의 農業改革의 두 方向'(『韓國近現代農業史研究』,
　　　　　1992).
　　　　③ 註 5)의 『古阜郡聲浦面量案』의 分析'.

시기에는 通商貿易 등 經濟環境의 변동과도 관련하여 地主經營이 성장 강화
되는 가운데 그들의 土地投資·土地集積이 촉진되고, 재지 土豪層의 武斷的
인 수탈행위 또한 성행하고 있어서, 農民層의 몰락과 농촌사회의 분해는 앞
시기에 비하여 한층 더 촉진되지 않을 수 없었다. 그러므로 이 시기에도 농민
층은 앞 시기에서와 마찬가지로, 賦稅制度를 둘러싸고도 그렇고 土地所有와
그 經營關係를 둘러싸고도 그러하였지만, 농촌사회에 모순이 누적되는 문제
와 관련하여 생존을 위한 鬪爭·民亂을 전개하지 않으면 아니 되었다.[4]

1) 古阜民의 農地所有와 分解

古阜民亂의 경제사정과 관련하여 우리가 먼저 살펴야 할 것은, 古阜農民
의 農地所有는 본시 어느 정도이고 그것을 바탕으로 전개되는 농촌사회 分
解의 방향은 어떠한 것이었을까 하는 점이다. 이 시기 농촌사회·농민층의
경제사정을 논할 때 그 기준이 될 수 있는 것은, 농민층의 富力을 단적으로
드러내 주는 농지소유가 중심이 될 수 있기 때문이다. 그런데 이 같은 문제
를 해명하기 위해서는, 오늘날의 농촌에 관해서 파악하고 있는 바와 같은 農
業統計가 필요하지만, 이 시기의 정부에서는 그러한 통계를 작성하고 있지
않았으며, 다만 그러한 통계를 작성할 수 있는 기초조사를 하여 이를 자료로
서 정리하고 있을 뿐이었다. 그러한 조사자료는 여러 계통의 地方 行政文書
를 통해서 살필 수 있겠지만, 여기서는 그것을 이 고장 한 面의 量案을 분석
정리함으로써 고찰할 수 있을 것이다.

그 量案은『古阜郡聲浦面量案』으로서 正祖 15년(辛亥, 1791)의 改量田事
業에서 작성한 것이다. 자료의 범위가 한 面에 한정되고, 그 시기가 古阜民
亂보다 100년이나 앞서는 것이어서, 高宗朝의 民亂을 이해하기에 반드시 적
절하거나 만족스러운 것이 아니다. 그러나 그러면서도 그 자료의 기술 내용
은 일정하게 시대의 推移를 반영하고 있어서, 이 시기에 관한 本稿의 주제를

---

4) 이러한 사정은 이미 여러 연구에서 구체적으로 검토된 바 있다. 그러므로 이곳에
   서 이를 다시 장황하게 재론할 필요는 없겠다. 다만 本稿에서 우리의 논지를 분명
   히 하기 위해서는, 이 부분의 설명이 최소한으로나마 필요하므로, 이곳에서는 새
   로운 자료를 통해서 그것을 보완하는 가운데 그 요점만을 정리하기로 하겠다.

이해하는 데 적잖이 도움이 되는 것으로 생각된다. 그뿐만 아니라 이 고장에 관한 자료는 아직은 이보다 더 구체적인 것이 발굴되어 있지 않으므로 우선은 이를 이용하는 수밖에 없겠다. 이제 이 같은 量案에서 起主의 農地所有 상황을 종합 정리하면 다음과 같이 〈表 1〉〈表 2-A〉〈表 2-B〉를 작성할 수 있다.[5]

이제 〈表 1〉을 통해서 보면, 肅宗 末年, 18세기 初의 舊量主의 경우, 古阜民들의 農地所有는 上下로 크게 分化되고 있었음을 알 수 있다. 즉, C급 이상의 起主는 富農(地主 포함)으로서, 이를 다시 細分하면 A, B, C의 3등급으로 나눌 수 있는데, 이들은 起主 전체 1,388명 중 A급 2명 0.1%, B급 4명 0.3%, C급 133명 9.6%를 占하는 가운데, 農地는 전체 609結 중 A급 31結 87負, 5.2%, B급 24結 25負 3束, 4.0%, C급 242結 47負, 39.8%를 소유하고 있어서, 平均으로 A급은 起主當 15結 93負 5束, B급은 6結 6負 3束, C급은 1結 82負 3束씩을 소유하고 있었다. 그리고 이들 富農起主 전체

〈表 1〉 古阜民(起主)의 農地所有 狀況(舊量時 : 1719, 1720)(농지단위 : 結-負-束)

階層	基準	起主數	同上百分比	所有農地	同上百分比	起主當 平均所有
A	10結 이상	2	0.1	31-87-0	5.2	15-93-5
B	5結 〃	4	0.3	24-25-3	4.0	6- 6-3
C	1結 〃	133	9.6 # 10.0	242-47-0	39.8 # 49.0	1-82-3 # 2-14-8
D	50負 〃	175	12.6	125-68-9	20.6	71-8
E	25負 〃	278	20.0	96-77-4	15.9	34-8
F	25負 이하	796	57.4	87-94-4	14.5	11-0
計		1,388	100.0	609-00-0	100.0	43-9

* 〈表 1〉 중의 起主數 百分比, 所有農地 百分比, 平均所有란의 #표 부분은 각각 A, B, C 계층의 百分比를 合算하고, 그 전체의 平均所有를 算出한 것이다.

---

5) 이 자료에 대해서는 別稿 '『古阜郡聲浦面量案』의 分析 — 正祖 15년(1791) 古阜民의 農地所有'(『東方學志』 76, 1992 ; 『朝鮮後期農業史硏究』 I, 증보판, 1995)에서 이미 고찰한 바 있다. 이곳에서는 이 연구를 이용하되, 그 중에서도 肅宗 末年의 起主(舊量主)와 正祖年間의 起主(今量主)들의 農地所有 상황을 각각 古阜民亂 시의 古阜民 農地所有의 역사적 배경으로서 이해하고, 肅宗 末年의 舊量主에서 正祖年間의 今量主에 이르는 起主들의 農地所有상의 변동을, 18세기 농촌사회의 分解를 반영하는 시대적 推移現像으로서 주목하고자 한다.

를 합하면 起主 전체 1,388명 중 富農起主가 139명 10.0%를 점하는 가운데, 農地는 全農地 609結 중 298結 59負 3束, 49.0%를 소유하고 있어서, 平均으로는 起主當 2結 14負 8束을 소유하고 있었다.

같은 방법으로 D급 이하의 起主를 보면, D급 起主는 中農에 해당하는 농민이 되겠는데, 이들은 起主 전체 1,388명 중 175명으로서 12.6%를 占하는 가운데, 農地는 全農地 609結 중 125結 68負 9束, 20.6%를 차지하고 있어서, 平均으로는 起主當 71負 8束을 소유하고, E급 起主는 小農層에 해당하는데, 이들은 起主 전체 1,388명 중 278명으로서 20.0%를 점하는 가운데, 農地는 全農地 609結 중 96結 77負 4束, 15.9%를 차지하고 있어서, 平均으로 起主當 34負 8束을 소유하고 있었다. 또 F급 起主는 貧農層이 되는데, 이들은 全起主 1,388명 중 796명으로 57.4%를 점하는 가운데, 農地는 全農地 609結 중 87結 94負 4束, 14.5%를 차지하고 있어서, 起主들은 平均 11負를 소유하는 데 불과하였다. 〈表 1〉을 통해서 볼 수 있는 18세기 초 이들 起主 전체의 平均 所有結數는 43負 9束이었으므로, 이곳에는 이들 起主 전체의 平均 所有結數에도 미치지 못하는 小·貧農層이 대단히 많은 셈이었다.

이러한 현상은 〈表 2-A〉를 통해서 볼 수 있는 正祖 15년, 18세기 말의 今量主의 農地所有 상황에서도 마찬가지였다. 이 表를 통해서 볼 수 있는 이곳 古阜民들의 農地所有 상황도 上下로 크게 分化되어 있었다. 가령 C급 이상 富農이, 이 시기 起主 전체 1,385명 그 所有農地 638結 75負 6束 중에서,

〈表 2-A〉　　　古阜民(起主)의 農地所有 狀況(今量時 : 1791)

階層	基準	起主數	同上百分比	所有農地	同上百分比	起主當 平均所有
A	10結 이상	1	0.1	21-11-6	3.3	21-11-6
B	5結 〃	6	0.4	41-25-5	6.5	6-87-5
C	1結 〃	147	10.6 #11.1	291-45-1	45.6 # 55.4	1-98-3 # 2-29-8
D	50負 〃	162	11.7	112-31-4	17.6	69-3
E	25負 〃	256	18.5	90-96-9	14.2	35-5
F	25負 이하	813	58.7	81-65-1	12.8	10-1
計		1,385	100.0	638-75-6	100.0	46-1

* 〈表 2-A〉 중의 起主數 百分比, 所有農地 百分比, 平均所有란의 # 표 부분은 각각 A, B, C 계층의 百分比를 合算하고, 그 전체의 平均所有를 算出한 것이다.

A급은 起主 1명, 0.1%를 占하면서 農地는 21結 11負 6束, 3.3%를 차지하고 있어서 起主當 평균 21結 11負 6束을 소유하고, B급은 起主 6명, 0.4%를 점하면서 農地는 41結 25負 5束, 6.5%를 차지하고 있어서 起主當 평균 6結 87負 5束을 소유하며, C급은 起主 147명, 10.6%를 점하면서 農地는 291結 45負 1束, 45.6%를 차지하고 있어서 起主當 평균 1結 98負 3束을 소유하고 있었으며, 이들을 전체로서 보면 起主는 154명, 11.1%를 점하면서 農地는 353結 82負 2束, 55.4%를 차지하고 있어서 起主當 평균 2結 29負 8束을 소유하고 있었음은 그것이다.

이 같은 사정은 D급 이하의 起主와 農地의 관계에서도 마찬가지였다. 이들도 起主 전체 1,385명 그 所有農地 638結 75負 6束 중에서, D급은 起主는 162명, 11.7%이면서 農地는 112結 31負 4束, 17.6%를 점하고 있어서 起主當 평균 69負 3束을 소유하고, E급은 起主는 256명, 18.5%이면서 農地는 90結 96負 9束, 14.2%를 점하고 있어서 起主當 평균 35負 5束을 소유하며, F급은 起主는 813명, 58.7%나 되면서 農地는 81結 65負 1束, 12.8%를 점하고 있어서 起主當 평균 10負 1束을 소유하는 데 불과하였다. 〈表 2-A〉를 통해서 볼 수 있는 18세기 말의 起主 전체의 平均所有도 46負 1束이었으므로, 이때에도 이곳에는 起主 전체의 平均 所有結數에 미달하는 小·貧農層이 대단히 많은 셈이었다고 하겠다.

量案상의 起主를 이같이 정리하고 보면, 이곳 古阜地方의 經濟事情에 관해서는 本稿의 주제와 관련하여 몇 가지 커다란 특징을 들 수 있겠다.

그 첫째는 이곳에서는 소수의 富農層(10% 안팎)이 다수의 農地(50% 안팎)를 점하는 가운데 그 개개인도 많은 農地를 소유하는 반면, 다수의 小·貧農層(70여 퍼센트) 특히 貧農層(50여 퍼센트)은 극히 적은 농지(10여 퍼센트)를 점하는 가운데 그 개개인도 극히 적은 농지를 소유하는 데 불과하였다는 점이다. 물론 이러한 構成比는 聲浦面 한 面만의 量案상 起主를 정리해서 얻은 수치이므로, 이것이 곧 이곳 面民의 農地所有 실태를 그대로 나타내는 것은 아니며, 이는 다만 농촌사회의 分化現像을 상징적으로 나타내는 비율일 뿐이라고 하겠다. 이들 起主 중에서 이곳 面民을 가려내어 그 구성비를 산출하면, 大邱 租岩面의 경우에서와 같이, 이곳 聲浦面에서도 그 비율이 적잖이 달라질 것이다.[6] 그리고 이들 起主가 이웃 面에서 소유하는 농지까지도 찾아내어 그 구성비를 산출해도, 全州 亂田面에서 볼 수 있었던 바와 같이, 이곳 聲浦面 起主의 階層構成은 크게 달라질 것으로 생각된다.[7] 아마도 貧農層의 비율은 훨씬 줄어들고 富農·中農層의 비율은 상대적으로 훨씬 늘어날 것이다. 그러나 그러면서도 富農層은 소수이면서 많은 농지를 소유하고, 貧農層은 다수이면서 적은 농지를 소유하는 데 불과하다는 경향이 크게 달라지거나 전도되지는 않을 것이다. 더욱이 이때에는 無田農民이 적지 않았으므로, 현실적으로도 이들 無田農民을 포함한 貧農層이 광범위하게 존재한다는 사실에 변화가 있으리라고는 생각되지 않는다.

---

6) 『大邱府租岩面量案』에서 '量案상 起主의 農地所有'와 그 중에서 '面民 起主의 農地所有'를 추출하여 그 起主의 階層構成을 비교하면 다음과 같다. 拙 著, 『朝鮮後期農業史研究』I, 증보판, p.154, 171 참조.

租岩面 起主의 階層構成 비교

階 層	基 準	量案상의 起主		同上중의 面民起主	
A	10結 이상				
B	5結 〃				
C	1結 〃	59	7.6	56	20.7
D	50負 〃	79	10.2	58	21.4
E	25負 〃	137	17.7	53	19.5
F	25負 이하	499	64.5	104	38.4
計		774명	100.0 %	271명	100.0%

* 無田農民은 이 階層構成에 포함되지 않으며, F 階層 이하에 있게 된다.

7) 『全州府亂田面量案』에서 '量案상 起主의 農地所有'와 '同上起主가 周邊面에 農地를 所有했을 경우'를 조사 정리하여 그 起主의 階層構成을 비교하면 다음과 같다. 同 上書, p.155, 175 참조.

亂田面 起主의 階層構成 비교

階 層	基 準	量案상의 起主構成		同上起主가 周邊面量案에도 農地를 所有했을 경우의 階層構成	
A	10結 이상	명	%	1명	0.1%
B	5結 〃	8	0.6	13	1.0
C	1結 〃	137	10.2	251	18.7
D	50負 〃	210	15.7	250	18.6
E	25負 〃	274	20.4	253	18.9
F	25負 이하	712	53.1	573	42.7
計		1,341명	100.0%	1,341명	100.0%

* 無田農民은 이 階層構成에 포함되지 않으며, F 階層 이하에 있게 된다.

둘째로는 이곳 古阜地方에서는 18세기 초에서 18세기 말에 이르는 동안, 起主의 農地所有를 중심으로 해서 농촌사회의 分解가 광범위하게 진행되고 있었다는 점을 들 수 있다. 그것은 〈表 1〉 舊量시 起主의 階層構成과 〈表 2-A〉 今量시 起主의 階層構成을 비교해 보면 쉽게 확인된다. 그러한 비교에 따르면, 18세기 초에서 18세기 말에 이르는 동안, 이곳에서는 D급·E급의 中農層과 小農層은 도합 453명 構成比 32.6%에서 418명 30.2%로 35명 감소하고, 반대로 C급 이상의 富農은 139명 10.0%에서 154명 11.1%로 15명 증가하며, F급의 貧農도 796명 57.4%에서 813명 58.7%로 17명 증가하고 있었다. 이러한 변동에서 증가한 人員은 감소한 인원보다 3명이 적은데, 아마도 이 3명은 다른 지역으로 이사했거나 農地所有 대열에서 탈락하여 無田農民이 되었을 것이다. 이는 全 起主層의 農地所有에 변동이 일어나고 있는 가운데, 특히 中農層과 小農層에서는 그것이 심하여, 그들 가운데 일부는 富農層으로 성장하고 다른 일부는 貧農層으로 전락하며, 이에 따라서는 貧農層이 또한 격변하는 가운데 無田農民層으로 밀리고 전락하고 있었음을 반영하는 것이라고 하겠다.

물론 이 경우 前者에서는 破傷田난을 제외하고 後者에서는 그 부분도 포함하고 있으므로, 이러한 비교는 반드시 정확한 방법이라고 할 수 없겠다. 보다 정확한 비교가 되기 위해서는 동일 筆地數의 農地 안에서 起主의 階層構成이 어떻게 변동하고 있었는지를 살피는 것이 좋겠다. 그러기 위해서는 今量田에서도, 〈表 1〉에서와 같이, 舊量田의 破傷田난에 해당하는 부분의 農地와 起主를 제외하고, 이를 表로써 정리하여 비교하는 것이 좀더 정확한 방법이 될 것이라고 생각된다. 앞에 제시한 바 〈表 2-B〉는 이렇게 해서 작성한 것이다.

그런데 우리는 이렇게 해서 작성한 〈表 2-B〉를 〈表 1〉과 비교해도 〈表 2-A〉를 〈表 1〉과 비교하는 것과 큰 차이가 나지 않는 것은 말할 것도 없고, 오히려 그 分解過程이 더 심각하게 전개되고 있었음을 반영하는 결과가 나오는 것을 발견하게 된다. 즉 이 表에 따르면 18세기 초에서 18세기 말에 이르는 동안, 이곳에서는 D급·E급 起主는 都合 453명 32.6%에서 411명 30.22%로 42명 줄고, C급 이상 起主는 139명 10.0%에서 150명 11.03%

〈表 2-B〉　　　古阜民(起主)의 農地所有 狀況(今量時 : 1791)

階 層	基 準	起主數	同上百分比	所有農地	同上百分比	起主當 平均所有
A	10結 이상	1	0.07	21-11-6	3.4	21-11-6
B	5結 〃	5	0.37	33-70-9	5.5	6-74-2
C	1結 〃	144	10.59 #11.03	283-82-9	46.0 # 54.9	1-97-1 # 2-11-7
D	50負 〃	159	11.69	109-49-8	17.7	68-9
E	25負 〃	252	18.53	88-75-1	14.4	35-2
F	25負 이하	799	58.75	80-30-4	13.0	10-1
計		1,360	100.00	617-20-7	100.0	45-4

* 이 表는 今量時 農地에서, 舊量時의 破傷(훼손)田欄 부분에 속하는 今量時 起主(25명)와 農地(21-90-6, 그 중 無主田 35-7 포함)를 제외하고, 〈表 1〉〈表 2-A〉와 같은 방법으로 정리한 것이다.

로 11명, F급 起主는 796명 57.4%에서 799명 58.75%로 3명 늘어나고 있어서, 이 경우에도 D급·E급 起主로서 감소한 수는 C급 이상 및 F급 起主로서 증가한 수보다 28명이나 많았음을 발견하게 되는 것이다. 이는 앞의 경우에서보다도 다른 지역으로 이주하였거나 無田農民으로 전락하게 된 자가 그만큼 더 많아졌음을 반영하는 것으로 생각된다. 말하자면 이 表를 통해서 보더라도, 이 지역에서는 18세기 초에서 18세기 말에 이르는 동안 起主 전체의 農地所有에 커다란 변동이 일어나고 있는 가운데, 中農層과 小農層은 특히 변동하는 바가 심하여 일부는 富農으로 상승하나 더 많은 부분은 貧農層으로 전락하고, 이어서는 貧農層 또한 격변하는 물결 속에서 下向으로 밀려 無田農民으로 전락하지 않을 수 없도록 되고 있어서, 농촌사회의 分解過程은 완만하나마 지속적으로 전개되고 있었던 것이라 하겠다.

　셋째는 18세기 초에서 18세기 말에 이르는 이 같은 分解現象에 대해서는 혹 의문이 제기될 수도 있겠으나, 그것은 舊量主(肅宗末年 量田시의 起主) 단계에서 今量主(正祖 15년 量田시의 起主) 단계에 이르는 사이의 農地의 移動狀況, 즉 起主·農地所有權者의 姓氏의 變動狀況을 살핌으로써 어느 정도 분명해진다고 하겠다. 물론 이 두 시기 起主의 기재 방식은 ① 姓·名-姓·名, ② 姓·名-(奴)名, ③ 名-名, ④ 名-姓·名, ⑤ 기타 등등으로 다양하고, 따라서 모든 농지에 관하여 그 이동 여부를 분명하게 확인하기는 어렵다. 다만 이 두 시기의 이 같은 起主들 중에서도 ①방식으로 기재된 起主의 경우에는,

그 姓氏가 同姓인가 他姓인가에 따라서, 그 농지가 그의 子·孫이 아닌 他姓人에게 넘어가고 있는 것, 즉 農地所有權이 賣買 등 여러 가지 경로를 통해서 타인에게 이동되고 있었음을 분명하게 확인할 수 있는 것이라고 하겠다. 그런데 이 量案의 기재에 따르면 한정된 조사 범위 내에서의 일이기는 하지만, 이 두 시기 사이에 이같이 姓氏가 변동하고 있는 起主는 정확하게는 舊量主 전체의 67.3%, 추정부분까지를 합하면 80%를 넘어서는 것으로 파악되고 있었다.[8] 이는 이 시기에 농촌사회가 分解되는 基層要因의 하나가 되는 것이었다고 하겠다.

2) 賦稅의 加重과 地主制의 擴大

農村社會 分解의 이 같은 물결은 그 후 19세기에 들어와서도 그대로 지속되지 않을 수 없었다. 그것은 그 후 전개되는 賦稅問題와 土地問題 등 두 계통의 經濟事情으로 인해서 그 分解가 한층 더 촉진되지 않을 수 없었기 때문이었다. 그리고 그 결과는 농촌사회의 富益富 貧益貧을 촉진시키고, 농촌경제의 矛盾構造를 심화시키며, 身分階級 사이의 갈등을 더욱 첨예화하게 한 데서 농민봉기 民亂이 발생하게 되는 근본 원인이 되고 있었다. 그러므로 古阜民亂의 경제사정을 구체적으로 이해하기 위해서는 이 같은 사정을 좀더 소상하게 살필 필요가 있다.

民亂의 발생을 賦稅問題와 관련하여 논할 때, 그 원인이 三政의 불합리한 운영 및 각종 無名雜稅 등 수탈적인 農政·邑弊民瘼에 있었음은, 당시 이미 주지의 사실로 되어 있었다. 이러한 현상은 民生을 병들게 하고 그들을 塗炭에 빠뜨리는 중요한 원인이 되고 있었으며, 民亂은 바로 그러한 데서 발생하고 있었기 때문이었다. 그것은 古阜民亂에서 全琫準이 열거하고 있는 趙秉甲의 수탈상황, 즉 그 民亂의 발생 동기나,[9] 그가 東學亂을 추진하는 가운데 그의 동료들과 함께 정부에 呈訴하고 그 개혁을 요구하고 있었던 바 이 시기 地方官들의 弊政상황을 통해서 잘 알 수 있다.[10] 그리고 이러한 사실은 古阜

---

8) 註 5)의 논문, p.233 참조.
9) 拙 稿, 「全琫準 供草」의 分析(本書所收), 註 12) 참조.
10) 同上, 「全琫準 供草」의 分析, 註 120) 참조. 이는 「全琫準 判決宣告書」(『東學關

民亂 이전부터 있었던 각 지방의 民亂에 관하여 정부가 그 발생 원인을 논하고 있는 것을 통해서도 이를 분명하게 확인할 수 있다. 정부에서는 그러한 사정을 이 시기의 民亂과 관련하여 다음과 같이 기술하고 있었다.

近來民生困瘁 以至塗炭者 亦有其故 以結役戶斂之 年增歲加也 稱以雜費 刱出無前之例 一番增衍 輒成恒式 而各項米木 不準時價 恣意濫捧 甁罌俱空 哀彼無告殘氓 其何以支保資生乎 …… 近日民擾之在在處處 皆由於是 而三南爲尤甚矣[11]

還餉莫重 猾胥之穿利漸滋 戶役不均 愚氓之起疑盆深 積憾所激 衆擾遂作[12]

앞 자료는 民生이 塗炭에 빠지게 된 것은 結과 戶에 부과되는 稅役, 즉 田結稅와 戶布(軍役)稅가 해마다 증가하는 까닭이라는 것, 전에 없었던 雜費를 어떤 명목으로 한번 부과하면 이것이 恒式이 되고, 稅로서 상납하는 米穀과 木(綿)布를 物價時勢를 이용하여 징수하되 시세를 따르지 않고 자의적으로 濫捧하는 데서 기인한다는 것으로, 近日에 여러 곳에서 일어나는 民擾는 모두 이 때문이라는 것이며, 三南地方은 이러한 폐단이 특히 심하다는 것이었다. 그리고 다음 자료는 江原道 狼川民亂과 관련하여 정부에서 지적하고 있는 표현인데, 還穀은 국가의 중요한 財源임에도 불구하고 교활한 鄕吏들이 이를 통해서 營利를 추구하는 바가 점점 더 심해지고, 官에서 부과하는 戶布稅는 그 부과가 不均하게 되고 있어서 民의 불신이 점점 더 심해지는 가운데 마침내는 民擾가 일어나게 되었다는 것이었다.

여기서는 더 이상 구체적인 언급을 하고 있지 않지만, 요컨대 田結稅 戶布(軍役)稅의 경우는 그 稅役을 年增歲加로 加斂하고 있어서,[13] 民이 감당

聯判決文集』에 수록)에 기록되어 있는 내용과 같은 것으로, 全琫準이 洪啓薰을 통해서 政府에 요구하였던 바 改革條件의 일부이다. 이 같은 改革條件은『續陰晴史』7, 高宗 31年 6月 24日條, 上, p.322에도 수록되어 있는데, 이는 農民軍이 巡邊使 李元會에게 올린 原情을 채록한 것이었다.

韓㳓劤,'東學軍 弊政改革案 檢討'(『歷史學報』23, 1964)에서는 이러한 改革條件들을 망라하여 정리 검토하고 있다.

11) 『備邊司謄錄』273, 高宗 29年 正月 27日, 28冊, p.619.
12) 『備邊司謄錄』273, 高宗 29年 6月 23日, 28冊, p.653.
13) 『備邊司謄錄』157, 高宗 13年 10月 20日, 27冊, p.32.

하기 어렵게 되고 있다는 것이었다. 그렇게 해서 증대되는 稅役은 地域 稅
目에 따라 다소 다를 수 있었지만, 어느 지역에 있어서나 倍數로 증대하는
것은 흔히 볼 수 있는 일이었으며,[14] 지역에 따라서는 結價가 옛 結價에 비
하여 10배나 되는 경우도 있었다.[15] 그뿐만 아니라 그러한 稅役이 공평하고
합리적으로 운영되는 것이 아니라, 이 시기에도 中世的 賦稅制度로서의 結
摠制, 軍摠制, 還摠制의 원리에 따라[16] 불공평하고 불합리하게 운영되고 있
었다. 田結稅의 부과에서 虛結白徵,[17] 陳結·川浦結白徵[18]이 이루어지고 隱
漏結이 증가하며,[19] 結稅의 신분에 따르는 差等配定,[20] 都結[21]이 행해지고
있었던 일, 戶布稅의 부과에서 후술하는 바와 같이 그 혁파를 주장하는 목
소리가 강하게 일고 있는 가운데, 權豪漏籍과 稧防村의 除役 등으로 殘民疊
徵하는 排役不均의 폐단이 일어나고 있었던 일,[22] 그리고 還穀의 배정에서

　　　『日省錄』188, 高宗 13年 12月 7日, 高宗篇 13冊, p.409.
　　　『高宗實錄』16, 高宗 16年 閏 3月 12日, 上, p.595.
　　　『備邊司謄錄』273, 高宗 29年 7月 14日, 28冊, p.671.
　14) 『備邊司謄錄』259, 高宗 15年 7月 19日, 27冊, p.208.
　　　『高宗實錄』20, 高宗 20年 8月 23日, 中, p.105.
　　　『備邊司謄錄』268, 高宗 24年 10月 24日, 28冊, p.231.
　　　『日省錄』386, 高宗 29年 7月 18日, 高宗篇 29冊, p.304.
　15) 『高宗實錄』11, 高宗 11年 7月 30日, 上, p.470.
　16) 拙稿, '哲宗朝의 民亂發生과 그 指向'(本書所收), 註 96) 참조.
　17) 『備邊司謄錄』257, 高宗 13年 10月 26日, 27冊, p.36.
　　　『備邊司謄錄』270, 高宗 26年 11月 29日, 28冊, p.417.
　　　『日省錄』355, 高宗 27年 2月 3日, 高宗篇 27冊, p.46.
　　　『備邊司謄錄』272, 高宗 28年 9月 30日, 28冊, p.583.
　　　『備邊司謄錄』273, 高宗 29年 7月 14日, 28冊, p.672.
　18) 『備邊司謄錄』261, 高宗 17年 9月　8日, 27冊, p.421.
　　　『備邊司謄錄』262, 高宗 18年 8月　5日, 27冊, p.519.
　　　『備邊司謄錄』265, 高宗 21年 2月　2日, 27冊, p.802.
　　　『備邊司謄錄』270, 高宗 26年 3月 24日, 28冊, p.361.
　　　『備邊司謄錄』271, 高宗 27年 9月 12日, 28冊, p.487.
　　　『備邊司謄錄』272, 高宗 28年 8月 28日, 28冊, p.576.
　　　『備邊司謄錄』273, 高宗 29年 7月 14日, 28冊, p.674.
　19) 『備邊司謄錄』264, 高宗 20年 9月 23日, 27冊, p.749.
　　　『備邊司謄錄』273, 高宗 29年 7月 14日, 28冊, p.674.
　20) 『備邊司謄錄』264, 高宗 20年 6月　2日, 27冊, p.726.
　21) 『備邊司謄錄』266, 高宗 22年 2月 27日, 27冊, p.907.

蕩還歸結 이후 忠淸道에서와 같이 그 폐단이 좀 나아진 곳도 있었지만,[23] 그러나 還穀의 경우에 있어서도 전반적으로는 舊弊가 尙存하는 가운데, 官屬들이 還穀을 結戶排斂한 후 耗·雜을 충당한 후의 剩餘를 그들이 取食하고,[24] 米를 貨幣로 수봉하되 高價準捧하며,[25] 移貿·虛錄·虛簿를 통해서 수탈을 하고 있었던 일 등등은 그것이었다.[26]

그리고 이 밖에 三政의 稅는 아니지만 民庫·雜役稅를 통한 弊端(收奪)이 거듭 생겨나고 있었음도 큰 문제였으며,[27] 그러한 가운데에도 경우에 따라서는 이 雜役稅를 三政의 還·布稅와 함께 官庄民에게는 면제하되, 일반민에게는 이중으로 부담케 하는 불합리도 행해지고 있었다.[28] 이 시기의 지방에서는 이 밖에도 賦稅制度와 관련하여 중앙과 지방의 각급 권력기관이 無名雜稅를 징수하고 있었는데,[29] 이는 실로 수탈의 別稱으로서 농민경제를 어렵게 하는 중요한 원인이 되고 있었다. 이러한 사정은 賦稅制度의 운영을 담당하는 地方守令의 자질과도 밀접하게 관련되고 있었다. 이때에는 일반적으로 그들이 그 직무를 '牧民之職'으로서가 아니라 '虐民之政'으로서 수행하는 것으로 이해되고 있었으며,[30] 그러한 점에서 이 무렵의 民生의 어려움은 전

---

22) 『備邊司謄錄』 273, 高宗 29年 7月 14日, 28冊, p.674.
　　『日省錄』 226, 高宗 16年 11月 15日, 高宗篇 16冊, p.372.
　　『備邊司謄錄』 259, 高宗 15年 7月 19日, 27冊, p.206.
23) 『日省錄』 384, 高宗 29年 6月 6日, 高宗篇 29冊, p.201.
24) 『備邊司謄錄』 259, 高宗 15年 7月 19日, 27冊, p.211.
25) 『日省錄』 188, 高宗 13年 12月 7日, 高宗篇 13冊, p.409.
26) 『備邊司謄錄』 262, 高宗 18年 8月 5日, 27冊, p.519.
　　『備邊司謄錄』 264, 高宗 20年 9月 23日, 27冊, p.758.
　　『高宗實錄』 21, 高宗 21年 2月 16日, 中, p.137.
27) 『高宗實錄』 20, 高宗 20年 9月 23日, 中, p.110.
　　拙稿, '民庫制의 釐正과 民庫田'(『韓國近代農業史硏究』上, 증보판, 朝鮮後期의 賦稅制度 釐正策, 6).
　　張東均, '民庫運營의 성격과 재정운영권의 동향'(『朝鮮後期 地方財政史硏究』, 1999).
28) 『備邊司謄錄』 271, 高宗 27年 7月 5日, 28冊, p.473.
29) 『備邊司謄錄』 266, 高宗 22年 9月 22日, 28冊, p.35.
　　『備邊司謄錄』 267, 高宗 23年 9月 10日, 28冊, p.127.
　　『備邊司謄錄』 268, 高宗 24年 5月 5日, 28冊, p.198.
　　『備邊司謄錄』 273, 高宗 29年 7月 5日, 28冊, p.669.

적으로 그들 지방수령의 貪汚에 기인하는 것으로 운위되고도 있었다.[31]

　물론 국가는 이 같은 賦稅制度 운영의 불합리와 모순을 보고만 있지는 않았다. 정부에서는 수시로 暗行御史를 파견하기도 하고 地方官의 보고를 듣기도 하는 가운데, 그 釐整이 가능한 것은 釐整을 하도록 노력하고 있었다. 古阜지방에서도 그러한 움직임은 있어서, 많은 폐단이 있는 가운데 高宗 20년(癸未)에는 賦稅制度의 釐整節目을 정리하고 있었다.[32] 그러나 이러한 정도의 부분적인 釐整事業으로 이 시기의 賦稅問題가 해결되기는 어려웠다.

　그리하여 賦稅制度의 이 같은 中世的 불평등성과 불합리한 운영은 계속 이 시기 사회에 지대한 영향을 미치고, 농촌사회를 상하로 分解시키는 주요한 요인의 하나가 되고 있었다. 身分·官權·金力이 있는 사람들은 이러한 상황 속에서도 온갖 탈법적인 수단으로 賦稅의 압력을 벗어나 성장할 수가 있었고, 그것이 없는 일반민들은 해마다 증가하는 稅를 이중 삼중으로 지는 가운데 성장을 저지당하는 것은 말할 것도 없고 몰락하지 않을 수 없었다. 그리하여 이 같은 사정은 종래부터 있어 온 농촌사회 내의 矛盾構造를 한층 더 심화시키게 되었다. 賦稅問題를 둘러싸고 課稅者·官·국가와 納稅者 사이에 모순 갈등이 표면화되고, 納稅者層 내부에서도 이해관계를 달리하는 身分階級·社會勢力 사이에 갈등과 마찰이 社會意識·階級意識을 자극하게 되고 있었다. 이 경우 이 같은 모순구조 속에서 피해자의 위치에 있는 것은, 말할 것도 없이 이미 몰락하였거나 몰락과정에 있는 小·貧農層이 중심이 되는 것이지만, 그러나 이때에는 賦稅와 관련하여 피해를 보는 것이 그들에 한하는 것은 아니었다. 일반민으로서 비교적 부유한 農民層·有産者層도 예외일 수가 없었다. 收奪者의 입장에서 볼 때 수탈의 대상은 몰락자보다는 有産者·富裕農民이 좋았다. 그리하여 이 시기에는 농촌사회 전체가 격동하는 가운데, 일반민으로서의 富裕農民이나 鄕村社會의 有力者들도 賦稅制度 불합

---

30)『高宗實錄』15, 高宗 15年 3月 29日, 上, p.570.
31)『高宗實錄』26, 高宗 26年 9月 22日, 中, p.327.
32) 癸未 正月 日『古阜郡賦稅釐整節目』.
　　尹源鎬, '19世紀 古阜의 社會經濟'(『全羅文化論叢』7, 1994).
　　崔己性, '19世紀後半 古阜의 弊政實態'(同 上書).

94

리의 釐整을 표방하고 농민운동·民亂의 대열에 참여하지 않을 수 없도록 되고 있었다.

民亂의 발생을 土地問題와 관련하여 논하고자 할 때, 우리는 그 원인을 哲宗朝의 民亂을 발생시킨 經濟事情 외에도, 그 위에 새로이 형성되고 있는 국제적 經濟環境을 생각하게 된다. 國交擴大 이후 전개되는 通商貿易은 우리 나라로서는 주로 對日 米穀貿易·米穀輸出을 중심으로 하는 것이었는데, 이는 農村社會에 지대한 영향을 끼치고 있었기 때문이었다. 이보다 앞서서도 농촌사회에는 賦稅問題뿐만 아니라 토지문제와도 관련하여 이미 民亂이 발생할 수 있는 상황이 조성되고 있었지만, 통상무역이라고 하는 경제환경의 변화는 그러한 상황을 더욱 심화시키고 있는 것이었다. 그것은 요컨대 이 같은 米穀貿易은 당시로서는 米穀市場의 새로운 비약적 확대를 뜻하는 것이었는데, 그것이 일시적·한시적인 것이 아니라 지속적인 것이었으므로, 米穀生産과 그 판매에 종사하는 사람들이 이를 적절히 이용할 경우 그들은 쉽사리 큰 富를 축적할 수 있는 것이었으며, 따라서 이 시기에는 그들이 더욱 많은 土地投資·土地集積을 추구하는 가운데 농촌사회의 分解가 한층 더 촉진되고, 그러한 가운데 階級的 矛盾關係 또한 가일층 심화되지 않을 수 없었다는 점에서이다.

물론 米穀貿易이 농촌사회에 미치는 영향은 그 輸出米穀의 物量程度에 따라 다를 것이므로, 어느 농촌사회에서 米穀貿易 때문에 일어날 수 있는 변동은, 開港場의 설치 시점이나 그 개항장과의 거리 여하에 따라 다를 수 있고, 일본 시장에서의 朝鮮米 수요 정도에 따라 크게 다를 수 있었다.[33] 그러므로 湖南지역에서 국교확대 후 있게 되는 그러한 농촌사회의 변동은 木浦港과 群山港을 개항(1897·1899)하게 되는 甲午(淸日戰爭) 이후와 이전에 큰 차이가 있었다고 하겠다. 그러나 그러면서도 湖南지방은 일본에 근접한 穀倉

---

33) 이 시기의 米穀貿易에 관해서는 다음 논고를 참조.
　　韓㳓劤, 註 3)의 ② 논문.
　　吉野 誠, '朝鮮開國 후의 穀物輸出에 대하여'(『朝鮮史研究會論文集』 12, 1975).
　　　　'李朝末期에 있어서의 米穀輸出의 展開와 防穀令'(同 上, 15, 1978).
　　宮嶋博史, '朝鮮甲午改革 이후의 商業的農業'(『史林』 57의 6, 1974).

地帶인데다 木浦, 麗水, 法聖浦, 茁浦, 群山, 기타 등등 많은 港口와 浦口가 있어서, 甲午 이전부터 이곳에서는 米穀商人들이 널리 米穀을 수매하고 官과 연계하는 가운데 이를 潛賣하고 있었으므로,[34] 米穀貿易과 관련하여 일어나는 농촌사회의 변동은 이미 점진적으로 시작 확대되고 있었으며, 甲午 이후 특히 木浦·群山港을 개항한 후에는 이것이 더욱 확산되기에 이르고 있었다.[35]

米穀貿易을 통해서 富를 축적하는 문제와 관련하여, 土地投資·土地集積에 열을 올리고 있는 사람들은 여러 계층의 사람들로 구성되어 있었다. 그 중에서도 본시부터 각 지방의 土豪的 在地地主層으로서 그 地主經營을 철저하게 운영하고 있는 사람들이 그 중심이었다.[36] 그리고 각종 정보를 쉽게 접할 수 있는 중앙이나 지방의 貴族 官人層[37] 및 地方官廳의 吏屬들,[38] 通商貿

----

34) 註 10)에서 언급한 金允植의 『續陰晴史』 卷 7에는 農民軍이 政府에 呈訴한 두 건의 原情이 수록되어 있고, 거기에는 각각 여러 항목의 改革條件이 기록되어 있는데, 그 중에는 각각 '各浦口貿米商 一倂禁斷事' '各浦港潛商貿米 一倂禁斷事'라는 조항도 들어 있었다(上, pp.323~324). 이는 木浦港이나 群山港의 개항 이전에도 이곳 여러 浦口나 港口에서는 이미 많은 米穀이 매매 수출되고 있었음을 보여주는 것이라고 하겠다.

35) 우리는 그러한 사정을, ① 古阜 金氏家 ② 岩泰島 文氏家 ③ 谷城 曺氏家 및 丁氏家 ④ 羅州 李氏家 등등의 地主經營에서 구체적으로 살필 수 있다.
　拙 稿, ① '古阜 金氏家의 地主經營과 資本轉換'(『韓國近現代農業史硏究』, 1992).
　　　　② '羅州 李氏家의 地主經營의 成長과 變動'(同 上書).
　박천우, 「韓末·日帝下의 地主制 硏究 ― 岩泰島 文氏家의 地主로의 성장과 그 변동」, 延世大 大學院, 1983.
　洪性讚, ① '韓末·日帝下의 地主制硏究 ― 谷城 曺氏家의 地主로의 成長과 그 變動'(『東方學志』 49, 1985).
　　　　② '19세기말·20세기초 鄕吏層의 社會經濟 動向 ― 谷城 丁氏家의 사례'(『韓國近代移行期中人硏究』, 1998).

36) 『高宗實錄』 6, 高宗 6年 10月 3日, 上, p.324.
　『備邊司謄錄』 267, 高宗 23年 12月 4日, 28冊, p.156.
　『備邊司謄錄』 272, 高宗 28年 8月 25日, 28冊, p.573.
　郭東燦, '高宗朝 土豪의 成分과 武斷樣相'(『韓國史論』 2, 1975).
　李世永, '18·19세기 兩班土豪의 地主經營'(『韓國文化』 6, 1985).
　崔元圭, '韓末·日帝下의 農業經營에 관한 硏究 ― 海南 尹氏家의 事例'(『韓國史硏究』 50·51, 1985).
　洪性讚, '韓末·日帝下의 地主制 硏究 ― 50町步地主 寶城 李氏家의 地主經營 事例'(『東方學志』 53, 1986).

易을 중심으로 하여 세상물정에 밝고 중앙권력에도 줄이 닿는 商人層[39] 등
등도 그 핵심세력이 되는 계층이었다. 이들은 각각 별개의 身分階級이지만,
동시에 官僚·商人高利貸·地主層이라고 하는 삼위일체적 역할을 하는 존재
이기도 하였다.[40] 그리고 이 밖에 富農 규모의 土地所有者層은 말할 것도 없
고,[41] 極貧의 小·貧農層이라 하더라도 특히 理財에 밝은 사람들은 한편으로
소규모의 농지를 경영하는 농민이면서도, 다른 한편으로는 開港場 부근에서
米穀商人으로서 활동하는 가운데, 점차 토지를 集積하여 經營地主로 성장
할 수가 있었다.[42] 그리하여 이러한 經濟事情으로 인해서는, 성장하는 富裕
階層과는 반비례로, 몰락하는 農民層, 즉 영세 土地所有者로서의 貧農層·無

---

37) 註 35) 拙稿 ① 논문 중의 古阜 金氏家는 河西 金麟厚의 후손으로서 처음에는 가
   난한 선비家였으나, 官人이 되고 農地經營을 通商貿易을 배경으로 하여 전개함으
   로써 점차 土地集積에 성공하고 地主家로 성장하였으며, 후에는 古阜지방 나아가
   서는 湖南지방 굴지의 大地主가 되고 있었다. 이 시기에는 중앙·지방의 귀족 관료
   로서 資産 있는 사람들이 어떤 지방에 開港場이 설치될 경우, 그 부근에 토지를
   매입 集積하여 大土地所有者 大地主가 되는 것은 흔히 있는 일이었다. 務安港(木
   浦) 監理를 지낸 바 있는 金星圭가 이 고장의 548町步의 大地主가 되고 있었던 일
   (『木浦府史』, 1930, p.721), 仁川港의 개항과 관련하여 武班系 관료로서 在地地主
   였던 江華 金氏家가 地主로서 성장하고 있었던 일('江華 金氏家의 地主經營과 그
   盛衰'(拙 著,『韓國近現代農業史研究』, 1992), 같은 江華지방의 洪氏家가 또한 그
   렇게 함으로써 地主로 성장하고 있었던 일(洪性讚, '韓末·日帝下의 地主制研究 —
   江華 洪氏家의 秋收記와 長冊 分析을 중심으로'(『韓國史研究』 33, 1981) 등등은
   그 예이다.
38) 註 35) 洪性讚 논문 ②에 등장하는 谷城 丁氏家는 이 지방 굴지의 鄕吏家門으로
   서 韓末에서 日帝下에 걸치면서 大土地所有者 大地主가 되고 있었다.
39) 註 35)의 박천우 논문에 등장하는 文氏家는 岩泰島의 鹽業 船商으로서 鄕吏도 하
   고 宮屯의 長도 하고 있어서 王室과 인연을 맺고 있는 가문이었는데, 이들은 후에
   大土地所有者 大地主가 되고 있었다.
40) 우리가 예로서 들고 있는 地主經營의 事例에서, 어느 地主家의 경우를 보더라도,
   순수한 地主經營만을 고집하는 예는 없었다. 資産家들이 보다 많은 富를 소유하기
   위해서는 수단과 방법을 가리지 않았으며, 또 그들이 보다 큰 富를 축적하기 위해
   서는 크건 작건 權力에 참여하는 것이 필요하였다.
41)『古阜郡聲浦面量案』(正祖 15년)에 등장하는 前 木川縣監 黃胤錫은 富農 규모에
   해당하는 土地所有者였는데(註 5의 拙稿 참조), 韓末에 이르러서는 그의 玄孫들
   중, 黃元九 교수의 堂叔 범위 내에 드는 사람들 중에서만도, 千石君이 5명에나 달
   하고 있었다. 이 가문은 그간 百年 사이에, 특히 開港通商 이후에 크게 성장하고
   있는 셈이었다고 하겠다. 黃 교수의 술회에 의함.
42) 註 35)의 拙稿 ② 논문에 등장하는 羅州 李氏家는 그러한 예이었다.

田農民層이 기하급수적으로 급격히 늘어나게 되고 있었다. 全琫準은 바로 그러한 農民으로서 이때 3斗落의 農地를 소유하는 데 불과하였다.[43] 그러므로 이 시기에는 이들 두 계급간의 갈등구조가 이 시기 농촌사회 모순구조의 핵심으로 더욱 심화되지 않을 수 없었다.

3) 時作農民의 推移

여기에서 우리에게 궁금한 문제가 되는 것은, 이같이 通商貿易을 하게 됨으로써 농촌사회가 종전보다 더 크게 分解되고 변동하게 되었다면, 그 결과로서 農民層의 農地所有는 土地臺帳상에 어떻게 반영되고 있었을까 하는 점이다. 그러나 이 같은 궁금증을 풀어줄 수 있는, 앞에 제시한 바 前 시기 聲浦面의 量案에 이어지는, 이 시기 이 지역의 量案(光武量案)을 우리는 갖고 있지 못하다. 다만 우리는 그 결과로서 전 주민의 농지소유에 격변이 일어나는 가운데, 부유한 大土地所有者 또는 그들이 소유한 농지는 늘어나는 반면, 農地經營을 잘못했거나 農地經營을 하는 데 여러 가지 불리한 조건을 안고 있는 많은 농민층은 토지소유의 대열에서 탈락하는 가운데 時作農民·無田農民으로 전락하고, 따라서 時作農民 또는 無農層의 수가 늘어나지 않을 수 없었으리라는 점을 예상할 수 있을 뿐이다. 그러나 그러면서도 이 시기 이 지역의 時作農民에 관하여 그 실상을 파악할 수 있다면, 이 시기 농민층 分解의 전체적인 양상을 간접적으로나마 어느 정도 파악할 수 있을 것으로 사료된다.

그런데 이 같은 時作農民의 실상에 관해서는, 한정된 지역, 한정된 자료이기는 하지만, 이미 純祖 30년(道光 10년, 1830)과 光武 10년(1906)의 古阜郡 龍洞宮庄土에 관한 자료 가운데,[44] 德林面에 관한 부분을 중심으로 세

---

43) 「全琫準 供草」 初招問目.

44) 道光 10年 『全羅道古阜郡所在 龍洞宮田畓量案』.

　　光武 10年 丙午 10月 日 『龍洞宮 全羅北道古阜郡屯土新舊摠成冊』(『全羅道庄土文績』에 수록).

　　이 후자의 자료는 官에서 일정한 규정에 따라 量田을 하고 격식을 갖추어 작성한 量案은 아니며, 庄土管理人인 導掌이 收租를 위해서 秋收記에서 기본요건이 되는 字號, 地番, 斗落, 結負, 時作姓名을 기록하고, 거기에다 그 농지가 所在하는

밀한 분석 고찰이 학계에 제출되어 있으므로, 이를 통해서 어지간히 그 실상에 접근할 수 있을 것으로 생각된다. 이 연구에 따르면 이곳 龍洞宮庄土의 時作農民의 借地經營 상황은 다음의 〈表 3〉〈表 4〉와 같았다.[45]

〈表 3〉 1830년 龍洞宮 古阜庄土의 소유, 경영분화 상황　(단위 : 명, 結-負-束)

농지규모	소　유				경　영			
	인수	%	면 적	%	인수	%	면 적	%
1 ～ 2결	6	1.5	8-18-4	8.6	3	0.8	3-53-5	3.7
75～100부	5	1.3	4-57-0	4.8	11	2.8	9-65-7	10.1
50～ 75	30	7.6	17-63-9	18.5	28	7.1	17-16-9	18.0
25～ 50	89	22.4	30-71-2	32.3	96	24.3	33-77-0	35.5
0～ 25	267	67.2	34-13-5	35.8	257	65.0	31-10-9	32.7
計	397	100.0	95-24-0	100.0	395	100.0	95-24-0	100.0

* 여기서 소유는 이 量案에 起主로 기록된 사항, 경영은 時作으로 기록된 사항을 지칭한 것이다 ― 필자.

〈表 4〉 1906년 古阜郡 龍洞宮畓 시작인 토지경영규모　(단위 : 명, 結-負-束)

경작규모	작인수(同上百分比)	총경지면적(同上百分比)	1인당 평균면적
2결 이상	3(0.365)	7-29-4(3.799)	2-43-1
1결～ 2결	9(1.096)	10-98-2(5.720)	1-22-0
50부～ 1결	62(7.552)	42-89-5(22.343)	69-2
25부～50부	177(21.559)	61-32-3(31.942)	34-6
25부 미만	570(69.428)	69-48-9(36.196)	12-2
計	821(100.000)	191-98-3(100.000)	23-3

* ( ) 안의 백분비는 필자가 계산 삽입한 것이다.

이 두 表를 통해서 보면, 우리는 開港通商 이후 古阜地方 농촌사회의 時作農民에 관하여 몇 가지 커다란 특징을 발견할 수 있을 것이다.

첫째는 〈表 4〉에서 확인되는 바와 같이 庄土의 규모(191結 98負 3束)에

지역과 每筆地마다의 災·實 정도를 파악하여 대장으로 작성한 것을 정부의 지시에 따라 그대로 제출한 것이다. 그래서 정부에서는 表紙 이면에 '卜數之下 作人姓名之上 無實無陳 及後考者 幷尺量査正次'라는 지시사항을 기록하고 있었다.
45) 李榮薰, 註 3)의 ① ② 논문.
　　朴明圭, 註 3)의 논문 참조.

비하여 時作農民의 수가 과다할 정도로 많으며(821명), 따라서 영세한 農地 借耕者가 지극히 많았다는 점이다. 이는 농지소유에서의 分解가 확대 진전되는 데 따라 영락한 농민이 이곳 宮房田 作人으로 대거 참여하게 된 데서 연유하는 것으로 생각된다. 이곳 宮房田은 본시 陳田이 많은 古阜지방 중에서도 訥堤川변에 위치하고 있어서 대단히 척박하고 陳田이 많았는데,[46] 몰락 농민들은 농지의 肥瘠을 가릴 여유없이 그리고 재해가 자주 있을 것을 잘 알면서도(이 시기 이 지방에는 이른바 均田收賭問題가 발생하고 있었다), 그러한 악조건의 陳田을 開墾함으로써 耕作權을 얻고 있었던 것으로 보인다. 이 자료는 農民戰爭이 진압되고서도 10여 년이 지난 이후의 사정을 표현한 것이지만, 그 이전의 사정도 크게 다르지 않은 가운데 이 같은 사정이 진행되고 있었을 것이고, 따라서 이는 古阜民亂과 農民戰爭의 배경도 되는 것이었다고 하겠다.

둘째는 그러한 時作農民들도 모두가 비슷한 정도의 零細農民인 것이 아니라, 토지소유 농민의 경우와 마찬가지로 借地經營의 규모를 중심으로 하여 상하로 크게 分化되고 있어서 빈부의 차이가 컸다는 점이다. 이를테면 2結 이상 또는 1結 이상의 농지를 借耕하는 비교적 부유한 농민이 있는가 하면, 25負 미만의 농지를 借耕할 수밖에 없었던 가난한 농민이 있었음은 그것이다. 좀더 구체적으로 예를 들면 金保京(保卿·甫京)이란 作人은 173斗落·4結 42負 3束을 借耕하는 데, 金兼五라는 作人은 1斗落·3負 4束을 借耕하는 데 불과하였다. 그리고 이 같은 分解過程에서도 富裕農은 소수이고 貧農은 다수였는데, 이들 貧農時作은 25負 미만의 농지를 借耕한다고는 하나 평균 12負 2束을 경작하는 데 불과하여서 생계가 지극히 어려웠을 것으로 생각된다. 그런데 그러한 時作의 수가 570명이나 되고 있어서 비율로 보면 이들은 全時作農民(821명)의 근 70%에나 달하고 있었다. 이는 時作地 借耕에도 경쟁이 있으되 여유있는 사람이 유리하였다는 사실을 반영하는 것, 그리고 이

---

46) 가령 德林面에 관해서 필자가 조사한 바에 따르면, 이곳에는 無主田, 舊陳田, 今陳田, 舊陳永浦 등처가 많아서, 『德林面量案』의 總結數가 150結 68負 6束이었는데도, 時起結數는 95結 17負 6束에 불과하였다. 拙 稿, '續·量案의 研究'(『朝鮮後期農業史研究』 I, 증보판, p.309).

100

시기의 土地集積이 특정한 사람들에게 집중되고 있었던 경향을 반영하는 것 가운데 하나라고 하겠다. 물론 이들 중에는 혹 자기의 농지를 소유하는 가운데 自·時作 경영을 하고 있는 사람도 있었을 것이고, 혹은 다른 地主로부터 농지를 더 借耕하고 있는 사람도 있었을 것이므로, 이 表의 수치가 그들 時作農民의 실상을 그대로 반영하는 것은 아니라고 하겠다. 그러한 時作農民의 수를 고려해 넣으면 그 구성비율은 적잖이 달라질 수도 있겠다.[47] 그러나 그렇더라도 極貧의 時作農民이 많았으리라는 점에 큰 변화는 없을 것이고, 따라서 이곳에서는 그 수치를 그대로 인용해도 좋을 것으로 생각된다. 그러한 점에서, 時作農民은 모두 地主에 대하여 이해관계가 민감할 수밖에 없었지만, 그 중에서도 특히 이들 최하층 時作農民은 時作 대열에서조차도 배제되어 無農層으로 전락할 위험성이 농후하였던 농민으로서, 地主層에 대한 階級意識과 對抗關係가 지극히 강렬했을 것으로 생각된다.

셋째는 이곳 庄土의 이 같은 時作農民의 分解過程은 역사적으로는 어떠한 추세 속에 있는 것이었을까 하는 점인데, 이는 〈表 3〉과 〈表 4〉를 비교함으로써 이해할 수 있을 것이다. 다만 이 두 表는 반드시 동일한 조건의 農地와 時作을 동일한 기준하에 작성한 것이 아니므로, 그 비교가 적절하지 않은 점이 없지 않지만, 그래도 〈表 3〉의 '경영' 부분과 〈表 4〉는 같은 '경영'면에서 조사한 것이므로 그 추이를 파악하는 데 도움이 될 것이다. 그런데 이 '경영' 부분에 관해서 두 表를 비교하면 우리는 다음과 같은 사실을 확인하게 된다. 즉 〈表 3〉에서 1結 이상은 3명 0.8%였는데 이것이 〈表 4〉에서는 12명 1.461%로 그 比率이 늘고, 같은 방법으로 〈表 3〉의 50負에서 100負 미만은 39명 9.9%였는데 이것이 〈表 4〉에서는 62명 7.552%로 줄었으며, 〈表 3〉의 25負에서 50負 미만은 96명 24.3%였는데 이것도 〈表 4〉에서는 177명 21.559%로 줄고 있었다. 그리고 〈表 3〉에서 25負 미만은 257명 65.0%였는데 이것이 〈表 4〉에서는 570명 69.428%로 늘어나고 있었다는 사실이다.[48] 다시 말하면 이 시기 이 古阜지방 龍洞宮庄土에서 時作農民은 庄土 규

---

47) 同 上書, 同 上 논문의 〈表 7〉~〈表 12〉 참조.
48) 이 경우 '소유' 부분도 모두 作人일 경우에는 어떻게 될까 하는 것이 궁금하다. 그런데 그럴 경우에는 그들을 모두 '경영' 부분과 합해서 계산하면 될 터인데, 이같

모의 확대와도 관련하여 전반적으로 그 수가 늘어나고 있는 가운데, 그 構成比는 그들의 中間지대 農民은 시대의 진전을 따라 감소하는 반면, 상층의 비교적 부유한 농민과 하층의 빈곤한 농민은 증가추세에 있었음을 발견하게 되는 것이다. 이는 이 시기 농촌사회 分解過程의 추이 및 農民戰爭에 따르는 변동을 반영하는 것이 아닐 수 없었다.

古阜民亂이 발생할 수밖에 없었던 經濟事情을 이같이 정리하고 보면, 그것은 土地所有, 農地借耕, 賦稅制度 등 어떤 면으로 보더라도 이 시기 농촌사회의 모순을 구조적으로 심화시키는 것이 아닐 수 없었다. 그러므로 그러한 사정이 절정에 달하게 되면 民의 抗爭·民亂은 어떤 계기가 주어질 때 자연스럽게 발생할 수밖에 없는 것이기도 하였다. 그런데 농촌사회의 이 같은 변동 속에서도, 특히 이 시기에는 이때의 民亂 일반이나 古阜民亂과 관련하여 土地所有 土地支配를 둘러싼 矛盾構造 조성에 앞장을 서고 핵심적 역할을 하고 있는 社會勢力이 있었다. 土豪的 地主層의 高利貸的·收奪的 武斷行爲[49] 및 水稅의 강제징수를 둘러싼 地主經營 강화,[50] 王室·宮房의 陳田開發·

이 계산해도 그 수치는 달라지지만, 그 구성비의 변화의 추세는 같은 경향 속에 있었음을 확인할 수 있다.

49) 이 시기의 土豪層은 朝士, 班族, 土班을 포함하는 特權層으로서, 그들의 地方民에 대한 侵虐은 '土豪武斷 殆有甚於守令貪汚'라고 한 표현에 잘 나타나듯이, 地方守令의 虐政보다도 더 극심한 것이었다. 大院君 집권기에는 그래도 좀 나은 편이었으나, 그 후에는 이것이 극에 달하게 되고 있었다. 그러므로 朝廷에서는 수시로 敎를 내려 이를 禁飭하고 있었으나 효과는 별로 없었다.
『日省錄』 156 上, 高宗 11年 10月 8日, 高宗篇 11冊, p.420.
『備邊司謄錄』 256, 高宗 12年 10月 25日, 26冊, p.810.
『日省錄』 183, 高宗 13年 7月 13日, 高宗篇 13冊, p.231.
『日省錄』 209, 高宗 15年 7月 29日, 高宗篇 15冊, p.330.
『備邊司謄錄』 261, 高宗 17年 9月 8日, 27冊, p.422.
『日省錄』 245, 高宗 18年 5月 17日, 高宗篇 18冊, p.134.
『備邊司謄錄』 270, 高宗 26年 9月 21日, 28冊, p.391.
『高宗實錄』 27, 高宗 27年 正月 29日, 中, p.342.

50) 農業에서 水利는 人體에서의 血脈과 같은 것이어서 절대 불가결한 것이었으므로, 이 시기에 農業生産에 열을 올리고 있었던 在地地主層은 洑 堤堰을 쌓고 稅를 받으며, 水利를 독점하는 가운데 矛盾을 심화시키고 民의 怨恨을 사는 경우가 왕왕 있었다. 그리고 그러한 矛盾關係가 아주 심할 경우, 때에 따라서는 洞民으로 하여금 地主家를 소각하고 그 가족을 몰아내게 하는, 이른바 地主家에 대항하는 民亂·抗租鬪爭을 전개하는 일도 발생하고 있었다.(合德지방) 물론 이러한 사정이 비단

均田收賭를 둘러싼 土地兼倂 행위 등등은 그것이었다.[51] 이 경우 이같이 兼
倂의 대상이 되고 있는 陳田·均田은 주로 丙·丁(高宗 13年 丙子·高宗 14年
丁丑)이후 계속되는 겸황과 관련하여 湖南平野에 형성되고 있었던 농지로
서, 여기에는 小·貧農層뿐만 아니라 부유한 土地所有者들의 농지도 다수 포
함되고 있었다.[52] 그러므로 이 시기 湖南지방의 농민운동·民亂은 陳田開發,
均田收賭 문제를 둘러싼 이 같은 經濟事情을 중심해서도 촉발되고,[53] 따라

民間人 地主經營에만 한하는 것은 아니었다. 그것은 古阜民亂의 萬石洑 훼파에서
볼 수 있듯이 官이 이를 조성하여 收稅를 함으로써 民亂의 직접적인 계기가 되고
도 있었다. 이 洑는 明禮宮의 陳田開墾(均田收賭)事業과 병행해서 설치되고 있었
으며, 그뿐만 아니라 이 開墾田(民田)은 마침내 均田使 金昌錫에 의해서 奪取되어
明禮宮에 屬해지고 있었는데, 그러한 점에서 보면 이는 결국 장차 明禮宮의 地主
經營을 위해서 조성하였던 것으로 생각되며, 따라서 이는 明禮宮에 의한 地主經營
강화의 한 표현이었다고도 하겠다.
『日省錄』9, 高宗 元年 4月 29日, 高宗篇 1冊, p.269.
『日省錄』299, 高宗 22年 7月 24日, 高宗篇 22冊, p.202.
久間健一, '合德百姓一揆의 硏究'(『朝鮮農業의 近代的樣相』, 1935).
註 3)의 拙稿 ① 논문.

51) 內司 宮房이 財政收入을 위하여 空閒之地 無主之基를 開墾 經營하는 일은 이미
오래전부터의 일이었지만, 高宗 20년대에 들어와서는 「農務規則」이라는 새로운
규칙을 마련하여, 丙·丁 이래로 크게 형성된 湖南地方의 有主 陳田을 국가재정을
위한 陳田開發의 명목하에 개간하고, 마침내는 이를 王室 所有地로 兼倂하려는 것
을 기도하고 실천에 옮기고 있었다.
『高宗實錄』6, 高宗 6年 8月 20日, 10月 3日, 上, p.320, 324.
『備邊司謄錄』252, 高宗 7年 6月 29日, 26冊, pp.346~347.
『漢城旬報』7, 高宗 20年 12月 1日, 內衙門 布示.
註 3)의 拙稿 ① 논문.

52) 후에 왕실과 농민들 사이에 土地所有權 문제가 발생하였을 때, 농민들은 어쩔 수
없이 均田으로 편입된 그들의 소유지를 외국인에게 潛賣하고 있었는데, 이때 정부
에서 이것을 조사한 바에 의하면(光武 8年 陰 6月 日『全羅北道臨陂·全州·金堤·萬
頃·沃溝·盆山·咸悅·龍安·扶安·古阜·礪山等十一郡 公私田土山麓外國人處潛賣實數
査檢成冊』), 平均으로 보더라도 20斗落 이상의 농지를 潛賣한 사람이 있는 것은
흔한 일이었고, 개중에는 7, 80斗落 또는 100斗落 이상의 농지를 潛賣하고 있는
사람도 있었다. 이만한 규모의 농지를 소유하고 있는 사람이라면 그들은 분명 富
農層이었다고 하겠으며, 또 그들이 소유하는 농지는 이 밖에도 더 있을 수 있었으
므로, 그럴 경우에는 그들은 中·小地主層에 속하는 사람들일 수도 있었다. 이 밖에
註 3)의 拙稿 ① 논문, p.451 참조.

53) 1893년의 古阜民亂·全州民亂, 1899년의 興德·古阜·茂長民亂 등의 발단은 모두
이와 밀접한 관련이 있었다. 이 같은 사정은 다음의 자료를 통해서 쉽게 확인할
수 있다.

서 그 농민운동·民亂에는 地主와 대립관계에 있는 時作農民, 雇主와 대립관계에 있는 雇工들뿐만 아니라, 비교적 많은 農地·均田을 소유하고 있었던 부유층까지도 참여하게 되지 않을 수 없었다. 그리고 이러한 사정은 앞에서 언급한 바 賦稅問題를 둘러싼 矛盾構造와도 관련하여, 農民的 連帶를 광범위하게 확대시키는 가운데, 그들의 그 후의 농민운동·농민전쟁을 沒落農民小·貧農層뿐만 아니라 농촌사회의 有力者들까지도 다수 참여하는 운동으로서 전개되지 않을 수 없도록 하였다.[54]

3. 古阜民亂의 政治·社會背景

우리는 앞에서, 哲宗朝의 民亂이 발생하게 되는 社會背景을 신분제 변동·해체와 이를 통한 農民層·被支配層의 社會平等意識의 성장 및 思亂意識의 성숙 등을 들었거니와,[55] 그러한 사정은 高宗朝에 이르러 古阜民亂 등등이 발생하게 되는 사회배경으로서도, 일면 같고 일면 다른 점이 있기는 하였지만, 기본적으로는 공통되는 것이었다고 하겠다. 사회배경이 일면 같았다고 보는 것은, 이 시기에 이르러서는 신분제의 변동·해체과정이 제도적으로 더욱 확대되고, 이에 따라서는 농민층·피지배층의 社會平等意識이 앞 시기에 비하여 한층 더 성장하며, 따라서 지배층의 수탈에 대항하는 沒落民들의 對抗意識 思亂意識 또한 더욱 강화 확산되지 않을 수 없었다는 점에서이다. 그리고 사회배경에 일면 다른 점이 있었다고 보는 것은, 哲宗도 본시 憲宗의

　　「全琫準 供草」初招問目.
　　『日省錄』407, 高宗 31년 4月 24日, 高宗篇 31冊, p.125, 古阜按覈使 狀啓의 邑瘼 7條.
　　『日省錄』411, 高宗 31年 8月 2日, 高宗篇 31冊, pp.263~264, 全州民聯狀 7條.
　　吳知泳, 『東學史』, p.102, 104.
　　『續陰晴史』上, pp.509~510.
54) 內田定搥, '東學黨事件에 관한 會審顚末 具報'(日本外務省, 『韓國東學黨 蜂起一件』II, 所收).
　　申榮祐, '1894年 嶺南醴泉의 農民軍과 保守執綱所'(『東方學志』44, 1984).
55) 前揭, '哲宗朝의 民亂發生과 그 指向' 참조.

直系가 아니면서 王統을 계승하고 있어서 왕권이 불안하였는데,[56] 그가 사망한 후에는 少年王 高宗이 다시 먼 친족으로서 哲宗을 계승 즉위하고 있어서, 국왕의 존엄성을 부정하는 犯上不道·謀叛大逆 사건이 자주 일어나는 가운데, 왕실 내에서 그 권력을 쟁탈·장악하기 위한 직접·간접의 권력투쟁이 일어나고 있었다는 점이다. 그리고 高宗 13년과 20년을 전후하여서는 日本·西歐 등 제국주의 열강에 대하여 국교를 확대하고 通商貿易과 체제의 재정비를 하게 되었는데, 이로 인해서는 보수세력에 의한 衛正斥邪운동이 광범위하게 일어나 정치적 혼란이 거듭되는 가운데, 體制批判勢力에 의한 政權奪取와 體制變革을 위한 政治改革運動이 전개되고 있었다는 점 등에서이다.

그러므로 이러한 政治·社會運動과 같은 시기에 일어나는 이 시기의 農民運動은, 이에 상응하는 水位의 운동으로서 전개되지 않으면 아니 되었으며, 따라서 앞 시기의 그것에 비하여 그 운동의 성격이 한층 더 歷史性을 띠고 더욱 철저한 것이 되지 않을 수 없었다. 그리고 그 운동의 지도층이 어떠한 政治思想을 지닌 사람이 되는가에 따라서는, 단순한 民亂이 아니라 '變易' 즉 社會變革을 목표로 하는 내실 있는 운동이 될 수도 있었다. 古阜民亂은 바로 그러한 성향을 지닌 인물이 지도층이 되고 있는 운동이었으며, 따라서 이 民亂을 좀더 심층적으로 이해하기 위해서는, 그 民亂의 배경이 되고 있는 이 시기의 정치·사회운동의 동향을 구체적으로 살펴 두는 것이 필요하리라고 생각된다.

1) 身分制의 變動·解體의 進展

古阜民亂의 政治·社會背景으로서 먼저 살펴야 할 것은 中世 封建的 身分制의 변동·해체에 관한 문제인데, 우리는 이에 관하여 이 시기 신분제의 변동·해체의 수준을 哲宗朝까지의 그것에서 한 단계 더 진전하고 있는 것이었다는 점으로써 지적할 수 있을 것이다. 그러한 사정은 다음과 같은 몇 가지 점에서 선명하게 드러나고 있었다.

그 첫째는, 신분제의 원리에 따라 常民層에게만 軍役을 부과하던 中世的

---

56) 여기서는 哲宗 13년 7월에 발생한 都正公 李夏銓事件을 상기하면 되겠다.

賦稅制度가, 이 시기에 이르러서는 班戶·吏戶도 이를 부담하는 戶布制(高宗 8년, 1871)를 시행하게 됨으로써, 점진적으로 그러나 그 근본에서부터 그 원리원칙이 무너지게 되고 있었다는 점이다.[57] 이는 前者의 身分制的 不平等 原理에 입각한 賦稅制度가 後者의 非身分制的 平等 原理에 입각한 賦稅制度로 이행하고 있음을 뜻하는 것으로, 賦稅制度에서의 신분제적 원리가 변동·해체되고 있었음을 뜻하는 것이었다. 물론 이 경우 이 戶布制에서는 아직은 각 신분층 내의 戶가 부담하는 稅額에 약간의 차등을 두고 있었으므로,[58] 이 제도가 종래의 中世的 軍役制를 완전히 탈피하고 있는 것이라고 말할 수 있는 것은 아니었다. 그러나 그러면서도 이 제도에서 軍役 부과의 大原則·大勢는 이제 그 방향을 신분제적 원리에서가 아니라 평등 원리에서 찾고 있는 것이었음이 분명하였다고 하겠다.

그리고 그러한 점에서 이 戶布制를 시행하게 되었을 때, 종래부터 軍役을 지고 있었던 平民層·被支配層은 이로써 평등사회가 온 것으로 이해하고, 따라서 班族으로서 새로 戶布稅를 내게 되는 사람들에 대하여, '당신도 戶布를 내고 나도 戶布를 내는데 우리 사이에 무슨 차등이 있는가'[59]라고 하여, 평등하고 대등함을 주장하게 되고 있었다. 그리고 그러한 점에서 그들 軍役民은 戶布法이 나오게 되자 幼學을 冒稱하고 종래에 鄕村社會에서 그들에게 위세를 부리던 班戶집 子弟들에 대하여, '곧바로 어깨를 나란히 하고 대등하고 평등하게 교제하려'[60] 하기도 하고, 심할 경우에는 常賤民이 이 戶布로 인해서 '士族과 더불어 서로 다투게'[61] 되고도 있었다. 戶布制는 양반신분의 法制를 부정하지 않는 가운데, 실질적으로 그들이 갖고 있는 특권을 부정함으로

---

57) 拙 稿, '軍役制 釐整의 推移와 戶布法'(『韓國近代農業史研究』上, 증보판, 朝鮮後期의 賦稅制度 釐正策, 3).

58) 同 上.

59) 『管軒集』卷 18, 對三政策(『韓國近代農業史研究』上, 증보판, p.296).
　　爾亦戶布 吾亦戶布 何有差等

60) 『日省錄』277, 高宗 20年 10月 4日, 高宗篇 20冊, p.244(同 上書, p.296).
　　一自戶布之出 軍民輩擧皆免役 則冒稱幼學 直欲與儒鄕子孫 比肩而平交

61) 『備邊司謄錄』260, 高宗 16年 11月 15日, 27冊, p.360.
　　雖其蚩蠢常賤 固宜感戢於此 而反不顧名分之至嚴 亦不念本意之攸重 敢與士族相抗

106

써, 사실상 평등사회를 앞당기고 있는 것이나 마찬가지였다고 하겠다. 이러한 사정은 戶布制가 시행되게 되었을 때, 兩班支配層이 어떠한 반응을 보이고 있었는지를 살피면 더욱 분명해진다고 하겠다. 그들은 이 法制를 身分制 社會의 질서를 무너뜨리는 것, 즉 等級紊亂[62] 蔑分敗常[63]케 하는 것이라는 점에서, '革戶布 正名分'[64]할 것, 즉 이를 혁파하고 명분을 바로 세워야 할 것임을 거듭 강조하고 있었다.

다음은, 아직도 남아 있는 中世 封建社會의 신분제가 더욱더 광범위하게 변동·해체되고 있는 일이었다. 이 같은 동향은 朝鮮後期 이래로 계속 진행되고 있었지만, 이 시기에 이르러서는 그것이 한층 더 심화 확대되고 있었다. 그것은 두 계통으로 진행되고 있었는데, 그 하나는 被支配層에 의해서 비합법적인 방법으로 전개되는 것이었고, 다른 하나는 政府에 의해서 합법적인 정책으로서 시행되는 것이었다.

전자는 하급신분의 소유자들이 비합법적인 방법으로 상급신분으로 상승함으로써 신분제가 광범위하게 변동하게 되고 있었음을 말함이었다. 그것은 高宗朝에 들어와서도, 甲午改革에서 신분제를 전면 폐기하기까지, 朝鮮王朝는 그것을 그대로 유지하는 가운데 民을 차별적으로 지배하고 통치하였으므로, 피지배층으로서는 自救策으로서 그 같은 방법을 취하지 않을 수 없었기 때문이었다. 우리는 여기에서 그 같은 상황을 장황하게 논할 여유가 없지만, 그 방법은 冒稱幼學하여 軍役도 감면되고 科擧에도 응시하려는 것이었다.[65] 그리하여 피지배층으로서 幼學을 칭하고 양반 행세를 하는 사람은 늘어나고,[66] 따라서 그들의 지배층에 대한 對抗意識·社會意識 또한 성장하지 않을

---

62) 『高宗實錄』 10, 高宗 10年 10月 29日, 上, p.420.
63) 『日省錄』 148, 高宗 11年 3月 3日, 高宗篇 11冊, p.108.
　　『高宗實錄』 11, 高宗 11年 3月 3日, 上, p.449.
64) 『備邊司謄錄』 260, 高宗 16年 11月 15日, 27冊, p.360.
　　『高宗實錄』 19, 高宗 19年 8月 17日, 9月 20日, 中, p.62, 68.
　　『高宗實錄』 22, 高宗 22年 12月 7日, 中, p.220.
65) 『備邊司謄錄』 256, 高宗 12年 7月 29日, 26冊, p.780.
　　『高宗實錄』 12, 高宗 12年 12月 21日, 上, p.511.
66) 『尙州事例』.
　　拙 稿, '朝鮮後期의 大邱「夫仁洞洞約」과 社會問題'(『東方學志』 46·47·48, 1985 ;

수 없었다.

후자는 정부가 정식으로 봉건적인 신분제의 일부를 法制的으로 개혁하고 있었음을 말한다. 그것은 이른바 私奴婢의 신분제에 관하여, 한번 노비가 되면 世世代代로 영원히 노비로서 使役당하지 않으면 아니 되었던 종래의 '奴婢使役 世役制'를 금지하고, 아무리 길어도 그 노비의 使役은 그의 當代에 한하는 '奴婢使役 限身制'로 개혁하고 있는 일이었다(高宗 23년, 1886).[67] 이는 秋曹에 의해서 그 法制의 내용이 「私家奴婢節目」으로 작성되고 엄격히 준수될 것이 요구되었는데,[68] 이는 결국 奴婢世襲制의 폐지인 것이었다. 신분제 전체를 일거에 혁파하는 획기적인 變革은 아니었지만, 정부는 이를 朝鮮後期 이래의 신분제 해체를 위한 점진적인 개혁정책의 연장선상에서, 純祖朝의 政府에서 內司·各宮房·各司奴婢制를 혁파한 바 정신을 이어받아, 仁政을 펴려는 뜻에서 그리고 백성들의 화합을 도모하는 뜻에서 시행하는 것으로 크게 내세우고 있었다.[69]

물론 政府(閔氏政權)는 이때 이 같은 정책을 취하면서 그 의의를 크게 내세우고 있었지만, 그러나 그것을 정부에서 말하는 바 그대로 時宜에 맞는 적절하고도 대단한 정책이었던 것으로 받아들일 수는 없겠다. 이 정책이 그러한 의미를 십분 지닐 수 있으려면 그것이 좀더 일찍이 제기될 필요가 있었는데, 현실은 그렇지가 못하였으며, 따라서 그 정책제기의 의의는 半減되는 점

『朝鮮後期農業史研究』 I, 증보판, 1995).

67) 『日省錄』 305, 高宗 23年 正月 2日, 高宗篇 23冊, p.3.
　　平木 實, 『朝鮮後期奴婢制研究』, 1982.
68) 『日省錄』 307, 高宗 23年 3月 11日, 高宗篇 23冊, p.76.
　　一. 救活與自賣奴婢 世傳奴婢 並爲只終一身 毋得世役事.
　　一. 救活與自賣奴婢所生 毋得買賣事.
　　一. 世傳奴婢已爲使役者 亦終其身 而如有所生無所依托自願使役者 以新買例給
　　　　價事.
　　一. 自賣奴婢 雖一日使役 名分旣定 不可徑免 家主許贖前 不得請贖事.
　　一. 只終一身 毋使世役 則所買之錢 自歸勿問 身故後 切勿懲出於所生事.
　　一. 以如干錢米之宿債 壓良爲賤者 一切禁斷事.
　　一. 奴婢所生 自謂免賤 蔑分犯紀者 別般嚴懲事.
　　一. 如是定式之後 毋論大小民人 復踏前轍 違越朝令者 隨現摘發 照法勘處事.
69) 註 67)과 同.

이 없지 않았다고 하겠다. 朝鮮王朝의 지배층은 본시 奴婢身分制를 끈질기게 유지하는 가운데, 그들의 身分階級的 이해관계를 지속시켜 오고 있었으므로, 그러한 그들이 이 시기에 이르러서 이러한 정책을 취하게 된 것은, 무슨 시혜의 뜻으로가 아니라 보다 더 현실적인 필요성에서 그러하였던 것으로 보아야 하겠다. 그것은 이 시기에도 피지배층의 항쟁이 계속되고, 壬午軍亂, 甲申政變 등 社會改革을 요구하는 內·外의 시대상황이 압력으로 작용하고 있었던 상황과도 관련하여, 그리고 앞에서 언급한 바 軍役民·常民層의 신분 상승은 軍摠을 虛額化시키고 있었던 점과도 관련하여, 정부는 이러한 여러 국면에 대하여 대책을 세우지 않으면 아니 되었고, 따라서 이제는 어쩔 수 없이 이 같은 문제에 대하여 최소한의 양보를 하지 않으면 아니 되었던 것이라고 하겠다. 그러나 그러면서도 이 같은 奴婢身分 世襲制의 폐지는, 중세 봉건적인 身分制社會의 해체과정에서 반드시 거쳐가지 않으면 아니 되는 필수적인 과정이기도 하다는 점에서, 이때의 정부의 조치는 대단히 중요한 의미가 있는 것이 아닐 수 없었다. 그리고 그러한 점에서 이는 被支配層·奴婢身分層의 社會平等意識 성장에 중요한 한 계기가 되었을 것으로 생각된다.

신분제가 제도적으로 변동·해체되고 있었던 사실에 관해서는, 이 밖에도 壬午軍亂에 대한 수습책과 通商貿易에 대한 대책으로서 제기된 바 중세 봉건적인 職業觀·門閥觀을 부분적으로 개혁하고 있었던 일련의 정책에 관해서도 주목하지 않을 수 없다. 이를테면 西北 松都의 庶蘗, 醫譯, 胥吏, 軍伍 등을 顯職에 通用하고,[70] 官紳吡隷家의 貨財之業(商業) 종사와 農工商賈子의 학교입학을 許하고[71] 있었던 사실 등은 그것이었다. 이는 단순히 신분제의 변동·해체에 그치는 것이 아니라, 그것이 말단 권력에 참여하는 문제와도 연결되고 있다는 점에서, 그 중요성이 더하는 것이었다고 하겠다. 그리하여 이러한 개혁정책의 공표를 통해서는, 피지배층의 사회적 지위가 현실적으로 종전에 비하여 한층 더 向上하고, 그들의 社會平等意識 또한 한층 더 고조되지 않을 수 없도록 되었다.

---

70) 『高宗實錄』19, 高宗 19年 7月 22日, 中, p.58.
71) 『高宗實錄』19, 高宗 19年 12月 28日, 中, p.82.

이같이 살피면, 高宗朝에 들어와서는 하급신분의 소유자들이 합법적 또는 비합법적으로 신분상승함으로써 그 사회적 지위를 향상시키는 바가 그 이전에 비하여 더욱 확대되고, 이에 따라서는 그들이 班戶子弟와 대등하고자 하는 社會平等意識도 더욱 성장하며 또 강렬해지고 있었던 것이라 하겠다. 그러나 그럼에도 불구하고 이 같은 사정이 진행되고 있는 바로 이 시기에는, 이러한 현상과는 반비례로 이 시기 地方官, 鄕吏層, 兩班地主·土豪層들에 의한 鄕村民收奪, 農民收奪이 여러 가지 면에서 더 한층 가중하고 있었음도 사실이었으며, 따라서 이로 인해서는 앞에서 언급한 바와 같이 鄕村社會의 분해·몰락이 더욱더 촉진되지 않을 수 없었다. 그리하여 이 같은 사회변동·사회혼란 속에서, 의식의 성장과 수탈의 가중은 상충하고, 이는 沒落農民·沒落兩班層으로 하여금 종전부터 있어 온 그들의 思亂意識을 한층 더 강화하고 확대해 나가지 않을 수 없도록 하였다. 이 시기의 民亂·古阜民亂·農民戰爭 등은 모두가 이 같은 思亂意識의 강화·확대 과정 속에서 발생하는 것이 아닐 수 없었다. 古阜民亂 과정에서 보여준 이곳 民의 '每日 亂亡을 謳歌하던' 思亂意識은 바로 그러한 것이었다고 하겠다.[72]

2) 支配層의 政治變亂 改革運動

古阜民亂의 政治·社會背景으로서 우리가 다음으로 살펴야 할 것은 이 시기의 權力爭奪戰·政治改革運動에 관해서이다. 이는 이 시기에 이르러서 국가기강과 명분이 총체적으로 해이해지고 무너지는 가운데, 앞에서 지적한 바와 같이 少年王 高宗의 즉위, 두 차례의 洋擾, 國交擴大와 通商貿易, 社會改革의 요청 등 여러 가지 사정에서 여러 가지 형태로 제기되고 있는 것이었으며, 따라서 보수적 정치세력에 의한 衛正斥邪운동·反社會改革운동이 광범위하게 일어나는 혼란을 수반하는 가운데, 權力爭奪戰·政治改革運動으로서 전개되고 있는 것이었다. 이러한 쟁탈전·개혁운동은 말할 것도 없이 支配層의 운동으로서 그 지향하는 바 목표나 성격이 농민운동의 그것과 크게 다른 것이지만, 그러나 그러면서도 이는 轉換期에 발생할 수밖에 없는 필연

---

72) 前揭, 「全琫準 供草」의 分析, 註 110)을 참조.

적인 운동, 하나의 時代思潮로서, 그리고 농민운동과는 竝列的으로 전개되고 있는 운동으로서, 농민운동에 대하여는 그 발생의 배경을 이루고 그 발생을 자극하며, 그 운동으로 하여금 이 시기의 시대적 성격을 보다 분명히 지니도록 측면에서 영향을 미치고 있는 움직임이 아닐 수 없었다. 그러므로 농민운동으로서의 民亂이 東學亂·農民戰爭과 같은 社會改革運動으로까지 이어지고 성장하는 사정을 이해하기 위해서는, 그 발생 배경으로서의 政治變亂·政治改革運動에 관해서도 그 요점을 파악해 두는 것이 필요하리라고 생각된다. 이 같은 지배층의 운동, 정치세력간의 대립관계·갈등구조를 우리는 몇몇 계통으로 정리할 수 있을 것이다.

첫째로 들어야 할 것은 왕권에 대항하는 운동이 여러 가지 형태로 전개되고 있는 일이었다. 이에서는 무엇보다 먼저 국왕의 臣僚들이 國王權의 존엄성을 부정하는 殿牌作變(犯上不道)을 일으키고,[73] 謀叛大逆·犯上不道의 變亂을 예사롭게 계획하고 있었음을[74] 주목하게 된다. 이는 요컨대 高宗의 국

---

73) 殿牌란 朝鮮王朝의 法에서 國王權의 존엄성을 강조하는 한 방법으로, 地方官廳의 客舍에 '殿'자를 쓴 殿牌木을 모시고, 그곳 守令과 이곳에 왕래하는 관료로 하여금 직접 국왕을 대하듯 이에 禮를 갖추도록 하는 것이었다. 그런데 이 시기에는 이를 지키지 않을 뿐만 아니라, 경우에 따라서는 국왕의 권위·존엄성을 부정하는 사람들이, 그것을 부정하는 한 방법으로서, 이 殿牌를 훼손하는 이른바 殿牌作變이 자주 발생하고 있었다.

그러므로 정부에서는 이 같은 행위를 막기 위하여, 본시 '殿牌作變者 移義禁府設鞫'하는 法을 마련하고 있었으며, 純祖 壬午年(1822)부터는 '事關逆節'하는 경우 외에는, 現地에서 '本處不待時斬'하는 편법을 쓰고 있었다(『大典會通』 卷 5, 刑典 推斷, p.656). 이는 '照犯上不道律'의 원칙을 적용하는 것으로서(『高宗實錄』 2, 高宗 2年 5月 29日, 上, p.188), 그 查覈절차는 다른 죄인을 查覈하는 경우와 같았다. 「殿牌作變罪人玄元日會查文案」(哲宗 2년)을 통해서는 그러한 사정을 잘 살필 수 있다. 그러나 이같이 그 처벌이 엄격하였음에도 불구하고, 殿牌作變은 아래 자료에서 볼 수 있는 바와 같이, 그 후에도 계속 발생하고 있었다.
『高宗實錄』 15, 高宗 15年 8月 29日, 上, p.580.
『高宗實錄』 22, 高宗 22年 4月 29日, 中, p.197.
『高宗實錄』 24, 高宗 24年 3月 22日, 中, p.264.
『高宗實錄』 25, 高宗 25年 6月 29日, 中, p.296.

74) 『高宗實錄』 5, 高宗 5年 8月 2, 3, 6日, 上, pp.297~298.
『高宗實錄』 8, 高宗 8年 12月 23日, 上, p.382.
『高宗實錄』 9, 高宗 9年 4月 24, 26日, 上, pp.391~392.
『高宗實錄』 9, 高宗 9年 6月 7, 26日, 上, pp.394~395.

왕으로서의 정치능력 부족과 통치자로서의 권위·위엄의 부족에서 연유하는
것으로, 이러한 분위기는 마침내 高宗을 폐하고 大院君의 庶長子인 李載先
을 국왕으로 추대하려는 사건을 발생하게도 하고 있었다.[75] 이는 壬午軍亂·
壬午政變의 전초로서 권력쟁탈과 관계가 있는 것이기는 하지만, 기본적으로
는 국왕의 虛弱性에서 기인하는 것이 아닐 수 없었다. 이 시기의 국왕은 국
가의 통치권자, 군의 통수권자로서 정치질서의 안정, 국가위기의 극복 여부
는 전적으로 그의 판단·책임 아래에 있는 것이었다고 하겠는데, 이때의 국
왕 高宗은 아직 나이가 어려 미숙하고, 경험과 식견이 부족하였으며, 비상시
君主로서의 자질 또한 부족하여서, 亂世의 君主로서 이 시기의 산적한 國內
外의 중대사를 감당하기에는 역부족이었다. 그뿐만 아니라 주위에는 새로운
안목으로 국내정세를 파악 조정하고 다난한 국제정세에 대처할 수 있는 유
능한 전략가도 참모로 두지 못하고 있었다. 그러므로 이 시기의 정사는 매사
에 王妃戚族에 의해서 조종될 수밖에 없었으며, 따라서 그는 그의 臣僚가 國
王權의 권위를 부정하고 있는 분위기도 해소시키지 못하고, 그를 폐하고 왕
권을 탈취하려는 政局이 조성되고 있음을 사전에 제어하지도 못하고 있었
다. 이러한 상황하에서라면 정국은 결코 안정될 수가 없었다.

　다음으로 들 수 있는 것은 高宗의 즉위나 國交擴大 通商貿易 이후 大院君
이나 閔氏政權이 취하고 있었던 일련의 완만한 社會改革·近代化政策에 대하
여 兩班支配層에 의한 반대운동이 광범위하게 전개되고 있는 일이었다. 이
는 衛正斥邪의 입장을 취하는 保守儒生層이 舊體制의 유지를 위하여 여러
가지 문제에 관하여 여러 가지 방법으로 저항을 하고 있는 운동이었다. 이를
테면 舊體制의 이념을 지탱하는 한 방법으로 書院復設운동을 하고 있었음은
그 한 예이었다. 이 운동은 大院君의 하야와 더불어 제기되고,[76] 嶺南지방에

　　『高宗實錄』13, 高宗 13年 3月 1日, 上, p.524.
　　『高宗實錄』14, 高宗 14年 6月 9日, 上, p.555.
　　『高宗實錄』14, 高宗 14年 11月 8日, 上, p.563.
　　高宗 18, 19, 21년의 李載先사건, 壬午軍亂, 甲申政變 주모자의 罪目도 바로 이
　에 해당된다.
75)『高宗實錄』18, 高宗 18年 10月 10, 23, 26, 27日, 中, pp.24~27.
　　『推案及鞫案』30, 高宗 2, 「大逆不道罪人驥泳等鞫案」乾 坤, p.1, 223.

112

서는 이를 위해서 萬人疏를 올리고도 있었다.[77] 정부에서는 말할 것도 없이 이 같은 운동을 금지하고 있었지만, 그들의 불만·위기의식은 내연하고 있어서 그 운동은 계속되고,[78] 東學이 지방에 확산되고 있을 때에는 八道儒生 各 道儒生 慶尙道儒生 등이 이에 대항하기 위하여 儒敎書院의 복설이 필요함을 강조하고 있었다.[79] 戶布法의 시행을 반대하고 그 혁파운동을 전개하고 있었음도 그 한 예이었다. 이 法制는 양반지배층의 사회적·경제적 이해관계에 직접 저촉되는 것임에서, 이 운동은 그 法의 제정과 더불어 '立紀綱 正名分'을 내세우는 가운데 간접적으로 전개되고 있었으며,[80] 大院君이 하야하고 戶布制가 시행케 된 후에는 '等級紊亂 …… 無分上下'하고 '至有犯分蔑法'하게 되고 있다는 점에서, 더욱더 강한 목소리로 '革戶布'를 위한 上疏운동을 전개하고 있었다.[81] 이들 保守儒生層의 反改革운동은 이 시기의 朝鮮王朝가 당위로서 수행하지 않으면 아니 되었던 近代化 그 자체에 대해서도 反旗를 들고 있었다. 高宗 18년에 있었던, 金弘集이 가져온 黃遵憲의 『朝鮮策略』과 관련하여 일어난, 李晚孫 등의 嶺南萬人疏는 그 표본의 하나였다.[82] 이는 한마디로 유교이념을 지키는 가운데 서양사상을 배척하자는 강한 衛正斥邪운동 그것이었다. 그리하여 이 같은 운동으로 인해서는 정부의 近代化를 위한 개혁정책이 제대로 추진되기가 어려웠다.

셋째는 閔氏政權의 불공평한 軍制改革 軍政運營에 대항하여 군인들이 폭

---

76) 『高宗實錄』 11, 高宗 11年 2月 26日, 3月 4, 10日, 上, p.447, 449, 451.
77) 『高宗實錄』 15, 高宗 15年 正月 24, 25日, 4月 4日, 12月 9日, 上, pp.567~
   568, p.570, 586.
78) 『高宗實錄』 19, 高宗 19年 12月 25日, 中, p.81.
79) 『日省錄』 394, 高宗 30年 3月 10日, 高宗篇 30冊, p.73.
80) 『高宗實錄』 9, 高宗 9年 12月 4日, 上, p.402.
81) 『高宗實錄』 10, 高宗 10年 10月 29日, 11月 14日, 上, p.420, 429.
   『高宗實錄』 11, 高宗 11年 3月 3日, 上, p.448.
   『高宗實錄』 16, 高宗 16年 3月 4日, 上, p.592.
   『日省錄』 237, 高宗 17年 9月 4日, 高宗篇 17冊, p.231.
   『高宗實錄』 19, 高宗 19年 8月 17日, 9月 5, 20, 29日, 11月 11, 19日, 12月
   25日, 中, p.62, 66, 68, 71, 76, 79, 81.
   『高宗實錄』 22, 高宗 22年 12月 7日, 中, p.220.
82) 『日省錄』 242, 高宗 18年 2月 26日, 高宗篇 18冊, p.48.
   『高宗實錄』 18, 高宗 18年 2月 26日, 中, p.3.

동을 일으키고, 이는 민씨정권과 대립관계에 있었던 정치세력이 이용함으로써 軍亂이 政變으로 전화하고 있는 일이었다. 高宗 19년 6월에 발생한 壬午軍亂과 大院君의 정권장악·壬午政變은 바로 그것이었다.[83] 군인들의 폭동계획·폭력행위는 가끔 있었고 또 있을 수 있는 일이었지만,[84] 이번에는 이것이 정치세력과 결합되어 政治變亂으로까지 확대되고 있다는 점에서 다른 때의 그것과 다른 바가 있었다. 이 같은 壬午軍亂은 閔氏政權의 軍 近代化政策(別技軍 — 敎官 일본인 장교)에 따르는 구식 군인에 대한 불합리한 대우(13朔給料未放)[85] 및 反日感情에서 발생한 폭동으로서, 그들은 이 문제를 해결할 수 있는 인물을 당시의 시점에서 大院君으로 보고 그들의 억울한 사정을 大院君에 호소하는 것이었으나,[86] 大院君은 이를 기회로 전격적으로 軍亂에 편승하고 亂軍으로 하여금 閔氏政權을 몰아내며, 亂軍을 진무하는 수순을 밟는 가운데, 국왕의 命을 받아 정권을 장악하게 된 것이었다.[87]

이들 두 정치세력의 정책노선은 모두 朝鮮後期 이래의 정부·지배층이 내세우고 있었던 지배층 위주의 漸進的·改良的인 改革路線을 취하고 있었다는 점에서 기본적으로 차이가 없었다.[88] 다만 전자와 후자 사이에 어떤 차이가

---

83) 田保橋潔, '壬午政變의 研究'(『靑丘學叢』 21, 1935) ; '壬午兵變'(『近代日鮮關係의 研究』 上, 1940).
　　申國柱, '壬午軍亂의 性格'(『趙明基紀念 佛敎史學論叢』, 1965).
84) 『日省錄』 210, 哲宗 14年 2月 30日, 高宗篇 64冊, p.628.
　　『高宗實錄』 14, 高宗 14年 8月 10日, 上, p.558.
　　『備邊司謄錄』 271, 高宗 27年 12月 9日, 27冊, p.514.
　　『日省錄』 377, 高宗 28年 11月 29日, 高宗篇 28冊, p.391.
85) 『高宗實錄』 18, 高宗 18年 4月 22日, 中, p.9.
　　『高宗實錄』 19, 高宗 19年 6月 5, 9, 10日, 中, pp.50~51.
86) 『推案及鞫案』 30, 高宗 2, 「大逆不道罪人煜等鞫案」, p.503.
　　그들이 농촌사회의 分解過程을 배경으로, 沒落農民層으로서 서울 주변(왕십리·이태원)에 모여 살게 된 下層市民 출신이었음을 생각하면(조성윤, '임오군란의 사회적 성격', 延世大 大學院, 1983), 그 개혁에 대한 생각은 보다 철저하였을 것으로도 생각된다. 그러나 당시의 시점에서 그들 내부에는 그 같은 識見을 가진 革新的 指導者가 없었고, 따라서 그들의 사정을 호소할 수 있는 곳은 오직 大院君을 중심으로 한 정치세력뿐이었다.
87) 『政治日記』 14, 壬午年 6月 10日.
　　自今大小公務 竝稟決于大院君前
88) 여기서 정부·지배층의 改革路線이란 實學者들이 피지배층의 입장을 반영하고 있

114

있었다면, 전자의 자세가 보다 지배층 위주의 보수적이고 점진적이며 優柔
不斷한 것이었음에 대하여, 후자의 자세는 王朝中興을 표방한 데서 볼 수 있
듯이,[89] 그리고 지배층·土豪層을 견제하고 피지배층을 생각하는 정책을 조
금은 더 적극적으로 취하고 있었던 점에서 볼 수 있듯이,[90] 전자보다 다소
진보적이고 적극적이며 정치적 결단력에서 출중한 바가 있었다. 그리고 그
러한 점에서 이들 두 政治勢力의 政治思想은, 한쪽이 老論의 입장이었던 데
대하여, 다른 한쪽은 南人의 견해를 일부 수용하고 있는 英祖와 正祖의 입장
이었던 것으로도 볼 수 있겠다. 外勢에 대한 자세에서도 전자는 低姿勢·宥
和的·外勢依存的이었던 데 대하여 후자는 排他的·自主的이어서,[91] 어느 쪽
이 집권하느냐에 따라서는 그 후의 국내 정치상황이 적잖이 달라질 수 있는
것이었다. 그러나 이 두 정치세력의 경쟁은 전자가 淸國에 援兵을 청하고,
淸軍이 전자의 政敵인 大院君을 淸國에 연행함으로써, 政局을 반전시키는
가운데 전자의 승리로 막을 내리게 하였다.

넷째는 壬午軍亂 이후의 정치혼란 속에서, 閔氏政權의 우유부단하고 지지
부진한 政治진행 그리고 淸軍이 우리 정치에 깊숙이 개입하여 간여하고 있
는 상황 속에서,[92] 一群의 정치인이 閔氏政權에 대하여 혁명적인 政變을 일
으키고 있는 일이었다. 이들은 閔氏政權·支配層 내의 開化派 인사들로서,
日本의 文明開化·近代化 정책을 모방하여 급격하게 개혁을 함으로써 하루빨

는 改革思想을 政策으로서 내세우고 있었음과 대비해서 말하고 있는 것이다. 本書
의 導論 논문 및 拙 著, 『韓國近代農業史硏究』上, 증보판, 1984 참조.
89) 景福宮 重建, 『大典會通』·『六典條例』등의 法典 편찬은 단적으로 그 같은 정치자
세를 표현하는 것이라 하겠다.
90) 大院君 집권시의 內政改革에 관련되는 諸政策은 그같이 이해할 수 있겠다.
91) 大院君의 對外政策은 흔히 鎖國政策으로 표현되지만, 국교확대 이후에는 달라진
현실 여건 위에서 對外問題를 생각했을 것으로 사료된다. 그러나 그러면서도 그는
그의 본래의 정치적 자세와도 관련하여, 가령 甲午改革 당시 開化派 인사들과의
사이에 日本을 대하는 자세에서 큰 갈등이 있었던 것과 같이, 결코 外勢依存적인
자세에는 찬성하지 않는 自主的 입장이었던 것으로 생각된다.
92) 權錫奉, 『淸末對朝鮮政策史硏究』, 1986.
　　金正起, 「1876~1894年 淸의 朝鮮政策 硏究」, 서울大 大學院, 1994.
　　田保橋潔, 『近代日鮮關係의 硏究』上, 第46 淸의 干涉 大院君의 拘置, 第47 淸의
宗主權强化.

리 近代國家를 수립해야 한다고 생각하고 있었다. 이른바 高宗 21년의 甲申政變이 그것으로서, 이 운동은 國家 近代化의 문제를 정면으로 내세우고 있었다.[93] 이들 두 정치세력의 改革思想은 모두 兩班支配層 입장에서 社會改革·近代化를 추구한다는 점에서 공통되나, 전자가 淸의 洋務運動을 표본으로 하면서 그 개혁을 점진적으로 완만하게 추진하려는 데 대하여,[94] 후자는 日本의 文明開化·近代化 정책을 표본으로 하면서 이를 급격히 추진하려는 차이가 있어서,[95] 近代化의 시급함을 강조하는 오늘날의 입장에서는 후자의 성공이 기대되는 운동이기도 하였다.

그러나 그들의 政變의 방법은 국내의 革命的 政治社會勢力을 기반으로 한 革命運動이 아니었다는 점에서, 明治維新의 방법과는 차이가 있는 것이었다. 그것은 그들 소수의 開化派 인사와 그 협조자 그리고 그들이 사전에 양성하고 있었던 陸軍士官生을 축으로 하고, 日本의 開化論者 정치인과 협력하여 日本軍의 지원을 받음으로써, 淸軍을 몰아내고 閔氏政權의 요인을 제거하는 가운데, 국왕 高宗을 탈취하여 정권을 장악하려는 日本軍依存의 방법이었다. 그러한 점에서 그 방법은 閔氏政權이 壬午軍亂에서 淸軍에 의존하여 그 권력을 만회하였던 방법과 다르지 않았다. 그러므로 이들의 政權奪取운동은 일본군이 발휘할 수 있는 역량 여하에 따라서 그 성패가 좌우될 수밖에 없는 것이었는데, 그 일본군은 사태가 발생했을 때 宮闕守備軍과 淸軍에 의해서 격퇴되고, 따라서 그들의 政變·國家改革의 꿈은 좌절되지 않을 수 없었다.

이같이 정리하고 보면, 壬午軍亂을 통한 政變이나 甲申政變은 모두 국내의 軍事力을 얼마나 장악하고 적절하게 잘 이용하였는가에 따라 그 성패가

---

93) 金玉均「甲申日錄」중의 14개 政令 및 高宗 25년의 朴泳孝「上疏」등은 그들이 구상하는 國家改革의 핵심이라 하겠다.

94) 高宗 19년 壬午軍亂 이전까지의 閔氏政權은, 中國이나 日本의 어느 쪽으로부터도 모두 일정하게 그 改革路線을 참작하고 거기에서 일정하게 개혁의 표본을 취하고자 하였으나, 壬午軍亂 이후에는 완전히 전자의 방향으로 기울어지게 되었다.

95) 李光麟,『開化黨研究』, 1973.
　　姜在彦,『朝鮮近代史研究』, 1970.
　　　　『近代朝鮮의 變革思想』, 1973.
　　山邊健太郎,『日本의 韓國併合』, 1966.

좌우되고 있었던 것이라고 하겠다. 그리고 그같이 해서 성공하였을 경우에도 보다 큰 軍事力·外勢가 개입할 경우에는 그 政變은 상처뿐인 결과를 남기고 좌절하지 않을 수 없었다. 이 같은 사실은 이때 政治·社會運動을 하고 있었던 여러 집단의 지도층들에게 대단히 커다란 교훈이 되었을 것으로 생각된다. 그것은 정치권력의 쟁탈을 목표로 하는 운동이 성공하기 위해서는, 그것이 自國軍이건 外國軍이건 군사력 즉, 大規模의 組織을 갖지 않으면 아니 된다는 점에서였다. 그들은 그것을 현실로서 목격하기도 하고, 그들 당대인의 경험을 통해서 대리체험하고도 있었다.

3) 民의 政治·社會的 抵抗運動

古阜民亂의 政治·社會背景을 이해하기 위해서 우리가 셋째로 살펴야 할 것은, 被支配層 및 일반민 자신들이 전개하고 있었던 政治·社會的 抵抗運動이다. 그들의 그러한 운동은 古阜民亂에 앞서서 政府 地方官廳 및 支配層에 대한 抵抗과 抗爭·民亂으로 표현되고 있었다. 당시에는 여러 가지 社會矛盾과 수탈적인 정치운영 및 제도적 불합리로 인해서, 피지배층이 체제에 대항하여 각 지역에서 여러 가지 형태로 저항과 항쟁을 하고 있었는데, 이는 古阜民亂, 東學亂의 직접적이고도 중요한 배경이 되고 있었다. 그러한 저항·항쟁은 혹은 소극적으로도 일어나고 혹은 적극적으로도 일어나되 계속 확산되고 있어서, 이는 이 시기의 王朝末期적 징후로서 점점 더 뚜렷해지고 있었다. 앞에서 언급한 바와 같이, 이 시기에는 피지배층의 신분변동이 있고 지배층과 피지배층의 役의 평준화가 시도되는 가운데 그들의 社會平等意識이 고조되고, 농촌사회의 分解가 심화되는 가운데 沒落農民層이 늘어나고 있었는데도, 수탈은 여전히 가중하고 국가통치의 기강은 총체적으로 무너져 나가고 있었으므로, 그들의 思亂意識은 종전에 비하여 더욱 고조되고 명확해지지 않을 수 없었다. 그리고 그럼으로 해서 그들이 그 의식을 억제하지 못하는 가운데 저항과 항쟁을 확대시켜 나가게 되는 것은 자연스러운 일이었다. 그러한 民의 動態를 우리는 다음과 같이 몇몇 계통으로 정리할 수 있을 것이다.

먼저 우리가 주목하게 되는 것은, 이 시기의 民은 비록 소극적이긴 하였지만 여러 가지 형태로 계속 官·體制에 저항하고 있었는데, 그 중에서도 특히 주목하게 되는 것은 북방 국경선 일대에서 전개되고 있는 越境 脫國의 행위이었다. 즉 이 지역에 사는 주민들 가운데에는 鴨綠江, 豆滿江의 국경선을 넘어 淸·러시아 지역으로 '犯越逃走'하는 자가 갈수록 늘어나고 있었다는 사실이다. 그들은 官·吏와 土豪層의 徭役을 중심으로 한 여러 가지 侵虐 및 官의 정치운영 불공평 등에 못 이겨,[96] 朝鮮王朝의 백성임을 포기하고 隣國으로 도주하고 있는 것이었다. 이는 이 시기의 민심이 朝鮮王朝를 離脫·離反하고 있는 하나의 단적인 표현이 아닐 수 없었다. 이러한 현상은 이미 高宗朝 이전부터 발생하고,[97] 그 후 國交擴大 이후에는 더욱더 늘어나고 있었는데, 이들에 대하여는 梟首라고 하는 嚴刑으로써 처벌하기도 하였지만[98] 도주의 물결을 막을 수는 없었다. 그럴 경우 그곳 地方官도 처벌을 받아야 하였기 때문에 그들은 그러한 사실조차 중앙에 보고하지 않는 경우 또한 적지 않았다.[99] 犯越逃走의 현상을 민심의 離脫·離反으로까지 본다면 이는 참으로 중대한 문제가 아닐 수 없었는데, 이 시기에는 그러한 현상이 시간이 흐를수록 더욱더 늘어나고 있었다. 국내에서 살아 나가기가 그만큼 더 어려워지고 있었기 때문이었다고 하겠다. 그러한 數를 정확히 알 수는 없지만, 高宗 28년에 있었던 平安監司 보고에 의하면, 그곳 江邊 9邑에서만도 그때까지 越境逃走한 자는 10여 만을 헤아리고 있었다.[100] 咸鏡道지역까지를 합하면 그 수는 이보다 훨씬 더 늘어나게 될 것이다. 그들이 越境해서 정착하는 곳은 間島·연해주 지역이 중심이었는데, 그곳은 咸鏡道 쪽에서 더 가까웠으며, 이 咸鏡道에서도 많은 사람들이 犯越逃走하고 있었기 때문이었다.[101]

　民의 소극적 저항은 이 밖에도 다양하게 전개되고 있어서, 정부의 統治秩

---

96)『高宗實錄』17, 高宗 17年 10月 9日, 上, p.625.
　　『高宗實錄』28, 高宗 28年 5月 15日, 中, p.391.
97) 田川孝三, '近代北朝鮮農村社會와 流民問題(『近代朝鮮史硏究』, 1944).
98)『日省錄』93, 高宗 7年 正月 30日, 高宗篇 7冊, p.34.
　　『高宗實錄』7, 高宗 7年 11月 28日, 上, p.346.
99)『高宗實錄』6, 高宗 6年 4月 8日, 上, p.315.
100)『高宗實錄』28, 高宗 28年 5月 15日, 中, p.391.
101)『高宗實錄』12, 高宗 12年 9月 18日, 上, p.505.
　　『高宗實錄』17, 高宗 17年 10月 9日, 上, p.625.

序를 교란시키고 있었다. 軍器,[102) 船隻,[103) 戶籍臺帳 등을 偸賣하고 있었던 일,[104) 그리고 史庫作變을 일으키고 있었던 일[105) 등은 그 몇몇 예였다.

다음으로 우리가 주목하게 되는 것은 民이 적극적으로 항쟁을 하되, 盜賊·火賊(明火賊·烽火賊)활동을 활발하게 전개함으로써 사회질서를 교란시키고 치안을 혼란시키고 있는 일이었다.[106) 이는 7, 8명 또는 수십 명이 집단화하여 兵器를 휴대하는 가운데, 즉 揮棒刺刀하고 明火放砲하며,[107) 官이나 富民의 재물을 약탈하고, 심지어는 조정에 상납하는 進上物種도 탈취하는 無法행위를 하고 있어서,[108) 국가의 統治權을 부정하고 그 百姓支配를 거부하는 적극적인 對政府 鬪爭이 아닐 수 없었다. 이 같은 火賊활동은 앞 註 2)의 表에서 보는 바와 같이 언제나 있을 수 있는 일이었지만, 大院君 집권기에는 비교적 소강상태였으나, 閔氏政權이 통치하는 高宗 10년대에 들면서는 갑자기 활발해지고, 同 20년대에 들면서는 民亂의 발생과도 竝行하면서 더욱 왕성해지고 있었다. 시대가 흐름에 따라 농촌사회의 파탄이 그만큼 더 심각해지고 있는 데서 오는 현상이었다. 이들은 앞에서 언급한 바와 같이 이 시기 농촌사회의 分解, 계속되는 自然災害(荒年)로 인한 농촌사회의 疲弊로 인해서 살 수 없게 된 沒落民,[109) 鬪爭意識이 강한 '獷悍無賴之徒'[110)가 주축을 이루고 있었으므로, 시대의 흐름에 따라 그 활동이 왕성해지는 것은 당연한 일

---

102)『高宗實錄』4, 高宗 4年 4月 13日, 上, p.262.

103)『高宗實錄』15, 高宗 15年 2月 5日, 上, p.568.

104)『高宗實錄』14, 高宗 14年 12月 22日, 上, p.565.

105)『日省錄』170, 高宗 12年 8月 6日, 高宗篇 12冊, p.298.
　　　『高宗實錄』12, 高宗 12年 8月 6日, 上, p.503.

106) 韓㳓劤,『東學亂 起因에 관한 硏究』(1971) 참조.

107)『高宗實錄』29, 高宗 29年 10月 29日, 中, p.439.
　　　『高宗實錄』13, 高宗 13年 6月 30日, 上, p.529.
　　　『日省錄』191, 高宗 14年 3月 7日, 高宗篇 14冊, p.86.
　　　『高宗實錄』17, 高宗 17年 12月 5日, 上, p.628.
　　　『高宗實錄』20, 高宗 20年 10月 6日, 中, p.113.

108)『高宗實錄』27, 高宗 27年 3月 4日, 中, p.346.
　　　『高宗實錄』29, 高宗 29年 10月 29日, 中, p.438.

109)『高宗實錄』2, 高宗 2年 12月 20日, 上, p.203.

110)『高宗實錄』18, 高宗 18年 6月 26日, 中, p.13.

이 아닐 수 없었다. 그들은 자신들이 火賊활동을 하고 있는 것은, 국가가 그 백성을 살리지 못하고 있는 상황하에서는 어쩔 수 없는 일이라 생각하는 것이었으며, 또 그들과 처지가 같은 被收奪者로서의 貧農層을 救活하지 않으면 안 된다고도 생각하는 데서 당당하였다. 그것은 그들이 스스로를 '活貧黨'으로 자처하고 있었던 점으로 보아 분명하였다.[111] 高宗 22년의 기록에 의하면 湖南지방은 火賊之弊가 더욱 심하였는데, 그 數는 萬을 헤아리는 가운데, 活貧黨으로 稱하고 있었다.[112]

民의 적극적 항쟁은 鄕村에 정착해서 살고 있는 농민층에 의해서도 民亂의 방법으로 전개되고 있었다.[113] 哲宗 때의 壬戌民亂에서와 마찬가지로, 그리고 앞에서 이미 언급한 바와 같이, 이때에도 농민층은 이 시기 地方守令奸鄕·猾胥의 失政·虐政과 收奪,[114] 兩班土豪의 武斷的 收奪이 또한 守令의 貪虐을 능가할 만큼 심각해짐에 따라,[115] 그들은 그것의 시정을 요구하는 呈訴運動을 하고 그러한 요구가 잘 수용되지 못하고 마찰이 생길 경우, 한걸음 더 나아가서 呈訴運動을 暴力運動으로 전환시키면서 民亂을 전개하고 있는 것이었다.[116] 이 같은 두 단계의 농민운동에서, 앞에서 이미 언급한 바와 같이, 전단계까지는 합법적인 것이고 후단계는 불법적인 것으로, 民亂이란 용

---

111) 朴贊勝, '活貧黨의 활동과 그 성격'(『韓國學報』 35, 1984) 참조.
112) 『高宗實錄』 22, 高宗 22年 3月 6日, 中, p.191.
113) 韓㳓劤, 註 106)의 논문에는 이 시기 民亂 전반의 추이가 정리되어 있다.
114) 『高宗實錄』 26, 高宗 26年 3月 14日, 中, p.316.
　　　『高宗實錄』 15, 高宗 15年 3月 29日, 上, p.570.
　　　『高宗實錄』 26, 高宗 26年 9月 22日, 中, p.327.
　　　『備邊司謄錄』 273, 高宗 29年 正月 27日, 28冊, p.619.
115) 『高宗實錄』 5, 高宗 5年 11月 30日, 上, p.307.
　　　『備邊司謄錄』 256, 高宗 12年 10月 25日, 26冊, p.810.
116) 물론 民의 訴狀이 官에 제출되면 官에서는 이를 으레 거부하고 저지하려 하였으며, 그러기 위해서는 官의 吏胥로 하여금 官奴를 동원하여 訴狀을 제출하려는 民을 몰아내는 것이 일반이었다. 그리고 심한 경우에는 狀頭에게 棍杖을 침으로써 그를 致死케 하는 수도 있었다. 高宗 22년에 있었던 兎山民亂은 이러한 사정에서 발생한 것이었다(『高宗實錄』 22, 高宗 22年 4月 29日, 中, p.197). 呈訴運動이 民亂으로 전환하는 과정은 대개 이러하였기 때문에, 呈訴運動을 계획할 경우에는 으레 民亂으로 갈 것도 염두에 두면서 일을 시작하는 것 또한 일반이었으며, 지방에 따라서는 呈訴에 별로 기대를 걸지 않고 아예 처음부터 그 呈訴를 暴力運動·民亂의 방법으로서 시작하는 수도 있었다.

어는 바로 이 후단계의 운동에서 연유하고 있었다.

그렇지만 우리가 여기에서 이 같은 民亂을 民의 정치·사회적 저항운동으로 보고자 할 때, 특히 주목해 두고자 하는 것은 그 전단계 운동으로서의 呈訴運動이다. 呈訴制度는 訴冤制度의 일환으로서 民의 권익을 보호하려는 데서 마련된 제도였으며, 따라서 地方守令의 郡縣民 통치에 불합리가 있을 경우 그 郡縣民은 그들의 수령에게 訴狀을 제출함으로써 그 시정을 요구할 수 있는 제도였다. 그러한 呈訴는 혹 개인이 郡縣에 民狀으로써 제소할 수도 있고, 여러 사람이 等訴로써 집단적으로 제소할 수도 있었으며, 郡縣에 呈官·呈邑하는 것으로써 해결이 안되면, 監營에 呈營할 수도 있고, 그러고서도 해결이 안될 경우에는 중앙의 정부에 廟堂訴冤으로써 할 수도 있었다.[117] 이 시기에는 각 지방의 有力者들이 그 지방 自治機構로서의 鄕廳에 座首·別監 등의 임원이 되어 郡縣行政에 참여하고, 面·里의 執綱으로 임명되어 面·里 行政에도 참여하고 있었는데, 일반 民은 이와 병행하여 守令의 통치행위에 異議가 있을 경우 呈訴運動을 통해서 郡縣行政에 강한 제동을 걸 수가 있는 것이었다. 이는 中世末期의 民의 사회적 지위나 사회의식이 전반적으로 향상하고 있었음에서 연유하는 것이겠으나, 반대로 이로 인해서는 일반 民으로 하여금 국가와 관료의 통치행위에 부당한 점이 있을 때 이를 비판하고 규탄하는 강한 批判意識을 갖게 하는 바가 되고도 있었다. 그러므로 民이 이 같은 呈訴運動을 통해서 守令을 규탄하고 그들의 民怨을 해결하고자 할 때, 그 呈訴運動은 그것을 주도하는 주체들의 학문적 수준이나 국가의 제반 통치정책에 대한 이해의 정도에 따라, 그 운동의 심도에는 커다란 차이가 날 수 있었다.

그러나 이 같은 民亂은 앞의 註 2)의 表에서 보는 바와 같이, 高宗初부터 전국적으로 활발하게 전개되고 있는 것이 아니었다. 少年王 高宗이 즉위하

---

117) 金仙卿, ‘民狀置簿冊을 통해서 본 조선시대의 재판제도’(『역사연구』 창간호, 1992).

　　韓相權, 『朝鮮後期 社會와 訴冤制度』, 1996.

　　　　‘1827년 平安道楚山府 民人의 上京 示威와 政局의 동향’(『韓國 古代·中世의 支配體制와 農民』, 1997).

면서 약 10년간 권력을 잡고 强權政治를 한 것은 大院君이었는데, 그는 그 사이에 王朝의 中興을 목표로 貪官汚吏의 제거, 土豪武斷의 통제, 兩班支配層의 지방적 근거인 書院의 철폐, 軍役稅 平準化를 목표로 한 戶布法의 시행 등 이른바 內政改革을 단행하고 있었다. 그리고 그로 인해서는 壬戌民亂으로 표면화된 사회혼란이 일정 정도 수습되고 사회질서가 어느 정도 회복될 수 있어서, 民亂도 火賊활동과 마찬가지로 비교적 소강상태였다. 그리고 이 기간에는 丙寅洋擾, 辛未洋擾 등 外勢와의 대항관계도 있어서, 民이 內政問題·農政問題를 둘러싸고 對政府 투쟁이나 地方官廳을 대상으로 항쟁을 할 여유가 없었다. 그뿐만 아니라 농민층의 적극적 항쟁·民亂이 소강상태에 있었음은, 表에서 보는 바와 같이, 閔氏政權이 권력을 인수하고 農民統治를 하게 된 후에도, 高宗 10년대의 기간 동안에는 당분간 더 계속되고 있었다. 閔氏政權은 大院君의 그간의 정책을 크게 조정하는 가운데, 모든 것을 느슨하게 처리하고, 農民收奪 또한 더 한층 심화시키고 있었는데, 이 기간에는 이같은 虐政에 대항하는 농민층의 鬪爭意識이 우선은 주로 소수의 투쟁적인 사람들에 의해 火賊활동으로 표출되고, 대규모의 인원을 동원해야 하는 큰 규모의 民亂은 유보되고 있었다.

그러한 농민층의 의식이 火賊활동과 병행하여 呈訴運動 및 民亂의 형태로도 활발하게 전개되는 것은, 壬午軍亂과 이를 이용한 大院君의 政變 그리고 甲申政變 등 일련의 政治運動을 목격하고 체험한 후인 高宗 20년대에 들어서의 일이었다. 이 단계에서는 民의 社會平等意識·政治意識이 한층 더 성숙하는 가운데, 南北을 막론하고 전국 각지에서 그동안 자제하였던 농민층의 鬪爭意識이 堤防이 터지면서 급류를 이루듯 民亂으로 폭발하고, 이는 이 시대 농민운동의 거대한 潮流를 이루게 되고 있었다.

鄕村民 農民層의 이 같은 항쟁들은 火賊활동이거나 民亂이거나를 막론하고 언제나 있을 수 있는 일이었다. 哲宗 13년의 壬戌民亂 때에도 民亂만 발생하고 있는 것이 아니라, 그와 동시에 忠淸道 牙山 등지에는 騎馬放砲하는 火賊이 또한 발생하고 있었다.[118] 그러므로 그러한 점에서는 이 시기의 火賊

---

118) 『備邊司謄錄』 249, 哲宗 13年 5月 19日, 閏 8月 7日, 25冊, p.794, 854.

활동이나 民亂이 哲宗朝의 그것과 크게 다른 것은 아니었다고 하겠다. 그러나 그러면서도 이 시기의 火賊활동이나 民亂은 哲宗朝의 그것과 점차 질적으로 달라지고 있는 점이 있었다. 그것은 火賊활동의 경우 그들의 목표가 단순히 財物奪取나 救貧活動에 있는 것이 아니라, 혹 경우에 따라서는 政治運動을 하는 사람들과 연계되는 가운데, 政治變亂을 꾀하는 思亂勢力의 핵심이 될 수도 있는 점이었다. 高宗 9년 安東지방에서는 그곳 有力者가 匪類와 결탁하는 가운데 '思亂'을 기도한 예가 있었고,[119] 高宗 13년에는 前梱帥가 匪類를 모아 窩主가 되는 가운데 亂을 꾀하는 일이 있었다.[120] 火賊이 兵書를 휴대하고 있었음은 그 한 증거이기도 하였다.[121] 民亂의 경우도 마찬가지였다. 民亂을 주도하고 있는 사람들 중에는 그들의 民亂을 단순한 농민운동이 아니라, 體制에 도전하는 兵亂으로까지 유도하고 있는 경우가 있었다. 정부에서는 高宗 6년 閔晦行 등이 주도한 光陽民亂을 李麟佐나 鄭汝立의 擧事활동과 유사한 것으로 보고 있었으며,[122] 高宗 7·8년 李弼濟 등이 주도한 寧海府民亂, 鳥嶺作變 등을 民亂에서 출발하였으나 經營起兵한 지 오래인 兵亂으로 파악하고 있었다.[123] 이 같은 사정은 요컨대 이 시기의 民亂에는 이 시기의 시대상황과도 관련하여, 그것이 단순한 民亂으로 그치는 것이 아니라 兵亂, 즉 東學亂·農民戰爭으로까지 확대될 수 있는 소지가 이미 그 자체 내에 내재하고 있었음을 보여주는 것이었다고 하겠다.

4) 東學敎團의 敎祖 伸寃運動

이 시기의 政治·社會運動에 관하여 끝으로 언급해야 할 것은 東學敎團의 敎祖伸寃運動에 관해서이다. 이 운동은 앞에서 언급한 바, 현실적으로 정치·사회문제의 타개를 표방하고 있었던 여러 계통의 정치·사회운동과는 달리, 敎祖의 伸寃을 목표로 하는 呈訴運動이었지만, 머지않아 이들 양자는 組織

---

119) 『高宗實錄』 9, 高宗 9年 6月 7日, 上, p.394.
120) 『高宗實錄』 13, 高宗 13年 3月 1日, 上, p.524.
121) 『高宗實錄』 14, 高宗 14年 7月 21日, 上, p.557.
122) 『高宗實錄』 6, 高宗 6年 6月 6日, 上, p.318.
123) 『高宗實錄』 8, 高宗 8年 8月 11日, 上, p.373.

으로서 결합되는 가운데 東學亂·農民戰爭을 추진하게 되고 있었으므로, 古阜民亂 또는 農民戰爭의 政治·社會背景을 논함에 있어서는 이 敎團의 동향에 관해서도 그 핵심을 정리해 두는 것이 필요하리라고 생각된다.

東學은 敎祖 崔濟愚가 '平世思亂 暗地聚黨'[124]하는 것으로 몰려 순교(高宗 원년, 1864)한 이후, 第2世 敎主 崔時亨을 중심으로 忠淸道, 江原道 등지에서 지하로 잠적하여 은거함으로써 위기를 넘기는 가운데 再起의 시기를 기다리고 있었다. 그리고 그 후 나라 안팎의 정세가 변동하는 데 따라 高宗 17년(1880)경부터는 비밀리에『東經大全』(1880),『龍潭遺詞』(1881) 등 東學의 經典을 여러 차례 간행 보급하는 가운데 점차 布敎에 힘을 쓰고 있었다. 布敎의 대상 지역은 주로 三南지방이 중심이었으나 중부 이북의 지역에도 파급되고 있었으며, 그러한 중에서도 湖南지방에서는 특히 北接과 구별되는 徐包·南接이 많이 설치케 되는 특색이 있었다.[125] 그리하여 甲午年에 이르러서는 전국적으로 그 敎勢가 대단히 커지고 있었는데, 그것은 農民軍이 봉기하게 되었을 때 起包한 東學組織의 수가 339包[126]에나 달할 정도로 거대한 조직으로 광범위하게 확산되고 있는 것이었다. 그러나 이 같은 東學은 당시의 정부가 종교로서 인정하지 않는 것은 말할 것도 없고, 철저하게 금지 탄압하고 있었으므로, 東學이 그 敎勢를 자유롭게 확대시켜 나가기 위해서는 무엇보다 먼저 그들의 종교를 정부로부터 公認받지 않으면 아니 되었다. 東學에서는 그것을 몇 차례에 걸쳐 敎祖伸寃運動으로서 전개하고 있었으며, 그것을 이 시기의 訴寃制度에서 허용하는 합법적 방법, 즉 呈訴運動으로서 전개하고 있었다.

이 같은 呈訴運動은 高宗 29년(壬辰, 1892)과 高宗 30년(癸巳, 1893)의 두 단계에 걸쳐 있었다. 전자는 忠淸·全羅道의 監司에게, 후자는 중앙의 政府·國王에게 올리는 운동으로서 전개된 것이었다. 전자의 呈訴는 高宗 29년의 10월과 11월의 두 차례에 걸쳐 있었는데, 10월의 呈訴는 徐仁周, 徐丙鶴 등 東學 간부들이 개인 자격으로서 公州에 會集하여 敎祖伸寃을 위한 訴狀

---

124)『高宗實錄』1, 高宗 元年 2月 29日, 上, p.140.
125) 前揭, 「全琫準 供草」의 分析, 註 27) ③ 通諭文 및 註 28) 참조.
126) 山智順,『朝鮮의 類似宗敎』, 1935, p.54.

124

을 忠淸監司에게 올린 것이었고, 이것이 무위로 돌아가자 11월의 呈訴는 第
2世 敎主 崔時亨의 명으로 東學敎門의 간부들이 공식적으로 全州參禮에 집
결하여 재차 두 번에 걸쳐 忠淸·全羅監司에게 敎祖의 伸寃을 호소하게 된
것이었다.[127] 그러나 이 같은 문제가 地方監司 차원에서 해결될 수 있는 일
은 아니었으며, 따라서 그들의 운동도 성공을 기대하기는 어려웠다. 그들은
監司의 題決에서 여전히 東學을 禁壓하고 있음을 확인할 수 있었을 뿐이
며,[128] 그 결과는 東學敎徒에 대한 指目 迫害가 앞으로도 계속 지속될 것이
라는 점을 재확인할 수 있을 뿐이었다. 그러므로 東學敎門에서 敎祖伸寃의
목표를 달성하기 위해서는 運動方略을 한 차원 높이지 않으면 아니 되었다.
그들이 이해 12월에 정부에 東學의 본뜻을 설명하고 東學에 대한 박해의 부
당함을 항의하는 한편,[129] 高宗 30년 2월 국왕에게 敎祖伸寃을 위한 장문의
伏閤上疏文을 올리게 되었음은 그것이었다.[130] 東學敎人들이 대거 서울 光
化門에 몰려와 부복하고, 朝鮮王朝의 法이 허용하는 訴寃·呈訴制度 중에서
도 최후의 방법을 동원하고 있는 것이었다. 그러나 이때의 정부에는 東學의
宣敎自由를 허락할 만한 준비나 社會改革의 분위기가 전혀 형성되어 있지
않았다. 그러므로 東學敎門의 청원이 수용될 수 없었음은 말할 것도 없고,
탄압의 분위기가 더욱 고조되지 않을 수 없었다.

　東學敎門·東學敎人으로서 敎祖伸寃을 呈訴運動에 기대하기 어렵게 되었
을 때, 마지막 수단으로서 생각하게 되는 것은 힘에 의한 쟁취, 즉 鬪爭이
아닐 수 없었다. 그들은 그것을 高宗 30년 3, 4월간에 敎徒 수만 명을 동원
한 報恩聚會와 金溝集會를 통해서 달성하려 하였다.[131] 그리고 여기에서 그
들은 그 大會를 敎祖伸寃運動의 선을 넘어서, 당시의 정세를 外勢侵犯下의

---

127) 『東學思想資料集』 1, 「天道敎會史」 草稿, 第2編 地統, p.439, 441.
128) 同 上書, p.442.
129) 同 上書, p.446.
130) 同 上書, p.449.
131) 同 上書, p.453.
　　田保橋潔, 『近代日鮮關係의 硏究』 下, 東學變亂, p.228.
　　金義煥, '1892·3年의 東學農民運動과 그 性格 — 參禮聚會·伏閤上疏·報恩集會를
　중심으로'(『韓國史硏究』 5, 1970).
　　鄭昌烈, 「甲午農民戰爭硏究」, 延世大 大學院, 1991.

非常時局으로 보고, 이 같은 때에 輔國을 하기 위해서는 斥洋斥倭의 倡義運動이 필요하다는 점을 역설함으로써, 그들의 大會를 일거에 政治運動으로 전환시키고 있었다.[132] 정부로서는 伸寃運動도 대처하기 버거운 문제였는데, 이제는 그들이 外勢侵略을 방어하기 위한 輔國運動을 표방하고 나온 것이었다. 물론 이때에도 정부에서는 여전히 고압적인 자세로 이들을 무마하여 해산시키는 한편, 다른 한편으로는 聚會責任者를 捉囚 嚴査토록 하는 탄압정책을 쓰고 있었지만,[133] 속으로는 수년내로 갑자기 크게 부상하는 그들의 엄청난 組織運動에 위기의식을 느끼지 않을 수 없었다. 그것은 이 시기의 정부가 이때의 西北지방 농민층의 民亂·農民運動과 함께 東學의 운동을 '危急存亡'의 분위기로 보고 있었던 것으로써 확인할 수 있다.[134] 그러나 이 같은 정부측 사정과는 달리, 農民運動을 하고 있는 사람들에게는, 敎徒 수만 명을 동원할 수 있는 東學의 이 같은 組織運動이 참으로 매력적인 운동이 아닐 수 없었을 것이다.

4. 古阜地域의　知的環境

　古阜民亂이 어떠한 성격의 農民運動이 될 것인가 하는 문제, 즉 단순한 民亂으로 그칠 것인가 아니면 社會變革을 지향하는 農民戰爭으로까지 확대 발전할 것인가 하는 문제는, 그들의 운동이 얼마나 暴力的으로 철저하게 전개되고 있었는가 하는 점을 지적하는 것만으로는 충분한 설명이나 정확한 기준이 되지 않는다. 그것은 그들이 어떠한 政治思想을 지니면서 현실을 어떻게 비판적으로 인식하고 있었는가, 그리고 어떠한 정치사상·정치세력에 반대하고 있었는가 하는 점을 확인하고, 나아가서는 그러한 운동을 통해서 무엇을 획득하려 하고 무엇을 指向하고 있었는가 하는 점을 확인할 때, 비로소 분명해진다고 하겠다. 말하자면 이 시기 농민운동이, 民亂의 단계에서 農民

---

132) 同 上, 田保橋潔, 金義煥, 鄭昌烈 논문 참조.
133)『高宗實錄』30, 高宗 30年 4月 10日, 中, p.456.
134)『高宗實錄』30, 高宗 30年 3月 25日, 中, p.453.

126

戰爭의 단계로 확대 발전하고 있었던 문제를 이해하기 위해서는, 그 主體들에 관하여 思想的·理念的인 면에서 體制측 政治·社會勢力과의 사이에 커다란 질적인 차이가 있었음을 확인하는 것이 필요하다고 생각된다. 그리고 이같은 문제는 중앙의 집권세력과 民亂 주체세력을 대비하기보다는, 民亂이 발생하고 있는 古阜地域 內外에서 정치사상을 중심으로 한 知的環境과 思想風土를 살핌으로써, 體制측 政治·社會勢力과 民亂 主體勢力 사이의 사상적 대립구도를 파악하는 것이, 문제의 핵심에 보다 구체적으로 근접하고 그 실상을 보다 선명하게 드러낼 수 있는 방법이 되리라 생각한다. 우리는 이 같은 문제를 古阜地域의 鄕校, 書院, 書堂 등을 중심으로 살필 수 있을 것이다. 朝鮮後期의 鄕村社會에서는 어느 곳에서나 그러하였지만, 정치사상을 중심으로 한 知的 活動의 거점이 되는 것은 그 지방에 설치되고 있는 향교, 서원, 서당 등이 중심이었기 때문이다.

1) 鄕 校

鄕校는 孔子 등 儒敎의 聖賢을 配享, 제사지내고 그 이념을 계승할 것을 다짐하는 지방의 文廟이며, 成均館이나 四學과 함께 朝鮮王朝가 그 국가통치와 백성교화를 위한 인재양성을 위해서 설치한 官學이었다. 이때의 국가는 儒敎 특히 朱子學을 그 國定敎學으로 삼고 있었으므로, 여기서 인재양성이라 함은 儒敎的 政治思想, 統治術을 갖춘 官僚의 양성과 백성을 통치자의 입장에서 바라는 바 儒敎的 人間類型, 上下關係的 服從型의 人間類型으로 敎化시키기 위한 指導層을 양성하는 것이었다. 그러나 이 양자는 별개의 문제가 아니라 하나의 문제로서, 여기에서 교육을 받는 校生들은 스스로 철저한 유교적 인간유형으로 육성되면서, 동시에 통치자·지배자로서의 官僚가 되기 위한 교육을 받지 않으면 아니 되었다. 그러므로 이 시기 鄕村社會에서의 鄕校敎育의 성패 여부는, 어떤 의미에서 王朝의 盛衰와도 직결되는 것이었으며, 따라서 국가에서는 鄕校의 운영, 校生의 교육에 관해서 제도적으로 엄격한 규정을 마련하지 않으면 아니 되었다. 그러한 규정 가운데에서도 우리의 관심사가 되는 校生敎育에 관련되는 사항을, 宣祖朝의 李栗谷이 마련한 鄕學之制, 學校模範, 學校事目 및 其他人의 學校節目 등에 의해서 요약

정리하면 다음과 같다.[135)]

첫째, 정부에서는 鄕校의 訓導를 각 地方事情을 참작한 위에서 훌륭한 인물로서 선발하여 임명해야 하였으므로, 다음과 같은 규정을 마련하고 있었다. 즉 각 지방 守令은 3年 1選으로 그곳 鄕人 가운데 '通經史者'를 선발하여 監司에 보고하고, 監司가 각 고을에서 올라오는 이들 報告書·名單을 모아 吏曹에 보고하면, 吏曹에서는 다시 그 簿를 살피고 公論을 참작하여 적임자를 精擇하되, '其邑之人 授之其邑'하는 원칙으로 임명하며, 이 경우 합당한 사람이 없으면 '隣邑之人'으로, 隣邑에도 합당한 사람이 없으면 '其道之人'으로서 任命하도록 하며, 두드러진 성과를 올린 訓導에 대해서는 상으로서 實職으로 올려주거나 仕路를 열어준다는 것이었다.[136)]

둘째, 鄕校에서는 額內의 數만큼 校生을 모집해야 하였는데, 郡 所在地의 향교에는 50명이 배정되어 있었으므로, 古阜郡에서는 童蒙을 제외하고 50명을 받고 있었다.[137)] 校生의 모집을 위해서는 일반적으로 일정한 規程이 마련되고 있었는데, 그 중에서도 주목되는 것은 향교입학이 諸生 10人의 추천을 통해서 이루어지고 있었다는 점이다.[138)] 이는 일종의 연대보증을 뜻하는 것으로, 校生이 되기 위해서는 향교 또는 儒生 중심의 鄕村社會·鄕村秩序 속에서, 그들 상호간에 일정한 連帶관계를 맺고 일정한 신임을 얻지 않으면 아니 되는 것이었으며, 따라서 그러한 신임을 얻기 위해서는, 무엇보다도 그 지방의 戶籍에 入籍이 되어 있어야 하는 것이기도 하였다. 이러한 전제 위에서 志望者는 試講을 치르고 여기에 합격해야 입학이 허락되었는데,[139)] 그 試驗科目은 仁祖朝의 경우로 보아 『小學』이 중심이었을 것으로 생각된다.[140)]

---

135) 鄕校敎育 일반에 관해서는 다음의 연구를 참고할 수 있다.
　　　金龍德, '朝鮮後期 鄕校硏究'(『韓國制度史硏究』, 1983).
　　　尹熙勉, 『朝鮮後期 鄕校硏究』, 1990.
　　　姜大敏, 『韓國의 鄕校硏究』, 1992.
136) 『增補文獻備考』 209, 學校考 8, 鄕學 鄕學之制, 下, p.432.
　　　『增補文獻備考』 207, 學校考 6, 學令 學校事目, 下, p.414.
137) 『經國大典』 卷 3, 禮典, 生徒 郡.
　　　『瀛洲誌』 上, 儒額.
138) 『增補文獻備考』 207, 學校考 6, 學令 學校事目 學制條件, 下, pp.414~415.
139) 同 上.

128

그리하여 입학을 한 후에는, 그 지방 戶籍에 入籍되어 있어야 함은 말할 것
도 없지만, 鄕校案에 入籍되어 있음이 확실할 때, 비로소 赴擧할 때 校生으
로서의 혜택을 받을 수가 있었다.[141]

셋째, 鄕校에 입학한 儒生들은 일정한 敎科要目에 의해서 일정한 방향으
로 政治思想 統治術 人性이 형성되도록 교육되고 있었다. 그 敎科要目은 전
儒敎敎育의 과정에서 기본적으로 부과하는 敎科目, 즉 『小學』, ①『大學』
『近思錄』②『論語』③『孟子』④『中庸』, 五經(⑤『易經』⑥『書經』⑦『詩經』『春
秋』『禮記』), 『史記』先賢性理之書[142] 등등 가운데에서도 기본이 되는 四書
(①②③④)三經(⑤⑥⑦)을 핵심으로 하고 있었다. 그래서 국왕은 鄕學을 위
해서 四書三經을 下賜하는 경우도 있었다.[143] 그러나 이러한 사실이 鄕校에
서는 이들 經典만을 교육하였음을 뜻하는 것은 아니었다. 『小學』도 대단히
중요한 敎科目이 되고 있었다. 『小學』은 朱子의 지시에 따라 그 門人 劉子澄
이 편찬한 것으로서 朱子 敎化思想의 핵심이 함축되어 있는 까닭이었다. 이
는 文字 그대로 儒敎敎育에서 初學者에게 과하는 교재였지만, 『小學』은 人
倫을 교육하는 데 가장 緊切한 교재가 된다는 점에서 생도들의 필독서로 法
制化되어 있었고,[144] 앞에 언급한 바와 같이 儒敎敎育 전과정에서 기본교재
가 되고도 있었으므로(註 142), 四書五經, 따라서 四書三經을 교육하기에
앞서서는 반드시 先行科目으로서『小學』과 朱子와 呂祖謙이 撰한『近思錄』
등을 교육하도록 하고도 있었다.[145] 그리고 그러한 점에서 栗谷은 특히 『小
學』을 연구하여 그 集註本(『小學諸家集註』)을 大著로서 편찬하기도 하였다.

<hr>

140) 『增補文獻備考』 207, 學校考 6, 學令 學校節目, 下, p.416.
141) 『增補文獻備考』 207, 學校考 6, 學令 學校事目, 下, p.414.
　　 『增補文獻備考』 209, 學校考 8, 四學, 下, p.428.
　　 『續大典』 卷 3, 禮典 諸科.
142) 『增補文獻備考』 207, 學校考 6, 學令 學校模範, 下, p.412.
143) 『增補文獻備考』 209, 學校考 8, 鄕學, 下, p.431, 435.
144) 『增補文獻備考』 207, 學校考 6, 學令 勸學事目, 下, p.415.
145) 『增補文獻備考』 209, 學校考 8, 鄕學, 下, p.432.
　　 『增補文獻備考』 207, 學校考 6, 學令 學校模範, 下, p.412.
　　 『小學』의 사상사적 의미에 관해서는 다음의 연구를 참고할 수 있다.
　　 金駿錫, '朝鮮前期의 社會思想 ―"小學"의 社會的機能 分析을 中心으로'(『東方學
　　 志』 29, 1981).

그뿐만 아니라 四書의 교육 방법도, 일반적 순서에 따라『論語』『孟子』
『大學』『中庸』의 차례로 하는 것이 아니라, 朱子의 治學 방법에 따라『大學』
『論語』『孟子』『中庸』의 순서로 할 것이 요구되고,[146] 그 교재도 麗末 이래
로 朱子의 集註本이 이용되는 가운데,[147] 정부에서는 善本을 택하여 이를 널
리 간행 보급하고 있었다.[148] 鄕校의 교육은 말하자면 儒敎的 政治思想과 人
性敎育을 하되, 이를 철저하게 朱子學的 認識體系에 의해서 행하고 있었던
것이라 하겠다.

넷째, 국가의 입장에서 鄕校敎育의 궁극 목표는 鄕村民을 儒敎思想에서
바라는 바 人間類型으로 교화 육성하는 데 있었지만, 그러나 校生·儒生들의
입장에서 현실적 목표가 되는 것은 儒敎의 政治思想 統治術을 배워서 백성
을 지배 통치하는 官僚가 되는 것이었다. 그러한 목표를 설정하고 교육을 받
노라면 전자적인 목표는 자연적으로 이루어지는 것으로 이해되고 있었다.
그러므로 鄕校의 敎育은 결국 科擧(小科)에 대비한 교육이 될 수밖에 없었
고, 따라서 정부에서는 그 교육과정에서 校生들의 품행과 讀書日課를 감시
감독하는 가운데,[149] 校生考講을 엄격하게 시행해 나가고 있었다. 그간 교육
한 바 내용을 매년 春秋로 考講하여 그 성적을 평가하고, 그 성적의 3年分을
종합하여 우수한 자를 式年監試의 初試에 나갈 수 있도록 하였던 것,[150] 觀
察使 관할하에 都會所를 설하고 文官을 파견하는 가운데 매 6월마다 1회씩
考講을 하되, 그 성적에 따라서 生·進의 覆試에 나갈 수 있도록 하였음은 그

---

146)『增補文獻備考』203, 學校考 2, 太學 2, 學校節目, 下, p.364.
　　　註 142)와 同.
147)『增補文獻備考』242, 藝文考 1, 歷代書籍, 下, p.839.
148) 世宗朝에는 明나라에서『四書大全』을 수입하여 이를 木板으로 刊板하여 널리 인
　　　쇄 보급하고 있었으며(『世宗實錄』卷 39, 世宗 10年 正月 己酉, 3冊, p.113 ; 同
　　　上書 卷 44, 世宗 11年 4月 丁酉, 3冊, p.177 ; 鄭亨愚, '五經·四書大全의 輸入 및
　　　그 刊板 廣布',『東方學志』63, 1989), 英祖朝(正祖 東宮時)에는 美麗한 甲寅字를
　　　이용하여 活字本으로서 이를 刊行하고도 있었다(『正祖實錄』卷 45, 正祖 20年 12
　　　月 丙戌, 46冊, p.684. 大東文化研究院에서 간행한 影印本『經書』는 이때의 刊本
　　　을 저본으로 한 것이었다. 同書 閔泰植 씨의 解題, 1965).
149)『增補文獻備考』207, 學校考 6, 學令 學校事目, 下, p.414.
　　　『增補文獻備考』209, 學校考 8, 鄕學, 下, p.431.
150)『增補文獻備考』207, 學校考 6, 學令 學校節目, 下, p.416.

130

것이었다.[151] 그리고 間 1年으로 使臣을 파견하여 諸生의 학업과 품행을 시험하고 살피며, 校官의 能否를 또한 시험하기도 하였다.[152] 鄕校에서의 校生 敎育은 말하자면 철저하게 體制에 종속하는 인물을 양성하는 과정이었다고 하겠다.[153]

鄕校의 운영을 이같이 살피면, 그것은 국가의 관리 통제하에 일사불란하고 항구적으로 잘 운영되고 번영하였을 것으로 예상된다. 그러나 예상과는 달리 鄕校敎育의 발전은 그렇게 순탄치가 않았으며, 朝鮮後期에 들어서는 상대적으로 점차 쇠퇴하는 경향을 보이고 있었다. 그것은 壬亂으로 그 건물이 燒失된 곳이 많았음도 문제였지만, 朝鮮後期에는 社會變動이 광범위하게 일어나는 가운데, 軍役을 피하려는 부유한 常民層의 入校하는 바가 늘어나고, 따라서 양반층은 이를 피하게 되는 경향이 늘어나, 새로운 교육기관으로서의 書院이 급속도로 확대 발전하게 된 까닭이었다.[154] 다시 말하면, 양반층에게 있어서 鄕校敎育은 前時期에 비하여 그 중요성과 그 필요성이 상대적으로 저하하고 반감하지 않을 수 없었던 까닭이었다. 지방에 따라서는 鄕校 안에 養士齋를 설치하는 등 대책을 강구하기도 하였으나, 큰 효과를 기대하기는 어려웠다. 古阜지방의 경우도 예외가 아니어서 景宗 3년에는 鄕校 안에 養士齋를 두고 있었지만,[155] 鄕校를 중심으로 한 文運의 융성을 기하기는 어

---

151) 『增補文獻備考』 209, 學校考 8, 鄕學, 下, p.431.
152) 『增補文獻備考』 207, 學校考 6, 學令 學校事目, 下, p.414.
153) 校生 일반에 관해서는 다음과 같은 논고를 참고할 수 있다.
　　李範稷, '朝鮮前期의 校生身分'(『韓國史論』 3, 1976).
　　宋贊植, '朝鮮後期 校院生考'(『國民大論文集』 11, 1977).
　　韓東一, '朝鮮時代 鄕校의 校生에 관한 研究'(『人文科學』 10, 1981).
154) 渡部學, 『近世朝鮮敎育史硏究』, 1969.
　　　　『朝鮮敎育史』, 1975.
　　金龍德, 前揭 '朝鮮後期 鄕校硏究'.
　　崔永浩, '幼學·學生·校生考'(『歷史學報』 101, 1984) 참조.
155) 『瀛洲誌』 上, 學校 鄕校.
　　養士齋 在鄕校案山岑頭 雍正癸卯 郡守柳萬成捐財拮据 買若干畓 至戊辰 郡儒朴乃賢禹涵枈建
　　養士齋 일반에 관해서는 다음 논고를 참조할 수 있다.
　　尹熙勉, '朝鮮後期 養士齋'(『李元淳敎授華甲紀念 史學論叢』, 1986).
　　　　'養士齋의 設立과 運營實態'(『정신문화연구』 통권 57, 1994).

려웠다.[156] 大院君의 書院撤廢 政策이 있은 후에는 다소 만회될 수 있는 듯하
였으나, 이때는 이미 王朝末期에 처해 있었으므로 교육내용에 전환이 없는
한 이로써 鄕校敎育의 中興, 王朝敎育의 中興을 기대하기는 어려웠다.

2) 書 院

書院은 鄕校와는 달리, 각 지방의 儒生 士林들이 그 지방 출신 또는 그 지
방과 인연이 있는 大學者, 政治家, 官僚 중에서도 그들이 본받을 만한 인물
이라고 생각하는 사람을 一位 또는 數位씩 선정하여 祠堂에 配享하고, 이를
중심으로 齋室을 지어 그들의 학문을 본받는 가운데 科擧官僚의 양성과 그들
을 儒敎的 人間類型으로 육성하기 위하여 설립한 私學이었다.[157] 그러므로
지방에 따라서는 書院에 配享될 만한 인물이 많이 배출되고 있는 가운데, 그
리고 그 地方民들의 그 지역사회 내에서의 勢力關係나 學統 등과도 관련하
여, 朝鮮後期에 들면서는 한 지방에 書院이 7, 8개 또는 그 이상으로 세워지
는 경우도 있었다.[158] 이는 鄕村社會에서의 儒學의 발전을 반영하는 한 현상
으로서, 書院의 설립이 이같이 발달하는 데 따라서는 鄕村社會의 知的環境,
정치적 풍토에 적지 않은 영향을 끼치게 되고 있었다. 그것은 국가 관리하에
있는 鄕村社會의 鄕校의 인재양성 기능이 점차 書院으로 이전하게 되고, 그
뿐만 아니라 書院을 중심으로 한 사상과 학풍이 그 지방에서 鄕校의 그것보
다도 더 主導的인 것으로 되게 되는 현상이었다. 더욱이 여기서 書院의 사상
과 학풍은, 그 書院에 配享된 先賢의 學統과 정치적 입장, 그리고 그 書院의
설립을 주도한 정치세력의 黨色 등을 중심으로, 거기에 모인 儒生들이 결속
하는 가운데 형성되는 것이므로, 書院 설립의 발달은 왕왕 그 지방의 知的

姜大敏, '北道地方의 養士機構에 관한 小考'(同 上書).

丁淳佑, '朝鮮後期 養士齋의 性格과 敎育活動'(同 上書).

鄭震英, '朝鮮後期 養士齋의 性格 — 수령권과의 관계를 중심으로'(同 上書) 참조.

156) 『瀛洲誌』 下, 事實 鄕校.

157) 柳洪烈, '朝鮮에서의 書院의 成立'(『靑丘學叢』 29·30, 1937).

　　 渡部學, '書院의 勃興과 書堂의 變轉'(『近世朝鮮敎育史硏究』, 1969).

　　 丁淳睦, 『韓國書院敎育制度史硏究』, 1979.

158) 『增補文獻備考』 212, 學校考 11, 各道祠院, 全羅道 南原, 下, p.464.

　　 『增補文獻備考』 213, 學校考 12, 各道祠院, 慶尙道 安東, 下, p.470.

132

風土로 하여금 黨色과 연결되는 정치성을 띠게 하지 않을 수 없었다.[159]

書院에서의 교육은 기본적으로 四書三經 또는 四書五經을 중심으로 하고 그 밖에 經史에 관련되는 몇몇 著述을 중심으로 한다는 점에서, 鄕校의 그것과 크게 다르지 않은 것은 말할 것도 없고, 다른 書院에서의 그것과도 큰 차이가 나지 않았다. 書院은 어느 곳에서나 科擧에 대비하는 교육을 하고 있었으므로, 그 교재는 공통될 수밖에 없었다. 그러나 그러면서도 書院에서의 교육은 그 학문의 수준이 높아지는 데 따라, 先人의 著述을 선택해서 읽는 문제, 經典의 解釋, 현실문제에 대한 인식태도 등등을 중심으로 해서, 특히 配享者 및 設立者의 學統 黨色이 다른 書院들과의 사이에서는 큰 차이가 날 수도 있었다. 古阜지방에는 이 같은 書院으로서 旌忠祠와 道溪書院이 세워져 있었으며, 여기에서 모집할 수 있는 額內의 院生은 전자에는 20명, 후자에는 15명이 배정되어 있었다.[160]

旌忠祠는 이 고장 출신의 충신을 配享한 書院으로서, 壬亂 때 東萊府使로서 東萊에서 전사한 宋象賢, 같은 때 樂安郡守로서 李舜臣의 幕僚로 활약하고 丁酉再亂 때 南原에서 전사한 申浩, 丁卯胡亂 때 安州牧使·防禦使로서 활약하다 전사한 金浚 등을 並享한 賜額書院이었다.[161] 宋象賢은 이미 東萊의 書院에 배향되고 있었으나, 孝宗 8년에 이곳 儒生들이 建祠하고 이곳 출신의 충신을 한데 모아 並享할 것을 上疏함으로써, 이곳으로 移安하게 된 것이다.[162] 그런데 이 書院은 단순히 忠臣 烈士를 並享하고 있다는 점에서만 특징을 갖는 것이 아니었다. 이 밖에도 이 書院은 두 가지 점에서 그 書院의

---

159) 이를테면 陶山書院과 紫雲書院, 魯岡書院과 遯巖書院 등의 차이는 그 한 예가 되겠다. 이러한 문제에 관해서는 다음의 논문을 참조.
　李樹煥, ‘書院의 政治·社會史的 考察’(『嶠南史學』 創刊號, 1985).
　鄭萬祚, ‘朝鮮朝 書院의 政治社會的 役割 — 士林활동의 전개와 관련하여’(『韓國史學』 10, 1988 ; 『朝鮮時代 書院研究』, 1997).
　李海濬, ‘17~18世紀 書院의 黨派的 性格 — 全南地域 事例를 중심으로’(『滄海朴秉國敎授停年紀念 史學論叢』, 1994).
160) 『瀛洲誌』 上, 儒額.
161) 『增補文獻備考』 212, 學校考 11, 各道祠院, 全羅道 古阜, p.466.
　　『瀛洲誌』 上, 學校.
162) 『書院謄錄』 第 1, 孝宗 8年 丁酉 2月 16日.

정치적 성격이 규정되고 있었다. 그 하나는 여기에 配享된 인물들, 특히 宋象賢, 金浚 등은 西人系의 인물이라는 점에서,[163] 그리고 다른 하나는 이 書院을 刱建한 政治勢力 또한 西人·老論系의 인물들이라는 점에서이다.[164] 道溪書院도 이 고장 출신의 저명한 인사를 配享하기 위하여 顯宗 14년에 刱建한 書院이었다.[165] 이 고장 儒生들은 여기에 觀察使, 都承旨를 지낸 李希孟, 都事 承旨를 지내고 壬亂 때 의병으로 활약한 金齊閔, 孝友와 學行으로 이름난 金齊顔, 直長을 지내고 壬亂中 軍費 보급에 기여한 崔安, 諫官을 지내고 仁祖反正에 참여하여 공신이 되었던 金地粹, 壬亂때 義擧하여 공을 세운 金昕(純祖朝 追享) 등을 竝享하고, 그 정신을 이어받아 학문을 하기 위하여 이 書院을 세우고 있었다.[166] 그런데 이 書院도 여기에 配享된 인물들은 주로 西人·老論系로서, 이 계열의 저명한 인사들과 인연이 있고,[167] 그뿐만 아니라 이 書院을 刱建한 것도 바로 그 西人·老論系의 저명 인사들이었다.[168]

　古阜지역의 鄕校나 書院을 이같이 정리하고 보면, 이 지방의 鄕校가 西人·老論政權이 이끄는 體制的 입장의 교육기관이었음은 말할 것도 없고, 두 書院도 西人·老論系 政治勢力의 영향권 아래에서 성립되고, 그러한 黨色의 學問 性向으로서 교육을 하고 있는 기관이었다고 하겠다. 그리고 그러한 점에서 보면 이 지방의 지배적인 知的 風土는, 내적으로는 中央政界에서의 그것과 마찬가지로, 西人·老論系의 朱子學的 風土, 保守的·改良的 노선의 그것이었다고 하겠으며, 외적으로는 外勢侵略에 대항하다 전사한 충신을 配享하고 교육을 하고 있다는 점에서 외세침략에 민감한 분위기였다고 하겠다. 이

---

163) 新撰『瀛洲誌』2, 享祠條에는 그들의 인적사항이 정리되어 있다.
164)『瀛洲誌』下, 雜著에는 市南 兪棨의 旌忠祠移安告由文과 尤庵 宋時烈의 旌忠祠移安禮成祭文이 수록되어 있다.
165)『增補文獻備考』212, 學校考 11, 各道祠院, 全羅道 古阜, p.466.
　　　『瀛洲誌』上, 學校.
166) 新撰『瀛洲誌』1, 院宇 ; 同書 2, 享祠條에는 이들의 인적사항이 정리되어 있다.
167) 同 上.
168) 新撰『瀛洲誌』1, 院宇條에 의하면 道溪書院을 刱建한 것은 北軒 金春澤, 夢窩 金昌集, 丹岩 閔鎭遠이었으며, 그 중에서도 丹岩 閔鎭遠은 이 書院에 賜額해 줄 것을 요청하는 請額上疏까지 올리고 있었다. 그러나 이 請額疏는 이때 허락되지 않았다.

러한 知的 風土 중에서도 이곳에서 주목하게 되는 것은 내적인 면에서의 知的 분위기인데, 이는 古阜지역뿐만 아니라, 이웃한 郡縣의 사정과도 관련하여, 그 분위기가 철저하게 형성되었을 것으로 생각된다.[169]

그러나 古阜를 중심으로 한 이 지역의 書院이 모두 西人·老論系의 書院, 따라서 그 知的 風土가 그러한 계열의 것으로만 주도되고 있는 것은 아니었다. 古阜郡과 이웃한 扶安郡에는, 古阜와의 경계선에서 그리 멀지 않은 곳에, 磻溪 柳馨遠과 그 門人 柳文遠, 金啓를 配享한 東林書院이 肅宗 20년 이래로 설립되어 있었다.[170] 磻溪는 北人·南人系의 인물로서, 같은 시대를 살고 있었던 西人·老論系의 尤庵 宋時烈과는 黨色상으로 대립될 뿐만 아니라, 政治思想的으로도 근본적으로 대립하고 있는 實學者였는데,[171] 그러한 인물을 配享하는 書院이 古阜에 인접한 扶安郡에 세워져 있는 것이었다. 그가 愚磻洞에 은거하면서 학문적으로 큰 성과를 올리고(『磻溪隨錄』 저술) 제자양성에도 노력하였던 결과라고 생각된다. 그리고 지방사회에 미치는 現實的·政治的 영향력으로서 보면 磻溪가 尤庵을 따를 수 없었지만, 정치사상적 측면에서 보면, 磻溪가 은거하고 있었던 이 지방의 주민들은 磻溪를 존경하는 가운데, 그의 개혁적인 정치사상이 그들의 생각을 대변해 주는 것으로 믿고 있었으리라 생각된다. 이러한 사정은 湖南지역에 丁茶山의 思想이 널리 유포되고, 특히 古阜民亂·農民戰爭 시의 農民軍 指導層에게 그의 개혁사상을 기술한 著述이 전수되고 있었음과도 관련하여,[172] 대단히 중요한 의미가 있는 것으로 생각된다. 古阜지방의 지식인들은 사회개혁에 관한 정치사상을 이들로부터 배우고, 이를 기초로 하여 그들의 사회개혁에 관한 方略을 마련

---

169) 전국적으로 공통된 성격을 지니는 鄕校는 논외로 하고, 영향력이 큰 書院만을 든다면 益山에는 沙溪 金長生을 配享한 華山書院, 井邑에는 尤庵 宋時烈을 配享한 考巖書院, 扶安에는 高麗朝의 金坵와 朝鮮朝의 洪翼漢(3學士의 한 사람) 등을 配享한 道洞書院, 興德에는 白江 李敬輿와 그 자손을 配享한 東山書院, 長城에는 河西 金麟厚를 配享한 筆巖書院 등이 있었는데, 이들은 모두 西人·老論系의 書院이었다.

170) 『增補文獻備考』 212, 學校考 11, 各道祠院, 全羅道 扶安, 下, p.468.
    『列邑院宇事蹟』 1, 東林書院事蹟.

171) 金駿錫, 「朝鮮後期 國家再造論의 擡頭와 그 展開」, 延世大 大學院, 1991.

172) 최익한, 『실학파와 정다산』, 서울판, 1989, p.319, 411.

할 수 있었을 것으로 생각되기 때문이다.

3) 書 堂

書堂(書齋)은 두 계통으로 세워지고 있었다. 그 하나는 官에서 이를 혹 鄕에다 세우고 訓長을 임명하여 교육을 시키되, 성과가 클 경우에는 訓長을 施賞 轉職시키기도 하고 書堂을 鄕校로 승격시키기도 하는 것이었으며,[173] 다른 하나는 鄕村民들이 자율적으로 그들 鄕村 내의 里 또는 4, 5개 마을마다 하나의 書堂을 세우고 있는 것으로서, 訓長도 鄕村民들이 자율적으로 선임하여 그들 마을의 童蒙을 교육하도록 하고 있는 것이었다.[174] 전자가 주로 兩班支配層의 子弟를 官學의 체계 속에서 科擧를 목표로 初等敎育을 하려는 것이었다면, 후자는 주로 沒落兩班이나 庶民大衆의 子弟를 官學의 체계에서 벗어난 비교적 자유로운 분위기 속에서, 세상을 살아가는 데 필요한 최소한의 初等敎育을 함으로써 그 知的 갈증을 풀어주려는 것이 목표가 되는 것이었다고 하겠다. 이곳에서 우리가 주목하게 되는 것은 후자로서, 이는 朝鮮後期에 특히 광범위하게 설치되고 널리 보급되고 있는 교육기관이었다. 이 같은 書堂에서의 敎科目은 『千字文』, 『童蒙先習』, 『明心寶鑑』, 『小學』 등을 비롯하여 여러 가지 初學者를 위해서 편찬한 교재가 이용되었지만,[175] 그러한 중에서도 정도가 높아지면 四書三經 등 儒敎의 기본적인 經典에까지도 들어가고 있었다. 古阜지역에는 바로 그러한 書堂이 있었으며,[176] 全琫準은

---

173) 『增補文獻備考』 209, 學校考 8, 鄕學, 下, p.433.
174) 『牧民心書』 25, 禮典 課藝.
　　　 渡部學, 『近世朝鮮敎育史硏究』, 1969, p.301.
　　　 丁淳佑, 「18世紀 書堂硏究」, 韓國精神文化硏究院, 1985.
　　　 김무진, '조선후기 서당의 사회적 성격'(『역사와 현실』 16, 1995).
175) 丁淳佑, 同 上書.
　　　 김무진, 前揭 논문.
176) 朴文圭, 「石南歷事」 중에 수록된 朴氏定基歷事에는 그가 8세 때 鳥巢里 마을의 書堂에서 全록두(全琫準) 선생에게서 『千字文』을 배우고, 그 후 한동안 흉년으로 쉬었다가(書堂도 폐쇄), 『通鑑』 初卷을 배우고 나서 13세 때에는 말목(馬項) 마을의 書堂으로 옮겨 『孟子』 『中庸』 『大學』 『論語』 『詩傳』 『書傳』 등을 읽었던 사정을 기술하고 있다. 「石南歷事」에 관해서는 『전북일보』 1993년 3월 22일자에 東學農民革命 1백주년 기념사업과 관련하여 朴孟洙, 朴明圭, 李眞榮 교수 등에 의한

그러한 가운데서도 宮洞面의 鳥巢里 마을, 畓內面의 馬項里 마을 書堂(모두 오늘날의 梨坪面 長內里와 馬項里) 등에서 童蒙을 교육하는 訓長 노릇을 하고 있었다.[177]

4) 學校敎育의 成果와 思想의 特徵

이와 같은 여러 계통의 학교를 통한 儒敎敎育의 성과는 대단히 큰 바 있었다고 하겠다. 그것은 그 성과가 가시적으로 드러나고도 있었다. 가령 古阜지방의 경우에서 보면, 이 고장 儒林에서는 英祖朝의 시점에서 古阜지역의 학문이 '鄕運否塞 文才頓絶'[178]하다고 지적하고 있었지만, 그 후의 사정으로 보면 반드시 그러한 것이 아니었다. 그들이 지적한 文才(大學者·大政治家)는 배출하지 않고 있었지만, 文·武科擧 及第者는 소수이지만 여전히 배출하고 있었고, 生·進科 及第者는 文·武科에 비해 현저하게 늘어나는 현상을 보이고 있었다.[179] 이는 결국 儒敎敎育, 儒敎政治思想에 대한 교육이 王朝 백성의 저변에까지도 널리 확대됨으로써 小科 응시자가 늘어나고 있었던 까닭이라고 생각된다.

그러나 儒敎敎育의 이 같은 저변확대는 被支配層 庶民大衆에게까지도 儒敎政治의 본질을 교육하는 바가 됨으로써, 국가의 입장에서 바라는 바가 아닌, 儒敎思想의 矛盾構造·不合理性을 광범위하게 드러내는 가운데, 그들로 하여금 現實政治를 비판적으로 보도록 하는 역효과를 초래하게도 되고 있었다. 그러한 중에서도, 특히 農民層 鄕村民의 입장에서 주목하였을 것으로 생각되는 바를 정리해 보면, 다음과 같은 몇 가지 국면으로 압축할 수 있을 것이다.

첫째, 이들 학교에서 이용하는 儒敎經典은 朱子集注의 四書가 중심이었는데, 이를 통해서 儒敎經典을 공부하다 보면, 어느 학교에서나 朱子의 注釋本

해제가 나와 있다.
177)「石南歷事」.
　　「全琫準 供草」初招問目.
178)『瀛洲誌』下, 事實.
179) 新撰『瀛洲誌』2, 文科 武科 生進.

에 따라 그것을 이해하도록 하는 것이 요구되지만, 그러나 많은 경우 鄕村民들은 거기에 적지 않은 의문을 갖지 않을 수 없었을 것이다. 특히 農民層 鄕村民 최대의 관심사가 되는 土地問題를 둘러싸고는, 孟子의 井田制적인 土地改革論을 부정하는 朱子의 井田制 부정, 土地改革 反對論[180]에 강한 불만을 나타내지 않을 수 없었을 것으로 생각된다. 그리하여 經典에 대한 이해가 여기에까지 이르게 되면, 農民層 鄕村民은 朱子와 孟子, 즉 朱子學과 孔孟學, 新儒學과 古典儒學을 대립관계로 파악하게 되고, 이는 이 고장 民으로 하여금 被支配層 無産者는 孟子의 井田制 시행과 土地改革論에 찬성하고, 支配層 有産者는 朱子의 井田制 부정, 土地改革 반대론에 찬성하는 방향으로, 그 政治思想이 갈라지지 않을 수 없도록 하였을 것이다. 古阜民亂, 農民戰爭을 주도하고 있었던 全琫準이 후일 日本領事館에서 심문을 받게 되었을 때, 그의 학문을 '孔孟의 學'[181]으로 답변하고 있었음은 이러한 사정에서 연유하는 것으로 주목된다고 하겠다.

둘째, 이 같은 사정은 儒敎經典의 宇宙 森羅萬象에 대한 變易觀·變通觀과도 관련하여 사태를 보다 광범위하고 근본적인 것으로 몰아갔으리라 생각된다. 儒敎經典에서 그러한 문제를 논한 것은 널리 알려진 바와 같이 三經 중의『易經』, 즉『周易』이었는데, 儒家에서는 본시 이를 그들 학문의 한 經典으로서 크게 존중하고 있었으며, 儒敎敎育을 베푸는 朝鮮王朝에서도 이를 三經의 하나로 정하고 이『易經』에 제시된 바를 존중하고 있었기 때문이었다. 사실 이『易經』은 처음에는 乾坤 八卦, 六十四卦의 象을 통해서 앞날의 운수를 점치는 단순한 占卜書로서 출발했지만, 그러나 이러한 卦·象에 聖人들이 乾坤 陽陰의 활동을 중심으로 宇宙 森羅萬象의 생성·소멸의 원리, 變

---

180)『孟子集注大全』5, 滕文公章句 上.
　　拙 稿, '朱子의 土地論과 朝鮮後期 儒者 — 地主制와 小農經濟의 問題'(『朝鮮後期農業史研究』II, 증보판, 1990).
181) 日本領事館에서의「全琫準 審問」('東學大巨魁審問續聞', 『東京朝日新聞』1896. 3. 6). 이 자료는 강창일, '전봉준 취조기 및 회견기록'(『사회와 사상』창간호, 1988)에 요약 정리되어 있다.
　　問 : 너는 평소 어떠한 學問을 하고 있었는가?
　　答 : 공맹(孔孟)의 學을 닦았다.

138

易의 원리를 부연함으로써, 단순한 占卜書가 아니라 인간 세상사와 우주의 運行原理를 체계적으로 설명하는 哲學書로까지 되고 있었으므로, 앞으로 다가올 일을 궁금하게 여기는 사람들은 이『易經』의 말씀에 관심을 기울이고 경청하지 않을 수 없었다.

그런데 이러한『易經』의 記述에 의하면, 世上萬事는 끊임없이 변한다는 전제 위에서, 包犧氏로부터 神農氏 黃帝·堯·舜氏에 이르는 사회의 변동과정·역사의 발전과정을 變易의 논리로써 설명하되, '易 窮則變 變則通 通則久'[182]라고 하고 있었다. 이는 儒敎思想에서의 사회발전·역사발전의 논리를 명시한 것으로, 한 사회체제나 역사발전의 단계가 그것이 내포하는 矛盾으로 窮하게(막히게) 되었을 때는 變易해야 하는데, 變易하면 通하고, 通하면 다시 안정된 사회·국가가 오래 지속될 수 있다는 것이었다. 요컨대 이는 사회·국가의 발전을, 舊社會·舊國家의 窮(矛盾) - 그것의 變易·變通 - 新社會·新國家의 造成의 論理로써 설명한 것으로, 儒敎思想에서의 일종의 변증법적 논리가 아닐 수 없었다. 역대의 儒學者들은 이렇게 해서 새로운 사회·국가가 등장하는 현상을 '造', '化', '造化'라고 하고 있었다.[183] 그러므로 社會改革이 절실히 요청되는 韓末의 시점에서, 이 같은 變易論을 대하게 되는 많은 改革論者들은, 혹은 소극적 혹은 적극적으로 사회·국가의 變易을 생각하게 되었을 것이고, 그럴 경우 소극적 改革論者와 적극적 改革論者 사이에는 적지 않은 대립·갈등의 분위기가 조성되었을 것으로 생각된다. 그리고 그러한 점에서 儒敎思想에서의 社會變易 變通 造化의 논리를 깊이 믿는 사람들은 東學에서의 造化思想과도 자연스럽게 연계될 수 있었을 것으로 생각된다.

셋째, 이 밖에 이 고장의 思想風土는 정부에서 세운 鄕校 외에도 老論系의 書院이 많아서 朱子學的 분위기가 지배적이었다고 하는 점을 이미 지적하였

---

182)『周易』繫辭傳 上.
　　또 이와 관련하여 同書, 十翼 彖辭의 革卦에서는 '天地革而四時成 湯武革命 順乎天而應乎人 革之時大矣哉'라고 하여, 사회·국가의 變革을 自然界 四季節의 변동현상과 같은 이치로 설명하고 있었으며, 그러므로 革命은 그 시기가 중대함을 특히 유의시키고 있었다.
183) 廖名春·康學偉·梁韋弦,『周易研究史』, 1991.
　　심경호 역,『주역철학사』, 1994, p.861, 873, 879, 888, 890, 892.

거니와, 그러한 중에도 이 지역에는 磻溪 東林書院의 思想傳統(改革思想)이
남아 있었으므로, 古阜지역의 知的 風土는 구체적으로는 西人·老論系의 보
수적·소극적인 改良論의 풍토와 北人·南人系의 진보적·적극적인 改革論의
풍토가 공존하고 있었다고 하겠다. 그런데 이 두 사상은 그 내용으로 보아,
그리고 앞에서 논한 바 變易論과도 관련하여 결국 대립·갈등하지 않을 수
없었을 것으로 생각된다. 그리고 이는 나아가서 이 지역 民으로 하여금, 내
면적으로 그들의 政治思想을 保守的 朱子學적인 계열과 進步的 磻溪實學적
인 계열로 갈라지고, 대립하지 않을 수 없도록 하였으리라 생각된다. 그뿐만
아니라 이 경우 湖南지역에는 앞에서 지적했듯이 丁茶山의 思想이 확산되어
있고, 또 이 시기에는 朝鮮後期 이래의 實學者들의 土地改革論에 힘입어 많
은 사람들이 土地問題의 해결을 주장하고,[184] 그 중에도 副司果 李彙秉 같은
사람은 그것을 특히 磻溪의 土地論으로써 해결할 것을 국왕 高宗에게 上疏
하고 있었으므로,[185] 진보적 계열의 사람들이 소수이고 힘없는 사람들이었
다 하더라도 결코 위축되지 않았을 것으로 사료된다.

　넷째, 이러한 문제를 좀더 언급하면, 古阜지방에는 鄕校, 書院, 書堂 등
세 종류의 학교가 세워져 있었는데, 그 鄕校와 書院은, 東林書院은 예외가
되겠지만, 주로 당시의 집권세력, 정치적으로 같은 계열의 정치세력에 의해
서 세워지고 운영되고 있었다는 점에서, 지배자 입장의 一心同體적인 성격
을 지니는 것이 아닐 수 없었다. 그러나 書堂은 鄕村民 庶民大衆이 자율적으
로 세우고 비교적 자유롭게 운영하였던 것이므로, 이들 양자는 출발부터 異
質的인 존재로서 갈등하고 대립하는 요인이 있었을 것으로 생각된다. 그러
한 중에도 특히 그 訓長은 支配層 대열에서 탈락해가고 있는, 말하자면 社會
矛盾의 문제를 뼈저리게 체험하고 있는 沒落兩班이 주가 되고 있었으므로,
어떤 사태가 발생하였을 때 그들은 體制否定의 입장에 설 素地가 있었으
며,[186] 그럴 경우 書堂은 왕왕 謀議 장소가 될 수 있었다. 李麟佐의 戊申亂

---

184) 拙 稿, '韓末 高宗朝의 土地改革論'(『韓國近代農業史研究』 下, 1884) 참조.
185)『高宗實錄』1, 高宗 元年 7月 15日, 上, p.159.
186) 가령 晋州民亂에서 書堂의 훈장이 樵軍들의 亂에 참여하고 있었음은 그 한 예이
　　　다(『壬戌錄』晋州按覈使査啓跋辭, p.27). 이러한 사정은 英祖 9년 南原지방에서

때 西北지방의 조직과정에서는 그러한 예가 있었다.[187] 그리고 이로 인해서는 그 후 국왕 英祖·正祖에 의해서 이 지방의 書堂이 폐쇄되는 단호한 조치가 취해지기도 하였다.[188] 이러한 사정은 어느 시기에나 있을 수 있고, 따라서 韓末의 古阜지방에서도 書堂의 훈장이 어떠한 인물인가에 따라서는, 그들이 중심이 되어 이 고장 지식인을 老論系 支配層의 지식인과 훈장 등 末端 支配層 및 庶民大衆의 지식인으로 가르고, 그들에게 적지 않은 갈등구조를 조성시켜 나갔을 것으로 생각된다. 全琫準은 바로 그러한 書堂 訓長으로서 古阜民亂 農民戰爭을 조직화해 나가고 있었던 인물이었다.

5) 東 學

끝으로 우리가 附記해야 할 것은, 지금까지 언급한 바와 같은 國家 公認의 학교는 아니지만, 이 시기 이 고장에 비밀리에 보급되고 있으면서 말단 知識人·農村有力者와 小·貧農層 大衆에게 지대한 영향을 미치고 있었던 東學(宗敎)의 政治的 性格에 관해서이다.[189] 東學은 본시 종교이고 정치사상이 아니었지만, 高宗 30년에 이르러서는 敎祖伸寃運動에서 출발한 聚會가 斥洋斥倭 등 정치적 발언을 하고 있었으며, 그 다음해인 高宗 31년에 이르러서는 그 敎門의 宗敎性을 뛰어넘어 자의건 타의건 東學亂·農民戰爭에 연계됨으로써 政治運動을 하고 있었기 때문이다. 그런데 이 같은 문제에 관해서는 다음의 글[190]에서 비교적 구체적으로 논하게 될 것이므로, 이곳에서는 그 핵심만을 지적하고자 한다.

의 戊申亂과 관련된 掛書事件 때에도 있었다(註 174의 丁淳佑 논문).

187) 『英祖實錄』 43, 英祖 13年 正月 戊戌, 42冊, p.534.
  『英祖實錄』 62, 英祖 21年 10月 丙午, 43冊, p.193.
  이 같은 사정은 英祖 31年 春川지방에서 있었던 謀議事件에서도 볼 수 있다(註 174의 丁淳佑 논문).

188) 『英祖實錄』 62, 英祖 21年 11月 乙亥, 43冊, p.196.
  『英祖實錄』 88, 英祖 32年 10月 戊辰, 43冊, p.633.
  『正祖實錄』 12, 正祖 5年 11月 庚子, 45冊, p.278.
  『正祖實錄』 16, 正祖 7年 10月 丁亥, 關西御史事目, 45冊, p.406.

189) 李眞榮, '19세기 後半 全羅道 古阜의 社會思想'(『全羅文化論叢』 7, 1994)에는, 이 시기 이 고장의 東學信仰의 보급정도가 정리되어 있다.

190) 本書의 다음 논문, 「全琫準 供草」의 分析' 참조.

東學이라고 하는 宗敎 또는 思想의 정치적 성격은 그 成立事情에 잘 드러나 있다고 하겠다. 그것은 두 계통으로 파악할 수 있겠는데, 그 첫째는 崔濟愚가 得道하여 한 종교를 만든 후 그 명칭을 東學이라고 한 점이었다. 그것은 단순히 東國의 學·宗敎를 뜻하는 것이 아니라, 서양 제국주의 열강의 植民政策과 관련하여 東洋諸國에 들어와 있었던 그들의 종교가 西學이었음을 크게 의식한 것이었다. 西學은 당시 우리나라에도 비밀리에 들어와 지하에서 널리 傳敎되고 있었는데, 東學은 이 같은 西學에 대항하고 그들의 침략을 방어하지 않으면 안 된다는 뜻에서 그와 같이 명명하고 있는 것이었다.[191] 그러므로 東學은 종교이면서도 출발부터 近代 西洋文明과 그들의 제국주의적 침략정책에 반대하는 강렬한 排外思想, 斥洋斥倭의 政治思想을 지니지 않을 수 없도록 되어 있었다.

다음은 崔濟愚가 東學을 刱敎할 때의 사정인데, 그는 이 종교를 無에서 有로 창조한 것이 아니라, 기존의 東洋思想, 즉 儒·佛·仙 3敎를 종합하여 이를 형성하되, 그 중에서도 특히 儒敎思想을 그 중심으로 삼고 있었다는 점이다. 그것은 그가 儒敎思想을 공부하고 科擧에 응시하여 立身出世할 것을 꾀하였던 과거가 있었던 점으로 미루어 보아 자연스러운 일이었으며, 그 후의 東學 간부들이 報恩聚會 때에 그들 스스로를 '東學倡義儒生'[192]으로 자처하고 있었던 점으로 미루어 보아도 분명하다 하겠다. 말하자면 東學은 儒敎思想을 전면적으로 부정하는 宗敎·思想이 아니라, 儒敎思想·儒敎의 政治思想을 바탕·으로 하면서 그 위에 세워지고 있는 宗敎·信仰이었다고 하겠으며, 따라서 東學에서 종교적·신앙적 측면을 제거하면 그 정치사상은 儒敎의 그것과 크게 다르지 아니한 것이었다고 하겠다. 그것은 東學敎門에서 정치적 구호를 내세우고 정치운동에 참여하였을 때에도, 그들 고유의 政治改革思想, 社會改革에 관한 設計를 마련하고 있지 않았던 점으로 보아 분명하다 하겠다. 그러나 그러면서도 崔濟愚는, 당시의 儒敎로써는 王朝末期적인 당시의 사회를 구제할 수 없다고 보는 데서, 그들 東學은 이를 구제할 수 있는 것이 되어야

---

191) 『東經大全』 論學文.
192) 『東學亂記錄』 上, 聚語, p.108.
　　　田保橋潔, 『近代日鮮關係의 研究』 下, p.230, 報恩聚會倡義文.

한다고 생각했으며, 그렇게 할 수 있는 방법을 『周易』의 變通·變易의 논리에 서 찾고 있었다. 東學의 敎理를 단적으로 드러내는 呪文이 '侍天主造化定'[193] 즉 造化思想으로 되어 있었음은 바로 그러한 사정을 표현하는 것이었다고 하겠다. 그리고 그러한 점에서 東學에서의 變通論의 내용이 어떠한 것이 될 것인가에 따라서는 儒敎·儒者·儒生 중에서의 變通論과 어렵지 않게 연계될 수 있었고, 儒敎敎育을 받고 變易·變通論에 남다른 관심을 가지고 있었던 지 식인이면 쉽사리 東學에 공감할 수도 있었던 것이라 하겠다.

5. 結　語 — 民亂의 전개와 그 運動史的 위치

古阜民亂은 이상과 같은 여러 背景 위에서 발생하고 있었다. 즉 경제적으 로는 前시기부터 진행되고 있었던 농촌사회의 分解가 開港通商에 따르는 米 穀貿易의 성행, 地方官廳의 賦稅制度 운영의 불합리와 收奪, 농촌사회에서 의 兩班·土豪 地主層의 각양의 收奪 등으로 인하여 더욱 촉진되고 있었음을 배경으로 하고 있었다. 이러한 사정으로 인해서는 課稅者로서의 地方官廳과 擔稅者로서의 民 사이에 갈등이 형성되고, 兩班·土豪 地主層과 沒落兩班·沒 落農民 사이에 階級的 矛盾關係가 심화되며, 雇主와 雇工 사이의 대립관계 또한 더욱 심각해지지 않을 수 없었다. 그리고 정치·사회적으로는 신분제의 해체가 더 한층 촉진되는 가운데 被支配層의 社會平等意識이 한층 더 성장 하고, 제반 사정으로 沒落兩班이 늘어나는 가운데 그들의 불만 또한 누적되 고 있어서, 이들은 서로 결합하여 부당한 世態에 대하여 批判意識과 思亂意 識을 갖도록 하고 있었으며, 이는 이 시기 많은 民亂·農民運動 발생의 큰 배 경이 되고 있었다.

더욱이 이 시기에는 支配層의 政治變亂·近代化를 위한 改革運動이 일어 나고 있었으므로, 古阜지방의 民亂·農民運動은 이 같은 여러 政治變亂도 배 경으로 하면서 발생하고 있었다. 이 밖에 知的環境·政治思想상의 문제로서,

---

193) 『東經大全』本呪文.

이때에는 각 지방에 각양의 교육기관이 있어서 체제유지를 위한 儒敎敎育이 시행되고 있었는데, 그 敎科課程을 이수하는 과정에서는 그 敎科·經典의 내부에 反體制的인 變革思想의 논리, 즉 社會矛盾이 심화되었을 때는 그 타개책으로서 이를 變通하고 사회를 變易 造化하라는 논리가 있어서, 體制에 저항·도전하는 民亂이 쉽사리 발생할 수 있는 思想的 背景을 이루고 있었다. 아마도 이는 民亂을 주도하는 指導層에게 그들이 진행하는 운동에 대하여 큰 신념과 용기를 갖도록 하였을 것으로 생각된다. 그러므로 이때의 농민운동이 이 같은 여러 사정을 배경으로 하면서 전개되는 것이었다면, 그 농민운동의 성격도 支配層 내에서의 개혁운동과 마찬가지로, 새로운 사회를 지향하는 개혁운동으로서의 성격을 지닐 수도 있는 것이었다고 하겠다.

그런데 古阜民亂은 이 같은 사정을 배경으로 하면서 발생하기는 하였지만, 직접적으로는 그 郡守 趙秉甲의 收奪을 계기로 하면서 발생한 것으로, 그것은 이 시기 도처에서 발생하고 있는 다른 지방의 民亂과 조금도 다를 바 없는 전형적인 民亂 그것이었다. 그리고 그것은 그 전개방식도 19세기 여러 지방의 民亂의 전개방식과 다르지 않아서, 前後 몇 단계에 걸치면서, 처음에는 制度圈 안에서 움직이는 것이었으나 마침내는 暴力運動·民亂으로 轉化 擴大되고 있는 것이었다. 그러므로 이제 우리는 끝으로 이 같은 古阜지방 農民運動의 전개과정에 관하여 그 단계성을 정리하고, 그것이 이 시기 농민운동에서 차지하는 運動史的 위치 성격 등을 생각해 봄으로써 結語에 대신하고자 한다.

첫 단계에서는 訴冤制度라고 하는 法 테두리 안에서, 高宗 30년의 11월과 12월의 두 차례에 걸쳐 古阜郡守에게 等訴로써 부당한 賦稅運營의 시정을 請願하는 것이었다. 어느 경우나 全琫準이 衆民에 의해 추대되는 가운데 主謀者로서 等訴하는 것이었는데, 그 중에서도 11월의 等訴에서는 40여 명이 官廳에 몰려가 呈狀을 하였으나 접수되지 못한 채 도리어 '捉囚'되었으며, 12월의 等訴에서는 같은 방식으로 60여 명이 참여하여 官에 呈狀을 하고 있었으나 모두 '驅逐'당하고 말았었다.[194]

---

194) 「全琫準 供草」 初招問目.

다음 단계는 이 같은 等訴運動에서 古阜民들이 그 목적을 달성할 수 없게 되자, 高宗 31년의 正월에서 2, 3월에 걸치면서 계속적으로 새로운 차원의 운동을 전개하게 된 것이었다. 즉 이때에는 古阜郡民들이 여러 차례 수시로 수천 명씩 모여 都會·群衆大會를 열고 시위를 하는 가운데 呈營(監司), 呈邑(郡守)의 呈訴運動을 전개하는 한편,[195] 古阜郡廳을 타격하는 民亂을 일으키고 있는 것이었다. 물론 이때에도 운동의 주모자는 全琫準이었으며, 그가 呈狀 所志를 작성하면 寃民들이 이를 監營과 郡에 올리는 것이었는데,[196] 이 같은 격양된 示威運動과 監營에 대한 격식을 갖춘 呈訴運動도 큰 성과를 거두지는 못하고 있었다. 이러한 民亂에서는 郡衙를 습격하여 陳荒地에서 부당하게 勒徵한 稅를 還推하고, 官에서 構築한 바 萬石洑를 훼파하며, 기타의 사항도 추궁하는 등 官에 대한 투쟁을 적극적으로 전개하였다.[197]

그러나 이때의 투쟁에서도 古阜民들이 어떤 가시적인 성과를 얻어낼 수 있었던 것은 아니며, 積寃 鬱憤을 푼 후에는 散落하여[198] 운동을 중단하는 가운데 정부의 조치를 기다리는 수밖에 없었다. 그리고 이 같은 古阜民의 동향에 대하여 정부에서는 2월 15일 民亂을 초래한 당사자로서 우선 金文鉉과 趙秉甲을 문책하고, 新郡守 朴源明을 임명하여 민심을 수습하는 가운데, 按覈使 李容泰를 파견함으로써 古阜民亂의 주모자를 査覈하고 사태를 마무리

前揭 '「全琫準 供草」의 分析' 참조.
195) 『梧下記聞』 1筆, 甲午 正月, 2月.
　　「石南歷事」 朴氏定基歷事.
196) 「全琫準 供草」 再招問目.
197) 「全琫準 供草」 初招問目.
　　全琫準은 供草에서 古阜民의 萬石洑 훼파 등의 騷擾를 '3월 초'에 있었던 일로 답변하고 있었는데, 이는 正月에 있었던 古阜民亂으로 인해서, 정부가 새 古阜郡守 및 古阜按覈使를 임명하는 것이 '2월 15일'이었던 점으로 보아(註 199 참조), 그리고 古阜郡守 趙秉甲이 도주한 것이 '2월 初旬'이었던 점으로 보아(『梧下記聞』 1筆, 甲午 正月, 2月), 이때의 古阜民의 騷擾는, 그에 앞서 있었던 古阜民의 요구를 해결함이 없이, 新任郡守와 按覈使가 부임하여 부당하게 按覈을 하려는 데 대한 저항운동이고, 장기간 지속되어 온 古阜民亂의 마지막 단계의 운동이 되는 것이었다고 하겠다. 그러므로 古阜지방에서의 民亂의 主體는 그 후 한동안 散落하지만, 그들의 운동은 곧 茂長을 거점으로 한 農民軍의 再起包·武裝蜂起로 자연스럽게 이어지게 되는 것이라고 하겠다.
198) 同 上.

하려 하였다.[199] 古阜民亂은 여기에 더욱 격앙된 民亂으로 확대되고, 그 指導層의 계획에 의하여 東學組織과 연계되는 가운데 대대적인 農民戰爭으로 확산되기에 이르렀다.

古阜民亂의 전개과정을 이같이 정리하고 보면, 이는 國交擴大 開港通商이라고 하는 새로운 시대상황하에서 발생한 農民運動으로서 적지 않은 희생을 치른 투쟁이었지만,[200] 아직은 이 시기 다른 지방의 民亂들과 다를 바 없는 단순한 民亂에 불과하였다. 그들은 고조된 분위기 속에 民이 취할 수 있는 모든 방법을 동원하여 官에 대한 투쟁을 철저하게 전개하였지만, 그러나 그러면서도 그것은 官에 그 대책, 釐整策을 세워줄 것을 바라는 구래의 訴冤運動, 請願運動의 범주를 넘어서는 것이 아니었다. 이 시기는 새로운 시대상황하에서 支配階級에 의해서도 社會改革·近代化를 위한 改革運動이 전개되고 있었으며, 그것은 시대적·사회적 요청이 되고 있는 非常時局하의 운동이었으므로, 古阜民들의 농민운동도 준비가 충분히 되어 있었다면 처음부터 이같은 시대상황을 반영하여 變革運動으로서 전개될 수도 있었을 것이다. 그러나 古阜民亂 자체는 아직은 그 같은 近代的 성격을 지닌 농민운동으로서 전개될 수가 없었다. 그것은 분명 이 시기 古阜지방 농민운동의 限界가 아닐 수 없었던 것으로, 여러 가지 면에서 古阜民들에게는 아직 그럴 만한 준비가 되어 있지 않았던 탓이라고 하겠다.

그러나 古阜民亂이 비록 그렇게는 전개되지 못하였다 하더라도, 이 民亂을 계획 지도하고 있었던 全琫準 등에 의해서는, 실제로 전개된 이 民亂과는 다른 차원에서, 이 民亂을 그 같은 變革運動을 준비하고 전개할 수 있는 기

---

199) 『日省錄』 405, 高宗 31年 2月 15日, 高宗篇 31冊, p.48.
　　『高宗實錄』 31, 高宗 31年 2月 15日, 中, p.479.
200) 古阜民亂에서의 희생은, 古阜郡守 趙秉甲의 誅求를 거부하다 붙들려 棍杖을 맞고 그 杖毒으로 사망하기도 하고, 呈訴運動 때 捉囚되어 棍杖을 맞음으로써 죽기도 하며, 按覈使가 亂民을 査覈하는 과정에서 죽음을 당하기도 하고 있었다. 全琫準의 부친 全彰赫(全承泉?)도 이러한 과정에서 잡혀 희생되었으며, 특히 그 査覈過程에서는 人命을 殺傷하고 가옥을 燒灰하는 등 온갖 만행이 자행되었다. 吳知泳, 『東學史』, p.103 ; 『東學思想資料集』 1, 「天道敎會史」 草稿, 第2編 地統, p.455 ; 「全琫準 供草」 初招問目 ; 宋在燮, 「甲午東學革命亂과 全琫準將軍實記」 (草稿本, 1954) 등 참조.

초과정 준비과정으로서 활용하고 있었다. 그것은 本書의 다음 논문에서 언급되겠지만, 이 民亂을 主謀 指導하고 있었던 全琫準이 이미 오래전부터 社會變易을 구상하고, 東學組織에 참여하여 이를 '用武之地'로 이용할 것을 꾀하며, 실제로 이 民亂의 제2단계에서부터는 이미 이 지역의 民亂을 農民戰爭·農民革命의 단계로 끌어올리기 위한 준비를 하고 있었던 것으로써 그와 같이 이해할 수 있다.[201] 그리하여 이 民亂은 全琫準 등의 이 같은 구상과 준비에 따라 머지않아 전국적 農民戰爭·農民革命으로 확대 발전하지 않을 수 없도록 되고 있었다. 그러한 점에서 古阜民亂은 甲午農民戰爭 農民革命의 전단계 운동, 그것에 선행하는 準備運動, 그것에 이르기 위한 過渡的 運動의 구실을 하고 있는 것이었다고 하겠다.

〔未發表 論文, 1994. 稿, 1998. 補〕

---

201) 前揭, 「全琫準 供草」의 分析' 참조.

「全琫準 供草」의 分析

─ '東學亂'의 性格 一斑 ─

1. 序　言

　　앞에서 우리는 全琫準이 古阜民의 呈訴運動 民亂을 근거로 하면서, 이를
유도하여 '東學亂'(당시의 고유명사) 甲午動亂으로 확대 발전시키게 되었다
는 점을 지적하였거니와, 이곳에서는 바로 그 東學亂 甲午動亂을 고찰함으
로써 그 歷史的 性格을 파악하고자 한다. 그러나 이제 우리가 이곳에서 살피
게 되는 고찰은, 그 같은 거대한 작업을 그 주제에 관련된 모든 문제를 고찰
함으로써 해명하려는 것은 아니다. 우리는 그것을 극히 한정된 범위 내에서
그러나 그 핵심에 접근할 수 있는 緊要한 자료, 즉 「全琫準 供草」를 分析 고
찰함으로써 목표를 달성하고자 하는 것이다.

　　東學亂 甲午動亂이 그 어떤 理念의 統一的인 파악하에 全琫準에 의해서만
추진된 것은 아니지만, 그러나 이론적으로나 실천적으로 그가 분명 東學亂
을 추진한 指導者 가운데 한 사람임에는 틀림없다. 여기서 검토하고자 하는
「全琫準 供草」는 그가 체포된 후 그에 대하여 행한 法廷審問書이다.[1] 이 供
草는 그 字數로 보아 불과 8천 4백여 字의 간략한 冊子이지만, 여기에는 全
琫準이 起包 전에 古阜에서 民亂을 일으켰던 일과, 3월에 古阜에서 起包한
사정, 5월의 全州城 明渡, 6·7·8월의 執綱所時期의 사정, 9월의 再起包, 北
上을 위한 公州接戰, 그리고 패전 후 淳昌 福興山中 避奴里에서 부하의 밀고
로 체포될 때까지의 그에 관한 활동상황이 그 자신의 진술로 기록되어 있다.

---

　　1) 「全琫準 供草」에는 두 종류가 있다. 하나는 漢文으로 그 問答을 간결하게 기술한
　　　것이고, 다른 하나는 여기에 한글로 토를 달아 國漢文혼용으로 문장이 길어진 것
　　　이다. 여기서는 간결한 문장을 취하여 전자를 이용하였다.

148

그러므로 이 供草는 全琫準 자신의 기록이 발표되고 있지 않은 오늘날에는, 그의 東學亂에서의 反封建的·反帝國主義的 태도나 그 이론적 근거를 이해하는 데 가장 중요한 자료가 되는 것이 아닌가 생각된다.

이 같은 供草는 甲午政權의 法務衙門 權設裁判所[2]에서, 그 官員과 日本領事가 합동하여 1895년 2월 9일에서 3월 10일까지, 5차에 걸쳐 會審으로서 심문한 바(1, 2차와 3차의 전반은 法務衙門 관원이, 3차의 후반과 4, 5차는 日領事가 審問)[3]를 정리하여 작성한 것이다. 이에 앞서서는 全琫準이 체포되어 (1894년 12월 2일) 투옥된 이래로 日本領事館에서 심문당한 바가 더 있었고,[4] 또 法務衙門에서 심문한 바도 더 있었던 것으로 생각되나,[5] 法廷審問

---

2) 이 裁判所는 甲午改革의 진행과정에서 法部에 高等裁判所가 설치되기 전까지 權設機構로서 설치되어 이때의 國家變亂 관계 등 중요한 사건을 재판하였다. 이때 全琫準 審問에 참여하고 宣告한 관원은 法務衙門 大臣 徐光範, 協辦 李在正, 參議 張博, 主事 金基肇·吳容默 등이었다(總務處, 『東學關聯判決文集』, "全琫準 判決宣告書", 1994, p.31).

3) 이때의 甲午改革은 일제의 침략과정에서 非自主的으로 진행되고 있었으므로, 일제는 그들의 침략에 항쟁한 農民軍 指導層을 裁判하는 데 會審者의 명분으로 참여하고 있었다. 이는 그들의 本國政府(外務省)의 지시에 의한 것으로, 이때 이 재판에 참여한 것은 京城駐在 日本帝國領事 內田定搥였다(日本外務省 外交史料館 5-3-2-5, 『韓國東學黨 蜂起一件』 II, 內田의 "東學黨事件에 관한 會審顚末 具報"; 註 2의 "全琫準 判決宣告書").

4) 全琫準은 체포된 후 일본군에 넘겨져, 그 司令官(南 小佐)으로부터 심문을 받은 후(『東京朝日新聞』1895. 3. 5), 日本領事館에 유치되어 그 領事로부터 여러 가지로 그들에게 필요한 기초조사와 심문을 받았으며, 그러한 연후에는 朝鮮政府의 法務衙門에 인계되어 정식으로 甲午政權의 심문을 받고 있었다(註 3의 內田報告書; 『東京朝日新聞』1895. 3. 6). 이러한 사정은 강창일, '전봉준 취조기 및 회견기록' (『사회와 사상』 창간호, 1988)에 잘 소개되고 번역 기재되어 있다. 이하에서 이들의 심문을 인용한 것은 이 번역문에 의거하였다. 이 같은 사정은 「全琫準 供草」의 三招問目에서 全琫準이 '向日 領事館捧供時 領事出示一書 云云'이라고 하고 있는 것으로써도 확인할 수 있다.

5) 이 같은 의문은 무엇보다도 全琫準 등의 활동기간중 執綱所가 설치되었던 것이 확실한데도 「供草」에서는 그에 대한 심문을 진지하게 하고 있지 않은 점으로써 그와 같이 생각된다. 아마도 이에 관해서는 심문을 하였으면서도, 그것을 현존 「供草」에서 분리하여 별도로 보관하였던 것이 아닐까 생각된다. 그리고 吳知泳은 朴泳孝도 全琫準을 심문한 사실이 있고, 그 내용은 어떠 어떠한 것이었음을 지적하고 있는데(草稿本 『東學史』 第4冊), 그러한 내용이 현존 「供草」에는 보이지 않기 때문이다. 그뿐만 아니라 이때 全琫準에 대한 公判은 10여 차례 있었던 것으로 알려져 있는데(南原郡宗理院, 『南原郡東學史』, 1924), 우리가 검토하는 바 「全琫準 供草」

書로서 공식적으로 공개되고 있는 것은 이것이 전부이었다. 그리고 그를 당시의 政權이 '軍服騎馬 作變官門者 不待時斬'이라는 律로써 처형한 것도,[6] 바로 이 심문에 의거해서 판결 선고한 것이었다. 그러므로 이 供草는 全琫準의 思想과 行動을 전체적으로 파악하기에는 여러 모로 미진한 데가 있는 것이 사실이지만, 그렇더라도 이 供草에는 그의 사상과 改革構想을 찾을 수 있는 단서가 여러 가지 면에서 적잖이 담겨 있는 것으로 생각된다.

本稿가 그 분량으로 보아 얼마 되지 않고 그 내용으로 보아도 그의 전사상을 파악하기에 충분하지 않은, 이상과 같은 供草의 分析을 통해서 그의 起包理論을 검토하고자 하는 것은, 종래의 東學亂 연구에서는 東學亂 甲午動亂의 性格을 규정할 때, 그 전단계로서의 民亂문제와의 有機的 관련성을 등한시하였거나, 그렇지 않으면 東學思想이나 東學敎門의 東學亂에서의 역할을 과대평가하고, 또 東學亂의 反植民地化 民族運動으로서의 성격을 外來資本의 침투에 대한 항쟁이라고만 하는 데 대한 하나의 의문을 가지고 있기 때문이다.[7] 그러므로 필자는 이 動亂의 理論的 指導者가 진술한 유일한 기본자료인 이 「全琫準 供草」를 다른 자료와 대조 검토하는 가운데, 動亂의 前提는 무엇이었으며, 저렇듯 도도한 투지로 일관한 動亂 추진력의 본질은 무엇이고, 그것은 또 어떠한 參與層과의 연계하에 전개되었으며, 그리고 그 反帝國主義 民族運動의 본질은 어떠한 것이었는가 등등의 문제에 초점을 맞추어 이를 分析 고찰함으로써, 封建末期의 이 動亂의 성격을 파악하는 데 접근해 보고자 한다.

의 내용은 6회분뿐이기 때문이다. 日本領事館에서 심문당한 것을 감안하더라도 좀 더 있어야 하지 않을까 생각된다.

6) 註 2)의 "全琫準 判決宣告書".
　　『大典會通』 卷 5, 刑典 推斷條, p.658 참조.
7) 종래의 東學亂 硏究의 동향과 그 問題意識에 대한 검토 및 筆者로서의 견해는 '東學亂硏究論 — 性格問題를 中心으로'(『歷史敎育』3, 1958)에서 피력한 바 있다. 그러므로 本稿에서는 前稿와의 중복을 피하기 위하여, 先學의 諸說에 관해서는 行論에서 일일이 언급함을 생략하기로 한다.

2. 農民軍 起包 前提의 問題[8]

東學亂은 그 발생 초기부터 東學이라고 하는 종교조직이 개입하고 주체가되는 가운데 東學亂, 즉 東學匪徒의 亂으로서 출발한 것이 아니었다. 그것은古阜民의 等訴(呈訴)運動·古阜民亂에서부터 시작한 것이었으며, 그 民의 요구 그 民亂에 대한 官의 대책이 무성의하고 또 政府 按覈使의 査辦이 民亂참여자를 모두 東學敎徒로 몰아(정부에서는 이때 東學을 民을 蠱惑煽動하는似而非宗敎로 몰아 규제하고 있었다) 부당하게 처벌하였으므로, 古阜民亂을주도한 全琫準 등은 東學敎徒·東學組織과 본격적으로 연계하는 가운데 불가불 再起, 즉 東學 용어로서의 起包를 하지 않을 수 없었다. 이른바 東學亂의발단이었다. 그리하여 古阜지방 농민들에 의해서 유치된 이 예측할 수 없었던 불길은 延人員 300万 85개 지방 339包를 동원시켰으며,[9] 전례없는 대규모의 農民戰爭을 감행함으로써 封建王朝의 全支配層을 공포 속에 떨게 하였고, 이의 진압을 위해서는 外勢에 의존하는 궁여지책도 서슴지 않게 하였다.

그러면 民意와 人權이 애당초 문제가 되지 않았던 朝鮮王朝의 봉건사회에서, 亂民의 이렇듯 도도한 힘과 민중의 굽힐 줄 모르는 억센 투쟁의욕은 과연 어디에서 오는 것이었을까.

이러한 문제에 대한 종래의 연구는 대체로 세 가지 결론에 도달하고 있다.첫째는 貪官汚吏의 학정 때문이고, 다음은 東學敎門의 伸寃運動과 組織性때문이며, 그 다음은 資本主義勢力의 침투에 대한 對抗意識이 그렇게 하였다는 것이다. 다시 말하면 全琫準의 '起包의 前提' 나아가서는 '東學亂 발발의 前提'는, 朝鮮末期의 정치의 부패성에 대한 항쟁 위에 東學運動이나 民族運動·民族意識이 첨가 작용한 데서였다는 것으로,[10] 이러한 견해는 대체로

---

8) 起包라는 용어는 農民軍이 東學敎門의 包組織을 통해서 擧事함을 말한다. 그러므로 이는 東學敎門의 宗敎的 용어와 관련되는 것이지만, 「全琫準 供草」에서는 農民軍의 蜂起를 모두 이 용어로써 표현하고 있으므로, 本稿에서도 이 용어를 農民軍蜂起의 뜻으로 그대로 사용하기로 한다.

9) 村山智順, 『朝鮮의 類似宗敎』, 1935, p.54, 935.

10) 註 7)의 拙稿.

정당한 이론으로 인정되고 있다. 그러나 起包의 전제조건에 대한 이러한 단
정은, 그것이 動亂 자체의 성격을 규정하는 중요한 근거가 되기 때문에, 우
리는 신중을 기하지 않으면 아니 되겠다. 그리고 이러한 전제가 그같이 중요
한 의미를 지니는 것이라면, 東學亂의 성격 분석을 과제로 삼고 있는 우리로
서는, 종래의 여하한 기성 의식이나 견해에 대해서도 일단은 비판적 견지에
서 이를 검토하지 않을 수 없다. 그리고 그러기 위해서는, 우리의 고찰은 무
엇보다도 먼저 供草 등 東學亂의 先導者인 全琫準 자신의 진술을 통해서, 그
의 起包의 前提가 무엇이었는지를 살피는 것이 좋겠다.

　우리에게 문제가 되는 農民軍 起包의 전제에 관해서, 全琫準은 甲午年 3
월의 東學亂의 발발, 農民軍의 起包에 이르기까지의 古阜民의 동향, 즉 古阜
民亂의 발생과정을 다음과 같이 말하고 있었다.

　　問　昨年三月間 於古阜等地都聚民衆云 有何事緣而然乎
　　供　其時古阜倅額外苛斂幾萬兩 故民心怨恨而有此擧[11]

　즉, 그의 진술에 의하면 그의 古阜民亂 지도는 그곳 牧民官의 苛斂誅求에
반기를 들고 일어난 것이었다. 그리고 古阜郡守 趙秉甲의 주구 내용은,

　　問　雖曰貪官汚吏 名色必有然後事 詳言之
　　供　今不可盡言其細目 而略告其槩
　　　一. 築洑民洑下 而勒政傳令民間 上畓則一斗落收二斗稅 下畓則一斗落收一斗
　　　　　稅 都合租七百餘石
　　　一. 陳荒地許其百姓耕食 自官家給文券 不爲徵稅云 及其秋收時 勒收事
　　　一. 勒奪富民錢葉二萬餘兩
　　　一. 其父曾經泰仁倅故 爲其父建造碑閣云 勒斂錢千餘兩
　　　一. 大同米民間徵收 以精白米十六斗式準價收斂 上納則貿麤米 利條沒食事
　　　一. 此外許多條件 不能盡爲記得
　　問　今所告中之二萬餘兩勒奪錢 行以何名目乎

---

11)「全琫準 供草」初招問目.
　　여기서 '3月間에 都聚民衆 云云' 한 것은, 正月 이래로 계속되고 있었던 古阜民亂
　의 마지막 단계에서(2월말~3월초), 全琫準 등 古阜民들이 수행한 대대적인 暴力
　運動을 말하는 것이다. 그 내용은 註 15), 16) 참조.

152

供　以不孝不睦淫行及雜技等事　構成罪目而行矣
問　此外古阜倖行何等事耶
供　今所陳事件　皆民間貪虐事　而築洑時勒斫他山數百年邱木　築洑役之民丁　不給
　　一錢勒役矣[12]

라고 한 바와 같았다. 즉 그것은 築洑收稅, 陳田 開墾收稅, 建碑勒錢, 大同
貿米를 통한 중간착복, 私山 邱木의 勒斫, 부당한 노동력의 징발, 심지어는
不孝不睦 등의 虛僞構罪의 방법까지도 동원하는 것이었다(富民錢 勒奪). 그
러나 全琫準의 지도하에 진행되고 있는 古阜民亂이 趙秉甲의 탐학에 즉각적
으로 反響해서 일어나고 있는 것은 아니었으며, 또 처음부터 暴力運動으로
서 돌발하고 있는 것도 아니었다. 全琫準이 다음과 같이 답변하고 있는 것을
보면,

問　虐政自初行之　則何故不爲卽時起鬧乎
供　一境人民忍之又忍　終末不得已而行之
問　然則汝自初一次呈狀于官庭乎
供　初次四十餘名等訴　而被捉囚　再次等訴六十餘名　當驅逐矣
問　等訴何時
供　初次再昨年(癸巳年)十一月　再次同年十二月[13]

古阜民들은 1년여를 참고 참아오다가, 마침내는 할 수 없이 1893년 11·12
월에 等訴로써 訴狀을 올려(民狀) 趙秉甲의 반성과 시정을 촉구하였으나,
도리어 捉囚되고 驅逐당하였으므로, 그 후 1894년 正·2·3월에는 다음 문답
에서 보는 바와 같이 운동의 범위를 확대하고 그 강도를 높여,

問　呈營呈邑何時乎
供　昨年正·二·三月間
問　正月以前則不爲呈訴耶
供　正月以前　古阜一邑民狀而已　不爲大端呈訴[14]

---

12) 「全琫準 供草」初招問目.
13) 「全琫準 供草」初招問目.
14) 「全琫準 供草」再招問目.

문제를 監營으로까지 가져가 監司에 대한 呈訴運動을 하고, 나아가서는 운동의 방법을 강화함으로써 계속적인 示威運動과 暴力運動으로서의 民亂을 일으키게까지 된 것이었다. 그것은 全羅監營의 한 官吏와 全琫準 자신이

　　甲午正月十一日　邑民數百　以明禮宮洑加稅一款　聯訴不散 …… 二月十九日　邑民再擧爲援　無賴潑皮　四處嘯集　自監營且派官軍　曉諭歸化 …… 如是未滿十日　按撫(荒)使李容兌　率驛卒八百餘名　攔入古阜　威喝新倅朴源明　使之大索援民狀首　驛卒雹散一邑　橫行閭里　强淫婦女　掠奪財産　鞭扑男丁　捕縛如魚貫[15]

　　問　起包後行何事乎
　　供　起包後　陳荒勒徵稅還推　而自官築洑毁破矣
　　問　其時何時
　　供　昨年三月初
　　問　其後行何事乎
　　供　其後散落[16]

이라고 한 바 등에서 알 수 있다. 1894년 正·2·3월에는 郡守의 부정을 규탄하는 시위가 계속되었고, 마침내는 郡衙를 습격하여 陳荒勒徵稅를 탈환하고 明禮宮洑를 훼파하는 등 實力行動으로까지 돌입하게 되었던 것이다. 민중의 蜂起는 그 횟수가 증가하고 그 방법도 과격하여지고 있어서, 여기에 古阜民의 呈訴運動은 마침내 이른바 古阜民亂·暴力運動으로까지 확대되기에 이르렀으며, 古阜民亂은 이제 절정에 달하게 되고 있는 것이었다.

　물론 全琫準의 경우 이때 이 古阜民亂을 지도하는 목표가 단순히 古阜지역의 貪虐만을 제거하는 것으로 그치려는 것은 아니었다. 그가 이 같은 문제와 관련하여 평소부터 지니고 있었던 궁극 목표는 전국의 貪虐을 제거하

---

15)「東徒問辨」.
　　이 자료는 東學亂 발발 당시의 全羅監司 金文鉉의 軍司馬 崔永年이 진술한 바를 기술한 것이다.
16)「全琫準 供草」初招問目.
　　여기서 法官은 古阜民亂을 일으킨 사정도 起包로 표현하고 있으나, 이는 東學의 包組織과 관계없이 발생하고 있는 古阜民亂이 그 후에 있게 되는 東學亂과 이어지고, 또 全琫準은 그 양자를 모두 주도하고 있어서, 당시로서는 그 구분이 안 되었던 까닭이라고 생각된다.

154

고 民을 안정케 하려는 것, 즉 뒤에 다시 언급되듯이 '濟民'을 하려는 것이었다. 그러므로 그는 앞에서 제시한 問答에서와 같이(註 13·14), 呈營呈邑의 呈訴運動(11·12月과 正·2·3月)을 하는 가운데 古阜民亂을 계획하는 한편으로는, 이 民亂에 참여한 민중을 이끌고 全州를 점령하고 京師로까지 직향하여 廟堂訴寃도 할 것을 구상하고 있었다.[17] 그리고 다른 한편으로는 古阜民亂의 계획을 진행시키면서, 이를 전국적인 大動亂으로 확대 전환시키게 될 때 이용할 倡義文과 檄文도 작성해 두고 있었다.[18] 그러나 그의 이러한 구상이 이때에는 구상으로만 그치지 않을 수 없었다. 그것은 그 같은 행동은 결국 대대적인 軍事行動이 되지 않을 수 없는 것인데, 그들에게는 그러한 준비가 되어 있지 않은 까닭이었다. 古阜民亂을 위해서는 그 領導者 將材가 선발되고도 있었지만 그들만으로는 힘이 미치지 않았다. 古阜民亂이 격렬한 폭력운동으로까지 진전하였음에도 불구하고, 그 지도층이 이를 더 이상 확대시키지 못하고 '散落' '歸化'하였던 것은 그 때문이었다. 이때의 사정에 관해서는 뒤에 다시 상론하겠다.

그러나 古阜民亂이 亂民의 散落 歸化로 일시 평온을 찾게 되는 사정은 오래 가지 못하고 있었다. 이곳 民亂은 정치적으로 완전히 해결된 것이 아니었으며, 全琫準 등은 그들의 운동을 더욱 철저하게 준비하지 않으면 아니 되었다. 정부에서는 古阜民亂을 처리하기 위하여 按覈使 李容泰(兌)를 파견하여 民亂 참여자를 査覈하게 되었는데, 그것은 古阜民의 民亂을 대단히 부당하게 처리하는 것이기 때문이었다. 즉 按覈使는 民亂에 참여한 주민을 모두 東學敎徒로 몰아 체포하고 그 家舍를 불지르며, 본인이 없을 경우 그 妻子를 잡아 강음하고 살육하는 등 지극히 부당한 것이었으며, 呈訴者들이 올린 여

---

17) 註 110) 및 總務處, 『東學關聯判決文集』에 수록되어 있는 이른바 "沙鉢通文" 참조. 여기에는 이 같은 사정을 기술한 것으로 이해되는 4개 項의 決議事項이 기록되어 있다.
　　단, 후술하는 바와 같이, 이 자료를 沙鉢通文으로 보는 데는 문제가 있다. 이 자료에 대한 史料批判은 愼鏞廈, '古阜民亂의 沙鉢通文'(『東學과 甲午農民戰爭硏究』, 1993)에 잘 정리되어 있다.
18) 吳知泳, 『東學史』에 수록된 '甲午 正月 日'부의 倡義文과 檄文은 이같이 이해해야 할 것으로 생각된다. 이것은 이 시점에서 갑자기 마련한 것이 아니라, 癸巳年 11월의 檄文 通文을 기초로 증보 윤문한 것이었다. 註 108), 109) 참조.

러 가지 폐단과 民亂에서 요구하는 바가 반영되지 못하고 있는 것이었다. 古阜民이 앉아서 죽지 않으려면 全面蜂起·全面改革의 길을 택하지 않을 수 없었다. 全琫準은 이때의 사정을,

> 問　散落後因何事更起包乎
> 供　其後長興府使李容兌 以按覈使來本邑 起包人民通稱以東學 列名捕捉 燒灰其家舍 無當者則捕其妻子而行殺戮 故更爲起包
> 問　屢次呈營呈邑 而終是不爲聽施之 故起包耶
> 供　然矣[19]

라고 진술하고 있었다. 그리하여 이때에는 東學敎徒도 죽게 되는 상황하에서, 全琫準은 古阜民 및 이웃 고을의 人民과 東學組織을 연계하여 指導하는 가운데 全面蜂起·戰爭狀態로까지 돌입하게 되었다. 이른바 3月起包·再(更)起包 — 이때부터 비로소 東學敎門의 조직이 정식으로 民亂과 연계되고 그럼으로써 東學亂이라는 명칭이 생기게 된다 — 인 것으로서 東學亂의 시작이었다. 全琫準은 이때 古阜지방이 譏察의 대상이 되고 있는 상황하에서 이곳에서 봉기할 수는 없었고, 茂長지역에서 戰勢를 갖춘 후 古阜지역으로 북상하여 白山에 웅거하는 작전을 세우고 있었다.[20] 그러므로 東學組織이 개입하여 봉기하게 되는 이 3月起包도, 실은 東學이라고 하는 조직과 그 이념을 통해서 전국적으로 일시에 일어난, 방대한 규모와 원대한 계획의 東學理念 실현을 위한 改革運動이 아니라, 癸巳年 11월부터 여러 차례 일어나고 있었던 古阜民衆과 全琫準의 呈訴運動 및 民亂의 연장선상에서, 피동적으로 그 蜂起 그 개혁이 추구되고 있는 것이었다. 全琫準은 그러한 사정을 다음과 같이 진술하고도 있었다.

> 問　汝是全羅道東學魁首云 果然耶
> 供　初以倡義起包 無東學魁首之稱[21]

---

19)「全琫準 供草」初招·再招問目.
20) 註 2)의 "全琫準 判決宣告書".
　　愼鏞廈, 前揭書 '甲午農民戰爭의 第1次 農民戰爭' 참조.

그가 비록 東學의 지방 간부인 古阜接主이기는 하였지만, 그의 擧事는 東學魁首의 입장에서가 아니라 貪官汚吏의 수탈에 신음하는 민중을 救濟하기 위한 憂國志士의 倡義運動으로서였다는 것이었다. 더욱이 그가 봉기하게 된 것은,

    問　全羅監司以下各邑守宰皆貪虐耶
    供　十居八九
    問　然則居內職者與宰外任之官員　皆貪虐耶
    供　居內職者以賣官鬻爵爲事　勿論內外皆貪虐耶[22]

라고 응답하고 있는 것에서 알 수 있는 바와 같이, 古阜郡 한 지방의 정세에 의해서만 야기된 것이 아니고, 全羅 全道 나아가서는 전국적인 虐政을 배경으로 전개되고 있는 것이었다.

　　요컨대 東學亂의 발발과 3月起包의 계기를, 그것을 지도한 全琫準의 진술을 통해서 살피면, 그것은 哲宗朝의 晋州民亂 이래로 빈발하고 있는 각 지방의 일반 民亂과 그 동기나 형태에서 조금도 다를 것이 없는 것이었다. 그러므로 우리는 여기에서 이상에 살펴온 供草의 기록을 통해서 다음과 같은 결론에 도달할 수 있을 것이다. 즉 全琫準의 3月起包의 前提, 東學亂 발발의 前提가 된 것은 東學思想이나 東學敎門의 聚會運動과 직접 관계가 있는 것이 아니었고, 또 民族的 계기의 문제도 이 시점에서는 從的인 문제였으며, 民族問題가 起包의 주된 계기가 되는 것은 9月起包에서의 일이었다. 이 부분은 제5장에서 상론된다. 그것은 다름아닌 全琫準과 古阜民 자신들의, 학정에 항거하는 對抗意識의 성장과정, 연속되는 呈訴運動 民亂過程이었다는 것이다. 古阜民亂과 3月起包의 이 같은 관계를 인정할 수 있다면, 그 후에 전개되는 全動亂에서의 추진력의 문제도, 哲宗 13년의 民亂발생에서 高宗 31년 古阜民亂에 이르기까지, 30여 년간에 걸쳐 일어난 農民層의 蜂起·反亂과 긴밀한 관련을 가지면서 검토해야 한다는 점이 인정될 것이다. 이 사이

---

21)「全琫準 供草」初招問目.
22)「全琫準 供草」再招問目.

에, 그것이 비록 연속적으로 일어나고 있는 것은 아니었지만, 점차적으로 증대되고 일상화되어 가고 있는 農民叛亂이 없었던들, 저렇듯 광범위하게 전개된 甲午年의 大動亂은 상상도 할 수 없었을 것이며, 그것은 또한 저렇듯 심각한 정치적 사회적인 영향·변혁을 초래하지도 못하였을 것이다.

그러므로 이 動亂을 이해하기 위해서는 먼저 그 前提, 그 시초적 형태로서의 民亂의 본질을 분석 검토하는 데서부터 출발해야 하겠다. 그리고 그것을 특히 古阜民亂의 좁은 테두리에서 벗어나, 자기들의 經濟狀態의 즉각적이고 정확한 改革의 실현을 요구하고 있었던 농민층의 행동의 조류, 즉 30여 년간의 줄기찬 民亂의 素因이 朝鮮封建社會의 역사적 발전과정 속에서 추구되지 않으면 아니 되겠다.

이 같은 民亂의 원인은 일반적으로 三政의 紊亂과 封建支配層의 가혹한 착취에 있는 것으로 알려져 있으나, 그것은 現象 자체의 설명에 그치는 것이고, 民亂을 추진하고 있는 당사자들의 內面的·主體的 계기가 되는 것은 아니었다. 民亂의 원인으로는 전자의 사정이 우선 크게 작용하는 것이기는 하지만, 그러나 근원적으로는 당사자와 관련된 후자의 문제가 보다 중요하게 작용하는 것으로 생각된다. 그것은 앞 논문에서 이미 지적한 바이지만,[23] 요컨대, ① 한편으로 생산력이 발전하고, 농촌사회의 分解와 變動이 촉진되며, 構造的 矛盾이 심화되는 가운데 被支配層 農民層의 批判意識·階級意識이 성장하게 되고, ② 다른 한편으로 封建的인 신분제의 해체과정이 한층 더 진행되고, 봉건적인 賦稅制度의 均賦均稅化 과정이 더욱더 촉진되며, 陽明學과 天主敎가 또한 확산되는 가운데 社會平等意識 平等思想이 성장하며, ③ 또 다른 한편으로는 兩班社會가 분해하여 沒落兩班이 늘어나고 被支配層의 政治意識이 성장하는 가운데, 그들의 현실을 인식하는 政治思想에 儒敎經典에서의 變易思想이 도입 확산되고, 湖南지역 實學思想에서의 社會改革사상이 또한 수용되고 있어서, 이 같은 여러 사정들이 종합되는 가운데, 이 시기에는 被支配層으로서의 農民層과 沒落兩班, 進步的 知識人들에게 부패한 支配

---

23) 拙 稿, '哲宗朝의 民亂發生과 그 指向 — 晉州民亂 按覈文件의 分析'(本書 所收).
　　　'古阜民亂의 社會經濟事情과 知的環境 — 東學亂·農民戰爭의 背景 理解와
　　　관련하여'(同 上書) 참조.

層 執權勢力에 대한 鬪爭意識 思亂意識이 크게 형성되고, 나아가서는 개혁과 변혁의 욕구가 고조되고 있었기 때문이라는 점이었다.

그뿐만 아니라 이러한 사정은 國交擴大 開港通商 이후 한층 더 심화되고 있었다. 通商에 따르는 米穀貿易의 증대는 農業生産, 土地兼併을 자극하는 가운데 농촌사회의 분해를 더욱 촉진시키고, 신분제의 진일보한 해체와 賦稅制度에서의 均賦均稅化 정책의 촉진, 그리고 基督敎의 확산은 피지배층의 社會平等意識을 더욱 강화시키고 있었기 때문이었다. 그러한 가운데 兩班官僚 地主層의 수탈의 확대 강화는 몰락양반이나 피지배층의 鬪爭意識·思亂意識을 한층 더 고조시키지 않을 수 없었다. 더욱이 이 시기에는 東學이 또한 지하에 잠복한 가운데 확산되고 있어서 그 勢는 더욱 커지고 그 분위기는 더욱 고조되고 있었다. 古阜民亂 전의 이 지방민들이 '每日 亂亡을 謳歌' 하고 있었음은 그 단적인 표현이었다(註 110 참조). 그리하여 晋州民亂에서 古阜民亂에 이르는 30여 년간, 民亂으로 표현된 農民運動은 이러한 사회 내부로부터의 변화가 그 조건과 전망을 부여하는 것으로, 이것은 필경 전국적·역사적 大動亂을 야기시키고도 남음이 있을 만한 충분한 분위기 조성이 아닐 수 없었다.

3. 農民軍의 組織과 構成 問題

전술한 농촌사회의 변동과 30년간의 民亂·農民蜂起는, 거기에 어떠한 組織力 指導原理가 부여된다면, 大動亂으로 폭발하고 燎原의 불길과 같은 기세로 확대될 충분한 정세를 조성하고 있었다. 여기에 등장한 것이 농민층을 직접 지도하고 나선 民亂의 지도자이고 書堂 訓長이며 東學接主인 全琫準이요, 動亂에 包組織을 제공한 東學敎門이었다. 그러므로 全琫準 起包의 본질 나아가서는 東學亂 발발의 본질이 구명되기 위해서는, 이들 全琫準과 東學敎門이 農民軍 蜂起의 組織力 指導原理와 어떻게 관련되고 있었는지 검토되지 않으면 아니 되겠다. 그리고 이에 있어서는 무엇보다도 먼저, 광범위하게 일어나는 地方民 農民層을 수습하여, 종래의 소규모적이고 자연발생적이었던 각 지역의 民亂을, 지역적 統一體에 불과한 것이기는 하였지만 일단의 진전이 아닐 수 없는, 農民戰爭의 단계에까지 이끌어가는 조직력, 실천적 추진력이 어느 쪽으로부터 제공되고 있었는가 하는 것이 기본문제로서 검토되어야 하겠다.

그런데 이제 종래의 연구성과를 보면, 動亂에서는 東學의 包組織이 동원되고 全琫準이 또한 東學의 接主였다는 사실에서, 그 추진력이 東學敎門에 있는 것으로 되어 있다. 확실히 평면적인 고찰에 의하는 한 動亂에서 東學組織의 역할은 지대한 바 있다. 그것은 다음과 같은 東學組織의 동원과정을 통해서 분명해진다.

즉, 全琫準 등이 마침내 起包하여 白山에 웅거하게 되었을 때, 高敞·茂長·興德·井邑 등지에서 각기 頭領 인솔하에 4,700명이 孫和中包에, 泰仁에서 1,300명이 金開南包에, 泰仁·金堤·金溝 등지에서 2,000명이 金德明包로 각각 가세하여, 全軍이 모두 全琫準의 봉기에 호응하게 되었고, 이어서 湖南倡義所의 倡義文(註 113 참조)이 포고되고 檄文이 발포된 후에는 靈光·沃溝·萬頃·務安·任實·南原·淳昌·鎭安·長水·茂朱·扶安·長興·潭陽·昌平·長城·綾州·光州·羅州·寶城·靈岩·康津·興陽·海南·谷城·求禮·順天·全州 등지의 包組織이 全琫準 등에 호응하게 되어 여기에 지역별 農民軍은 형성되었다.[24] 그리고 그 후 黃土峴전투에서 完兵을 격파하고, 長城戰에서 京兵에 승리를 거두며, 全州占領을 거쳐 각 지방의 郡衙에 執綱所를 설치하고, 9월에 再擧의 기치를 올리게 되었을 때에는 아래와 같이 각 지방의 東學組織은 거의 전부 動亂에 가담하게 되었다.

全羅北道	24地方	155包
全羅南道	18	72
忠淸南道	12	48
忠淸北道	6	17
慶尙南道	4	6
京 畿 道	7	13

---

24)「全琫準 供草」初招問目.
　　吳知泳,『東學史』, p.111.

江原道	3	6
黃海道	9	20
平安南道	2	2
全國總計	85	339[25]

이 엄청난 包組織의 數에서, 동원된 包 構成員의 사회적 성격을 고려에 넣지 않고 표면적으로만 보기로 한다면, 動亂은 확실히 東學敎徒에 의해서 통일적으로 파악되고 추진되었음이 분명하다 하겠다. 그리고 그러한 점에서 朝鮮王朝 정부에서는 亂에 대한 세심한 검토도 할 겨를이 없이 이것을 너무나 당연하고 아주 간단하게 東學匪徒의 亂으로 규정했던 것이며, 先學들의 연구성과도 또한 東學組織과 東學思想을 너무나 과대평가하였던 것이다. 그러나 動亂에 東學의 包組織이 동원되었다는 이유로 해서, 과연 動亂의 추진력을 東學敎門 東學思想에 있는 것으로 규정할 수 있을까? 그리고 그 때문에 이 動亂이 東學匪徒의 亂으로 규정되어야 할 것이었는가? 起包의 본질과 東學亂의 성격을 검토하고 있는 우리로서는 이 같은 논리에는 커다란 회의를 느끼지 않을 수 없으며, 이 같은 문제는 좀더 세심히 분석 검토되어야 할 것으로 생각된다. 그리고 그러기 위해서는, 첫째 農民軍이 東學敎門에 의해서 통일적으로 파악되고 지휘되고 있었는지의 여부와, 둘째 動亂에 동원된 農民軍의 構成에 대한 성격 검토가 근본문제로서 선행되지 않으면 아니 될 것으로 생각하는 바이다.

1) 農民軍 組織의 統一性 與否

우리는 위에서 東學의 包組織을 통한 動亂의 엄청난 확대과정을 보고 있으며, 또 이로 인해서는 動亂이 東學敎門에 의해서 추진되었던 것으로 인식될 수밖에 없었을 것으로 생각되기도 한다. 그러나 그러한 사실이 곧 東學敎門 자체가 動亂의 추진에 관하여 적극성을 띠고 있었다거나, 또는 東學敎團의 首腦部가 敎團의 조직과 명령계통을 통해서 動亂을 주도적으로 추진하고 있었음을 뜻하는 것은 아니라고 생각된다. 그 같은 사실은 農民軍을 先導하

---

25) 村山智順, 『朝鮮의 類似宗敎』, pp.52~54.

고 있었던 全琫準이 그의 供草에서 다음과 같이 답변하고 있는 것으로써 확
인할 수 있다. 즉,

    問　再次起包時(3月) 議及崔法軒乎
    供　無議及矣
    問　崔法軒是東魁 糾合東黨 何不議及耶
    供　忠義各其本心 何必議及法軒後行此事乎
    問　汝是全羅道東學魁首云 果然耶
    供　初以倡義起包 無東學魁首之稱[26]

이라고 한 것을 보면, 全琫準은 자기자신이 東學敎門의 지방 간부인 接主임
에도 불구하고, 자기의 起包를 上司인 敎主 崔時亨에게 의논하지도 않았고,
또 忠과 義로서 起包하는 데 하필 東學敎門의 敎主에게 의논한 후 거사할
필요가 어디 있겠느냐고까지 말하여, 그 필요성조차 인정하지 않고 있었다.
이는 사실이었다. 당시 敎團本部의 총책임자는 法軒 崔時亨이었는데, 그는
全琫準, 孫和中 등이 起包할 때 이를 지시하지도 않았고, 이에 和應하지도
않았으며, 그뿐만 아니라 이를 여러 가지 방법으로 저지하고 토벌하려고까
지 하고 있었다. 이 같은 사실은 東學측의 몇몇 자료에 아래와 같이 명백히
기술되어 있다.[27]

---

26)「全琫準 供草」初招·再招問目.
27) 1. 吳知泳, 前揭書, p.138.
　　道로써 亂을 지음은 不可한 일이다. 湖南의 全琫準과 湖西의 徐璋玉은 國家의
　　逆賊이오 師門의 亂賊이라 우리는 빨리 모여 그것을 攻擊하자.
　 2. 天道敎,『天道敎會史 草稿』, pp.456~461.
　　　① 通喩文
　　不俊이 先師의 傳授하신 恩을 猥承하야 斯道를 闡揚하기 不能하고 時人의 指目
　을 酷被하야 禍網을 屢罹함에 荒谷에 竄身한 者 迄今 三十年에 智能이 不足함이
　안이라 天命을 敬하고 天時를 待코져하야 隱忍自重이러니 近聞한즉 敎徒가 本分
　에 不安하고 恒業을 不務하고 黨與를 各樹하야 互相聲援함에 疇昔의 睚眦의 怨報
　함에 至하야 上으로 君父宵旰의 憂를 貽하고 下으로 生靈塗炭의 患을 致하니 興言
　及此에 엇지 寒心치 안으리오 如是 布喩한 後에 幡然改悟하야 潛居守道치 아니하
　고 一向執迷하야 同惡相連하면 逆天背師함이라 斷當 鳴鼓黜敎할지니 以此로 咸須
　知悉하야 一遵無違하라.
　　　② 瞽告文

그러므로 湖南지방에 있으면서 起包를 계획하고 있던 全琫準은 教團本部·東學組織과는 관계없이, 그리고 敎理와도 관계없이 우국지사로서 독자적으로 일을 추진하는 수밖에 없었다. 東學接主로서 東學敎門에 대하여 이같이 생각하는 예는 비단 全琫準에 그치는 것이 아니었다. 湖南지방의 東學接主들은 많은 경우 이 지역에 이른바 '南接'이라고 하는 東學組織을 만들 때부터 교단본부와는 그 방향과 사회적 性向을 달리하는 사람들로 구성되어 있었으므로,[28] 3月起包 당시 全琫準과 더불어 農民軍 蜂起와 動亂의 추진에 핵심적 역할을 한 이 지역 起包者들은 모두 東學敎門의 명령계통에 제대로 따르지 않고 있었다. 忠淸道를 중심으로 한 北接과 全羅道를 중심으로 한 南接 사이에 행동통일이 이루어지지 않고 나아가서는 대립관계가 형성되고 있었던 것도 그 때문이었다.

東學敎門의 본부와 地方接主 사이의 결합관계는 그렇다 하고, 그러면 動亂을 적극적으로 추진해 나가고 있었던 湖南지방에서는 農民軍部隊로서의 통일적 조직이 縱的으로나 橫的으로 긴밀하게 확립되어 있었을까? 일반적으로 東學亂이라면 전국의 農民軍은 全琫準의 지도하에 聚散進退가 자재로이 되고, 그는 總司令官으로서 農民軍을 통일적으로 파악하며 거기에는 일

父의 讐를 報코자 할진대 맛당히 孝할지오 民의 困을 拯코자 할진대 맛당히 仁할지라 孝의 所感에 人倫이 可明이오 仁의 所推에 民權을 可復이니라 더구나 經에 云한바 玄機를 不露하고 心急치 말라 하엿나니 是는 先師의 遺訓이시라 運이 아즉 未開하고 時 또한 未至하엿나니 妄動치 말고 眞理를 益究하야 天命을 勿違하라.
  ③ 通諭文
夫 吾道는 南北某接을 勿論하고 均是 龍潭의 淵源이나 衛道尊師하는 者는 惟一 北接이라 今聞한즉 湖南의 全琫準과 湖西의 徐仁周가 門戶를 別立하야 南接이라 爲名하고 倡義함을 藉稱하야 平民을 侵害하고 道人을 戕害함에 其極이 罔有하다 하니 此를 早絕치안이 한즉 薰蕕를 莫辨하고 玉石이 俱焚할지니 願八域各包中에 我 北接을 信仰하는 者는 書到하는 同時에 趣向하는 誠心을 奮發하야 各該包頭領의 知悉團束함에 一遵하야 絲毫라도 違越함이 無하고 師門亂賊을 齊聲共討함이 可하다.
  3. 侍天敎, 『侍天敎歷史』 下, 第二世敎主海月大神師 甲午條 75~78에도 같은 내용의 通文이 수록되어 있다.
28) 南北接의 유래에 관해서는 다음의 자료를 참조할 수 있다.
  「全琫準 供草」再招問目.
  本稿, 註 27)의 2의 ③ 通諭文, 註 81), 82), 165).
  吳知泳, 前揭書, p.136, 南北接爭端.

사불란한 명령계통이 세워져 있었을 것으로 생각되지만 현실은 그렇지가 않았다. 全琫準 자신의 진술에 의하면 거기에는 종적으로나 횡적으로 어떠한 조직적 통일적 명령계통도 세워져 있지 않았다. 그러한 사실은 全琫準이 崔慶善의 起包에 관하여 언급한 다음과 같은 진술을 통해서 살필 수 있다.

> 問　崔之光羅行　是汝所使乎
> 供　不是矣身所使　而只緣渠之於光羅　曾多親知　易於起包耳
> 問　崔曾於汝　有相師之分否
> 供　只以親舊相從　無師授之分也[29]

이에 의하면, 農民軍의 규합에 노고를 같이하고 있었던 崔慶善은 全琫準과 上下관계의 명령계통에 있으면서 그 일을 하고 있는 것이 아니라, 역할분담을 하고 있는 것이기는 하지만, 동등한 자격으로서 각자가 자기주장 자기판단에 의해서 그 일을 하고 있는 것이었다.

물론 이 같은 사실은 崔慶善의 경우에만 한하는 것이 아니었다. 全琫準은 農民軍의 한 지도자인 金開南과의 관계에 관해서도 다음과 같이 언급하고 있었다.

> 問　前日所供　汝於金開南　初無相關云　而今見此簡則　間多相關者何也
> 供　金則矣身勸以合力王事　終不聽施　故始有所相議者　而終則絶不相關[30]

이는 全州和約 이후의 사정을 말한 것인데, 그 이전에는 두 사람 사이가 橫的으로 서로 의논해서 일을 추진하는 관계였으나, 그 이후에는 각자 자기판단에 의한 행동을 하게 되었다는 것이었다. 動亂 추진에 대한 의견차이로 두 사람은 軍組織에서와 같은 긴밀한 관계를 갖지 못하고 있음을 보는 것이다.

農民軍의 조직이 軍部隊로서 종적으로나 횡적으로 통일적인 명령계통을 세우지 못하고 있었음은, 農民軍 巨頭들이 직접 관장하고 지배하는 한 지방 내에서도 마찬가지였다. 鄭碩謨의 기록에서 볼 수 있는 金開南과 金三黙의

---

29)「全琫準 供草」4次·5次問目.
30) 同 上, 4次問目.

관계는 그러한 예이었다.

> 金化汝泰仁之舊族　而三默其號也　素有名望 …… 三默亦東學之魁　雖不起包　有數千之衆　與金開南爲從兄弟　而開南甚尊敬之[31]

이에서 보면, 金三默은 東學의 간부로서 金開南과 從兄弟간이었고 開南이 존경하는 터이었음에도 불구하고, 開南이 起包하여 南原 일대에 웅거하고 있을 때, 그는 起包하지도 않았고 이에 가세하지도 않고 있었다. 이러한 사정은 金開南과 그의 직접 관할하에 있는 휘하 부대와의 관계에서도 마찬가지였다. 위의 기록에 의하면, 그는 南原에 웅거하면서 全羅左道를 統轄하고 있었는데, 거리가 먼 遠郡에는 그의 威令이 미치지 못하였고, 따라서 각 지방에 산재하고 있는 農民軍의 하부조직에서는 '誅求人民'하는 현상이 발생하고 있었다.

그뿐만 아니라 扶安지방 같은 곳에서는 金洛喆·金洛鳳 형제가 東學組織을 이끌고 있었는데, 이들은 全琫準과 이웃한 곳에 있으면서도 그 계보가 崔時亨에 직속하고 있는 까닭에, 그리고 그들의 階級的·制約性과도 관련하여 (이들은 地主였다), 全琫準 등의 農民軍 蜂起에 보조를 같이하기 위해서가 아니라, 이 고장 守令·鄕吏·邑民 등의 요청에 따라 타지역 農民軍의 進駐 掠奪을 막고 邑民을 보호하기 위해서 會所를 설치하고도 있었다.[32] 이 같은 현상은 비단 이 지역에서의 일만이 아니었을 것으로 생각된다.

요컨대 이상에서 검토한 바를 종합하면, 農民軍은 東學의 包組織을 통해서 起包하였기에, 그것은 東學教門에 의해서 軍組織과 같이 통일적으로 지휘 통솔되고 있는 듯이 생각되지만 실은 그렇지가 못하였다. 湖南지방 農民軍은 그러한 명령계통에 따라 일사불란한 軍組織으로서 편성되고 봉기한 것

---

31) 「甲午略歷」. 이 冊은 鄭碩謨라고 하는 당시 24세의 청년이 大院君의 曉諭使로서 金開南을 방문하였다가, 도리어 監禁당하는 바 되어, 農民軍 조직의 內幕을 세심히 관찰하게 된 體驗記이다. 東學亂에 관한 民間側 자료가 稀貴한 오늘날에는 그 史料的 價値가 매우 큰 것으로 본다.
32) 「金洛鳳履歷」. 이 자료는 근년에 발굴되어 이진영 씨 해제로 『全羅文化論叢』 7(1994)에 수록되어 있다.

이 아니라, 각 지방의 東學 巨頭들이 각기 자기의 능력에 따라 農民軍을 편성하고, 타지방 頭領들과 보조를 맞추고 협력을 하면서 擧事를 하고 있는 데 불과하였다. 그러한 巨頭들은 수십 명에 달하였고, 全琫準보다 큰 세력을 형성하고 있는 자도 많았다.[33] 그리하여 湖南지방의 蜂起者가 6, 70만 명이나 되었는데도,[34] 全琫準이 직접 지휘 통솔할 수 있는 軍은 4천 명에서 1만 명을 넘지 못하고 있었다.[35] 그러므로 湖南地方의 農民軍 전체는 非組織的이고 고립분산적이며 無系統的인 것이었다고 하겠다. 이 같은 사정은 全琫準 등의 裁判에 참여한 바 있는 日本領事에 의해서도 선명하게 지적되고 있었다. 그는 農民軍의 조직을 그의 본국에 아래와 같이 보고하고 있었다.[36] 설사 農民軍에게 軍組織으로서의 통일적 系統性의 개념을 인정한다 하더라도, 그것은 지역적 통일체의 범위를 넘어서는 것이 아니었다.

2) 農民軍의 身分階級 構成

東學亂으로 지칭되고 있는 甲午動亂의 성격은 거기에 참여한 사람들의 身

---

33) 「東學黨征討關係記錄 李圭泰往復書竝墓誌銘」.
　　目今府內匪類 類各有接 接主卽其魁也 而或有大小之別 全琫準金開南 卽所謂巨魁 而尤有大於此者 茂長孫和中務安之裵相玉 各擁包衆 至於屢萬之多 較之於全金 當以倍徙論 第以全金則惡名喧藉京鄕 至有入燭於朝家 故必以此兩漢謂之以魁 而若論其巨魁 則當以孫裵爲拇指 其次 如崔敬善吳權善李士明南應三李邦彦等屢十輩 皆全金一類 而罪惡陷天 則與之無間焉 而歷數各邑 指不勝摟 而以尤甚言之 則茂長靈光光州潭陽長興務安咸平同福興陽扶安長城古阜等邑 當爲大窟穴 統而言之 則無邑不窟穴 設使全金被獲 其外巨魁 殆可斗量 顧今勦除之會 不得不一一殲魁 然後可以望安息
　　이 자료는 動亂 당시 兩湖巡撫先鋒將으로 파견된 李圭泰가 出陣중에 예하 부대로부터 받은 보고 및 農民軍에게서 압수한 文書를 그가 죽은 후에 그의 墓誌銘과 함께 수록한 基本史料이다.
34) 註 135)의 원문 참조.
35) 「全琫準 供草」初招問目.
　　全琫準 휘하의 農民軍은 本來所率이 4천 명으로서 이들은 自願者이고, 그 밖에는 招募한 軍士인데, 公州 진격시에는 그 수가 1만여 명에 달하고 있었다.
36) 註 3)의 日本領事 報告書에는 다음과 같이 기술되어 있다.
　　前記 各 地方에서 일어난 東學黨은 서로 연락을 통해 一致된 運動을 한 것이 아니라, 各道 各地 모두 그 巨魁를 달리하고 조금도 聲息을 서로 通한 形跡이 없을 뿐만 아니라, 같은 地方의 黨員 사이에조차도 서로 意見을 달리하고 서로 爭鬪한 사실조차 있습니다.

分階級 構成을 파악하면 더욱 분명하여질 것이다. 農民軍이 모두 東學教徒였다면, 그 軍部隊의 조직이 설사 명령계통이 서 있지 않고 非組織的이었다 하더라도, 그 動亂은 당당한 東學教徒의 亂이 될 것이고, 그렇지 아니하고 農民軍의 많은 부분이 다른 신분계급으로 구성되어 있었다면 그 動亂을 東學教徒의 亂으로 규정하는 것은 적합하지 않기 때문이다. 그런데 당시 東學의 包組織을 통해서 起包한 農民軍의 신분계급 구성은 그렇게 단순하지 않았으며, 대략으로 파악하더라도 다음과 같이 여러 종류의 신분계급이 참여하고 있었음을 볼 수 있다.

(1) 教徒層과 起包

3月起包로서 시작되는 東學亂은 東學教徒의 亂이란 뜻에서 연유하는 것이므로, 이 亂에 참여한 農民軍은 모두 東學教徒였을 것으로 생각된다. 그러나 이 動亂은 그 教團本部의 명령계통과 지시에 따라 발발하고 추진된 것이 아니었으며, 오히려 교단본부에서는 이를 막으려 하였으므로, 東學教徒라고 모두가 3月起包의 이 動亂에 참여하게 되는 것은 아니었다. 교단본부의 지휘 통솔하에 있었던 湖西지역의 北接에서는 말할 것도 없고, 湖南지역 내의 東學組織이라 하더라도 교단본부와 연결되는 包에서는 특히 그러하였다. 반대로 湖南지역의 南接에서는 교단본부의 훈령이 있었음에도 불구하고, 그 指導層이 그 지시를 거역하고 東學의 테두리를 벗어나 이 3月起包를 단행하고 있었으므로, 이때의 起包에는 이 지방의 教徒가 참여하게 되는 것은 말할 것도 없고, 그 밖에 많은 일반인이 참여하게 되고 있었다. 그리하여 이 경우에는 교단본부의 반대에도 불구하고 東學教徒가 全農民軍의 중요한 일부를 구성하고 있었다.

그러면 3月起包에 참여한 이 같은 南接의 教徒는 全農民軍 중에서 어느만한 비중을 점하는 것이었을까? 다시 말하면 農民軍은 東學教徒層으로서 구성되는 바가 많았을까, 아니면 일반 農民層으로서 구성되는 바가 많았을까? 農民軍의 구성에 관해서는 무엇보다도 이 같은 문제가 궁금한데, 이러한 문제에 관하여 全琫準은 그가 起包하였을 때의 起包民의 구성을 다음과 같이 말하고 있었다.

問　古阜起包時　東學多乎　寃民多乎
供　起包時寃民東學雖合　東學少　而寃民多
問　汝起包時所率　皆是東學耶
供　所謂接主皆是東學　其餘率下　稱以忠義之士居多[37]

이러한 供述에서 보면, 그가 古阜에서 起包하였을 때의 農民軍 가운데에
는 東學敎徒와 일반인으로서의 寃民이 합세하기는 하였으나, 敎徒는 적고
일반 人民으로서의 寃民은 많았다. 그리고 그가 통솔하고 있는 起包民도 그
들을 指導하는 接主는 모두 東學이었지만, 그 밖의 사람들 가운데에는 東學
敎徒가 있기는 하였으나 이들보다는 忠義之士로 부를 수 있는 일반인이 더
많았다는 것이었다. 말하자면 우리가 여기서 주목하게 되는 것은, 이른바 東
學亂을 일으키고 있는 農民軍은 전부 東學敎徒로서 구성되고 있는 것이 아
니라, 敎徒는 여러 신분계급 가운데 하나로서 주로 指導層을 이루고 있는 데
불과하였다는 사실이다.

　더욱이 이 경우 이러한 接主·指導層도, 그들이 모두 東學敎徒이기에 그
종교적 信心에서 起包에 참여하고 있는 것은 아니었으며, 따라서 그들이 敎
徒라는 점에서 그 起包를 東學敎徒의 亂으로 부를 수 있는 것도 아니었다.
그러한 사람도 더러는 있었겠지만, 이때의 農民軍 指導層의 起包는 濟民하
고 輔國安民할 것을 목표로 하는 忠義之士로서 참여하는 바가 많았다. 전술
한 바와 같이 全琫準이

問　汝是全羅道東學魁首云　果然耶
供　初以倡義起包　無東學魁首之稱(註 26)

이라고 하였음은 바로 그러한 사정을 말함이었다. 이는 그가 비록 古阜接主
이기는 하였지만, 그의 起包가 東學魁首·東學接主의 자격으로서가 아니라,
忠義之士의 자격으로서 倡義했다는 것이었다. 그와 보조를 같이하여 起包에
참여하고 있었던 그의 同志, 각 지방의 東學接主들도 같은 입장이었을 것으
로 생각된다.

---

37)「全琫準 供草」初招·再招問目.

168

그뿐만 아니라 教徒를 표방하는 指導層 가운데에는, 자기의 생명·재산의 안전과 보호를 위하여 일시적으로 教徒가 된 자, 또는 亂世 속에서 東學을 빙자하여 자기 욕망을 만족시키려는 기회주의적인 似而非教徒도 있었다.[38] 弘農安馬峴接主 金洛先은 본시 船業을 하고 있었던 '饒實之民'이었는데 東徒에게 家産을 털린 후에는 '求生之計'로서 受道하고 接主가 되었으며,[39] 鞠基春은 본시 潭陽지방에서 郡役에 종사하는 아전이었는데 '保家之計'로서 潭陽巨魁 南應三接主의 書記가 되고 있었다.[40] 그리고 바로 이 南接主도 金開南의 신임을 받아 金開南 부대의 典糧官이라는 요직을 맡고 있었으면서도, 9月起包의 중대시기에 이르러서는 '稱病不赴'하여 그 대열에서 탈출하고 있었다.[41] 이들의 起包에 대한 태도는 소극적이고 수동적이었으며, 따라서 動亂의 추진에 대한 의욕은 박약하고 기회주의적이었다.

물론 教徒 가운데에는 지극히 열성적인 信心과 대단한 전투의욕을 보여주는 戰士가 있기도 하였다. 그러나 그러한 教徒 가운데 혹자는 復讐 報復에 지나친 열의를 보이고 있어서, 전투시에는 教徒 박해자의 가옥은 틀림없이 放火되었고, 반대로 官軍이 승리하게 되면 보복적인 피해를 입게 되어, 이러한 보복전이 수차 되풀이되고 나면 一里之間에 人家는 모두 烏有로 돌아가는 것이 상례가 되고도 있었다.[42] 그리고 민가에 대한 討索行悖도 예사로 행하여졌다. 그러나 이 같은 사실이 본질적 의미에서의 動亂의 추진력이 될 수 없음은 말할 것도 없는 일이었다. 그것은 이 같은 私怨에 기인한 제반 폭력운동은, 農民軍 지도부의 動亂 추진방향을 저해하는 것으로서, 그 본부에서 엄격히 금하고 있는 것이기 때문이었다. 全琫準은 이들을 '不恒之徒'로 간주하였으며,[43] 農民軍의 指導방향과 動亂 추진의 理念에는 거리가 먼 존재로

---

38)「黃海道東學黨征討略記」.
　　「全羅道民擾報告」1, 全羅監司竝招討使合啓大槪(日本公使館記錄).
39)「東學黨征討關係記錄 宣諭榜文竝東徒上書所志謄書」.
40)「甲午略歷」.
41) 同 上.
42)「黃海道東學黨征討略記」.
　　「全羅道民擾報告」1, 陰 4月 16日 忠淸道監司電報.
43)「全琫準 供草」初招問目.

보고 있었다.

(2) 農民層과 起包

起包라는 東學의 용어로 은폐되기는 하였으나, 農民軍의 하부 主動體가 된 것은 東學敎徒와는 구분되는 선량한 農民層이었다. 이들은 전기한 全琫準의 供述에, 起包 때 寃民과 東學이 비록 합세하기는 하였으나 東學은 少하고 寃民은 多하다(起包時 寃民東學雖合 東學少 而寃民多)라든가, 소위 接主는 모두 東學이지만 기여 率下는 忠義之士라 칭할 자가 많다(所謂接主皆是東學 其餘率下 稱以忠義之士居多 ― 註 37)고 한 데서 보는 바와 같이, 誅求에 시달린 寃民이었고, 이를 是正하고 輔國安民을 기하려는 忠義之士들이었다. 그리고 이들 農民層은 按覈使 李容泰가 古阜民亂 査辦 때에 民亂에 참여한 농민을 모두 東學敎徒로 몰아 가옥을 불지르고 妻子를 殺戮한 데서 봉기한 일반 농민층(按覈使來本邑 起包人民通稱以東學 列名捕捉 燒灰其家舍 無當者則捕其妻子而行殺戮 故更爲起包 ― 註 19)과 관련되고 있으며, 한걸음 더 나아가서 晋州民亂 이래로 30여 년간 줄기차게 民亂을 추진한 광범위한 全農民層과 연결된다. 그러므로 이들 농민층의 動亂에서의 목적의식은, 東學敎徒가 교단본부의 지시를 따라야 하는 것과는 본질적으로 그 각도를 달리하는 것이었다고 하겠다.

그러한 점에서, 動亂이 발생하고 있는 현지의 監司, 兵使, 招討使 등의 東徒再起에 관한 飛報가 시시각각으로 그 위급함을 알려오고, 封建支配層 전체가 이들 농민층을 전체로 惑世誣民하는 東學匪徒로 몰아댈 때, 사태를 정확히 관망하고 있는 일부 爲政者측에서는 東徒와 一般農民의 양자를 구분하고 있었다. 그러한 예를 우리는 우선 領敦寧府事 金炳始의 경우에서 볼 수 있다. 그는 정부가 東徒봉기에 놀라 淸에 援兵을 청하게 되자 이에 반대하는 견해를 주장하는 가운데서, 農民軍에 관하여 다음과 같이 말하고 있었다.

臣則謂此皆本是良民 始因列倅之剝割 不忍困苦 欲訴其寃而聚會 爲其官者 不思所以開諭而曉飭 乃目之以東學徒 威之以兵 彼乃惶怯 欲護身圖生 至有聚黨猖獗之擧 於是乎歸之亂逆[44]

---

44)「甲午實記」甲午年 5月 20日條.

170

즉, 그의 판단에 의하면, 그들은 본시 惑世誣民하는 東徒가 아니라, 良民으로서 地方官의 부당한 수탈을 참을 수 없어 呈訴를 하기 위하여 聚會를 하였던 바, 官長者들은 이들을 달래지 아니하고 도리어 東徒로 몰아 軍兵으로 위협하니, 그들 良民은 황겁결에 護身圖生의 계로 聚黨猖獗하게 되고 마침내는 亂逆이 되었다는 것이었다. 이는 古阜民亂에 대한 全琫準의 供述과 같은 것으로, 農民軍 봉기 때의 사정을 정확히 파악하고 있는 표현이었다고 하겠다.

이 같은 예는 農民軍 봉기에 관한 大院君의 이해에서도 볼 수 있는데, 그는 農民軍의 구성을 다음과 같이 파악하고 있었다. 즉,

> 地方官은 這回의 亂徒를 가리켜 일체 이를 東學徒의 再起라고 말하고 있지만, 기실은 地方官의 苛斂强徵에 원인한 것으로서, 現任 全羅監司 金文鉉과 같은 자는 일찍이 廣州留守시절에 二十萬兩을 먹고 轉任한 자라, 여하히 苛斂重稅를 施하였으리라 하는 것은 가히 상상할 수 있는 바이다. 당시 이 같은 原因에 의하여 民擾를 蔟發하는 자 全·忠 兩道에 最多하다.[45]

라고 한 것이 그것으로서, 그는 이때의 農民軍의 起包를 東學教徒의 봉기가 아니라, 地方官의 苛斂重稅에 대항하는 일반 농민의 抗爭이라는 것이었다. 말하자면 東徒의 蜂起와 일반 農民層의 起擾를 구분하고 있는 것이었다.

물론 東學教徒 가운데에도 농민층이 많았으므로, 이 양자를 이같이 엄격히 구분하는 것은 적절하지 않다는 견해도 있을 수 있겠다. 그러나 動亂의 성격을 그 動亂을 추진한 주체를 통해서 파악하려 하는 한, 그 구성원의 사회적 성격을 분명히 파악해야 하고, 따라서 東學教徒로서의 농민과 일반 농민은 엄격히 구분해야 할 것으로 생각된다. 농민이라는 입장에서는 양 구성원은 動亂을 추진하는 데 일시적으로 공통된 입장, 협력관계의 입장이 될 수 있겠지만, 動亂이 장기화되고 상황이 어려워지게 되면, 이러한 협력관계는 머지않아 변동을 면치 못하게 되고, 마침내는 각자 자기의 방향을 가게 될 것이기 때문이다. 그리고 宗教 思想의 유무의 차이는 動亂에서 그들의 진로와 방향을 다르게 하고, 따라서 그러한 경우에는 그 動亂이 어느 구성원을

---

45) 「全羅道民擾報告」 東學黨再起에 關한 陽 5月 8日 續報.

중심으로 추진되고 있었는가에 따라 그 성격이 크게 달라질 수 있기 때문이다. 全琫準이 敎徒로서의 農民層과 일반 農民層을 엄격히 구분해서 供述하고 있었음은, 動亂의 진행과정에서 나타나고 있었던 이 같은 양자의 기본자세를 정확하게 파악하고 있었던 까닭이라고 생각된다.

(3) 兩班·鄕吏·里執綱層과 起包

이들 身分階級은 당시의 체제 내에서 특히 政治權力에 직접 간접으로 연결되어 있는 層이었는데, 그러면서도 農民軍의 起包에 참여하는 바가 적지 않아서 주목되는 집단이다. 이러한 계층이 動亂에 참여하고 있었던 사실은 任實縣監 閔忠植의 全琫準에·대한 협력,[46] 公州儒生 李裕尙의 動亂 투신,[47] 全州營將 金世豊의 農民軍과의 내응, 忠淸道에서의 民·吏·守宰의 三黨합세,[48] 吏民의 農民軍本部에의 重用,[49] 후에 咸平守城將이었던 李相三의 東徒大都督 임용,[50] 全羅道 '吏胥輩 盡爲入籍于東黨 以保姓名'[51]이라고 한 등등의 자료에서 쉽게 찾아볼 수 있다. 그리고 이러한 신분계급의 農民軍 참여는, 그들이 매사에 용이주도하였던 全琫準과 그의 동료 孫和中, 吳時泳 등의 幕下에도 重用되고 있었던 사실로 보아, 全農民軍 내에 참여한 자는 상당히 다수에 달했을 것으로 추산된다.[52] 그리고 이 밖에 癸巳年 11월의 古阜民의 等狀提訴에서 全琫準 등이 面里組織의 執綱·面里任을 통해서 일을 추진하려 하였던 점으로 보아, 農民軍 전체를 두고 보면, 이들 계층도 農民軍에 상당히 많은 수가 참여하였을 것으로 추정된다.[53] 이 경우 이들 里執綱 가운데에는 혹 東學敎徒인 자도 있었겠지만, 많은 경우는 단순한 行政

---

46) 「東學黨에 關한 件」 2, 陽 乙未 1月 7日, 日公使報告.
47) 吳知泳, 前揭書, p.141.
48) 「全羅道民擾報告」 1, 陽 4月 10日, 全羅監司報告.
      陽 6月 2日, 接到諸報告.
49) 吳知泳, 前揭書, pp.166~167.
50) 「東學黨征討關係記錄 李圭泰往復書竝墓誌銘」.
51) 「甲午略歷」.
52) 吳知泳, 前揭書, pp.166~169.
   戰勢不利하게 되었을 때, 全·孫·吳 등은 모두 이들에 의하여 잡히는 바 되어 官測에 인계되고, 이들은 그 功으로 좋은 官職을 얻는다.
53) 註 109) 참조.

172

面里의 執綱으로서 農民軍에 참여하여, 그 하부 指導層을 이루었을 것으로
생각된다.

　그러나 이 같은 신분계급, 특히 兩班 鄕吏層은 모두가 動亂의 이념에 공감
하여 참여하고 있었던 것은 아닐 것으로 보며, 그들 중의 많은 경우는 動亂
의 승세에 편승하여 새로운 역사의 전개와 더불어 立身揚名을 꾀하는, 이른
바 不平兩班, 不良輩, 機會主義者가 더 많았을 것으로 생각된다. 그러므로
이러한 계층은 動亂의 추진에 주동적 역할을 할 수 없었으며, 따라서 動亂의
성격도 이들 기회주의자로 인해서 좌우될 문제가 아니라고 하겠다.

(4) 革新 指導層과 起包

　여기서 革新 指導層은 東學亂을 주도적으로 추진하되, 이를 社會改革 社
會變革의 운동으로 전개하고자 한 계층을 말한다. 좀더 구체적으로 말하면,
動亂의 理論的 指導者 全琫準은 그 자신의 起包의 동기와 목표가 분명 사회
개혁에 있었던 것으로 공술하고 있었는데, 이 같은 이념에 찬성하여 그와 생
사를 건 행동에 보조를 같이하고 있었던 革命同志가 이에 해당한다고 하겠
다. 이를테면 全琫準은 그가 起包하고 있었던 행동목표를,

> 問　汝無被害 何故起鬧
> 供　爲一身之害而起包 豈可爲男子之事 衆民冤歎故 欲爲民除害
> 問　汝於古阜倅 被害不多 緣何意見而行此擧耶
> 供　世事日非 故慨然欲一番濟世意見[54]

이라고 供述하여, 고통받고 있는 民을 위하여 '爲民除害'하고, 날로 잘못되
어 가고 있는 世事를 바로잡기 위하여 '一番濟世'코자 하였던 것으로 밝혔다.
여기서 革新 指導層이라고 하는 것은, 全琫準의 이 같은 除害論·濟世論에
찬동하여 起包를 담당하고, 農民軍을 지휘 통솔하여 動亂을 추진시켜 나가
고, 그 같은 動亂의 성격을 일관되게 달성하기 위하여 적극 노력하고 있었던
實踐的 行動主義者들로서, 교단본부의 종교적이고 보수적이고 전통적인 自
重論者들과는 전적으로 그 입장을 달리하는 계층을 말한다. 全琫準, 孫和

---

54)「全琫準 供草」初招·再招問目.

中, 崔慶善, 金德明, 金開南 등의 農民軍 최고지도층 및 이들과 행동을 같이
하고 있었던 일련의 지도층이 이에 해당한다.

우리는 이제 이들이 각 지방의 東學幹部이면서도 교단본부의 입장과 구별
될 수 있고, 또 구별되지 않으면 아니 되는 근거를 제시함으로써, 革新層과
起包와의 관계를 좀더 구체적으로 파악해야 할 것이다. 여기서 우리가 들고
자 하는 근거는 이들 革新層이 그들의 운동에서 목표로 하는 것은 東學運動
이 아니라 社會改革運動이었다는 사실, 다시 말하면 東學에 대한 관심이 교
단본부의 그것이 다만 信仰運動이었음과 근본적으로 달랐다는 사실이다. 그
리고 그 때문에 革新層이 중심이 되고 있었던 南接과 전통적·보수적 입장의
교단본부가 중심이 되고 있었던 北接 사이에는 치열한 대립이 있었다는 사
실이다. 이 같은 사실은 全琫準의 東學에 대한 다음과 같은 입장 설명을 통
해서 살필 수 있다. 즉 그는

> 問　汝亦酷好東學者耶
> 供　東學是守心敬天之道　故酷好耶
> 問　所謂東學　何主意何道學乎
> 供　守心　以忠孝爲本　欲輔國安民也[55]

이라고 한 바와 같이, 東學을 守心敬天하는 종교이기 때문에, 그리고 그것은
忠孝로써 本을 삼고 輔國安民하려는 主意를 갖고 있기 때문에 좋아하고 있
다는 것이었다. 그리고 그러한 守心敬天 중에서도 그는 다음의 문답에서 보
는 바와 같이, 특히

> 問　東學에 언제부터 關係했는가?
> 答　3년 전(1892)부터.
> 問　어떠한 것에 感動해서?
> 答　輔國安民이라는 東學黨의 主意에 감동하고 있던 바, 東學人 金致道라는 자
> 　　가 나에게 東學의 文件을 보여준 일이 있다. 그 중에 敬天守心이라는 문장이
> 　　있는데, 그 속에 大體正心이라고 하는 것에 감동해서 入黨했다.
> 問　正心한다는 점은 東學黨에 한한 것이 아니다. 무엇인가 달리 너의 入黨을

---

55) 同上, 再招問目.

재촉한 이유가 없는가?

答 단지 마음을 바로 한다는 것뿐이라면, 물론 東學黨에 들어갈 필요가 없지만, 東學黨의 소위 敬天守心이라는 主意에서 생각할 때는 (마음을 바로 하는) 正心 외에 協同一致의 뜻을 포함하고 있기 때문에 結黨하는 것의 중요함을 본다. 마음을 바로 한 자의 一致는 奸惡한 官吏를 없애고 輔國安民의 業을 이룰 수 있기 때문이라고 생각한 탓이다.[56]

大體正心이라는 문구에 감동하여 入黨까지 하고 있었는데, 그것은 거기에 協同一致의 뜻이 있고, 따라서 正心한 자의 協同一致는 '結黨'을 쉽게 할 수 있고, 그렇게 되면 탐관오리를 제거하고 輔國安民의 業을 쉽게 이룰 수 있기 때문이라는 것이었다. 말하자면 그는 東學을 종교적 信心에서 좋아하는 것이 아니라, 그가 구상하는 社會改革運動·革命事業을 실천해 나갈 수 있는 行動組織을 마련할 수 있다는 점에서 좋아하고 거기에 加入하고 있는 것이었다. 여기서는 많은 설명이 생략되었지만, 이는 요컨대 東學의 교단본부가 '侍天主造化定'의 원리를 믿고 이를 呪文으로서 외우고 기도하면 輔國安民이 '無爲而化'할 것임을 기대하는 신앙적 자세에 있었음과 크게 다른 것이었다. 그러기 때문에 그는 다음과 같은 진술에서 보는 바와 같이,

問　汝住接古阜時　不行敎東學乎
供　矣身訓導如干童蒙　無東學行敎之事[57]

古阜지방에서 東學의 接主라는 중책을 맡고 있으면서도, 그 지방 사람들에게 東學을 行敎할 만큼 東學에 대하여 종교적·신앙적 열의를 갖고 있지 않았다. 그는 오히려 東學과는 대립관계에 있는 儒敎의 書堂 訓長으로서 童蒙들에게 儒學敎育을 하고 있는 儒者로서의 농촌지식인이었다〔本稿 제4장 2) 의 (1) 進步的 思想의 形成段階 및 本書의 제3 논문 참조〕. 그런데 그러면서도 그는 다른 한편으로 東學에 가입하여 東學을 또한 좋아하고 있었다. 그러므로 그것은 그가 東學의 篤信者이거나 교단본부의 指導理念 때문이 아니라,

---

56) 日本領事館에서의 「全琫準 審問」(東學大巨魁審問續聞, 『東京朝日新聞』 1895. 3. 6).
57) 「全琫準 供草」 初招問目.

革新的 儒者의 입장에서도 공감할 수 있는 輔國安民을 위한 '結黨'의 原理가 거기에 있었기 때문이었다.

그의 東學에 대한 이 같은 입장은, 다른 각도에서 진술한 바에서도 살필 수 있다. 그는 그의 起包와 東學과의 관계를 다음과 같이 말하고 있었다.

    問　汝是全羅道東學魁首云 果然耶
    供　初以倡義起包 無東學魁首之稱(註 21)

이는 앞에서 이미 검토한 자료이지만, 그가 動亂을 지도해 나간 것은 東學 魁首·東學敎徒의 입장, 즉 東學의 敎理 信仰에 의해서가 아니라, 濟世 除害 를 위한 憂國志士의 倡義였다는 것이었다. 이것은 全琫準이 東學을 한낱 종 교로 보는 데 그치고, 거기에 動亂을 추진해 나갈 만한 革命的 에너지나 變 革的 政治思想이 있는 것으로는 보지 않고 있음을 뜻하는 것이라고 하겠다. 그렇기 때문에 그는 起包를 함에 있어서도, 다음의 문답에서 보는 바와 같이

    問　再次起包時(3月起包) 議及崔法軒乎
    供　無議及矣
    問　崔法軒是東魁 糾合東黨 何不議及乎
    供　忠義各其本心 何必議及法軒後行此事乎[58]

그 일을 東學敎團의 최고책임자인 法軒 崔時亨과 의논도 하지 않고 수행하 고 있었다. 그가 보기에 東學運動과 忠義에서 발로된 社會改革運動은 별개 의 운동이며, 東學運動에는 政治·社會改革運動으로서 커다란 본질적인 한 계가 있다고 보기 때문에, 起包를 하는 데는 東學敎門의 고위층과 의논할 필 요가 없다고 생각한 것이었다. 그러므로 全琫準이 動亂을 추진하는 데 東學 敎門과 어떻게 관련되는가 하는 것이 문제가 된다면, 그것은 그가 農民軍을 동원하기 위하여 東學의 包組織을 하나의 방법으로서 이용하고, 東學敎團은 자발적 조치는 아니었지만, 결과적으로 包組織을 통해서 農民軍 편성과 動 亂에 기여하게 되고 있었다는 점을 지적할 수 있을 것이다.

------

58) 同上, 再招問目.

176

이상과 같은 農民軍의 구성을 다시 그 指導層(接主 포함)과 兵士로 구분하여 그 사회적 성격을 살펴면, 전자는 특별한 경우를 제외하면 여러 가지 면에서 각 지방의 有力者(勢力家)가 중심이 되고 있었으며, 후자는 몰락한 農民層이 중심이 되고 있었다고 하겠다.[59] 아마도 전자에는 농촌사회에서 大富戶·大土豪는 아니더라도 경제적으로 饒實하면서 活動力量·指導力이 있는 사람, 정치나 郡行政에 참여하는 바가 많았던 有力家門의 사람, 鄕村社會를 실질적으로 이끌어가고 있는 面·里任層, 경제적으로는 몰락하여 가난하면서도 知的인 활동에 종사하고 있는 名望家 등등의 사람들이 포함될 것이고, 후자에는 이 시기 농촌사회의 분해과정에서 그 처지가 어려워지고 있는 小·貧農層, 土地에서 배제되고 몰락하여서 궁핍하게 살고 있는 沒落農民, 賃勞動層, 流民層, 기타 등등의 사람들이 포함되었을 것으로 생각된다.

4. 農民軍의 反封建 實踐意識 問題

東學亂 연구의 종래의 성과를 검토하면 그 動亂은 여러 가지 性格으로 규정되어 온 것을 알 수 있다. 그것은 전술한 바와 같이 農民軍의 構成이 다양하였고 그 동기와 그들의 목적의식도 다양하였기 때문에 그 성격도 한 가지로 규정되기 어려웠던 까닭이었다. 그리고 그 중에서도 특히 動亂을 社會改革運動이라고 규정할 때, 거기에는 다분히 肯定을 주저치 않을 수 없는 논리의 비약과, 납득하기 어려운 異質的 事象의 복합 중첩이 가져오는 개념의 혼동 때문에, 그 본질 파악이 어렵지 않을 수 없었다.

그러나 그렇더라도 그 본질을 파악할 수 있는 요소는 역시 그 안에 있는 것이므로, 全琫準의 起包의 본질과 動亂의 性格을 파악하려는 우리의 작업에서는, 그러한 범위 내에서 무엇인가 결정적인 요소와 방향을 찾지 않으면 아니 되겠다. 그리고 우리는 그러한 요소와 방향을, 종래의 민중의 動向인 자연발생적인 民亂을 수습해서 一大 農民戰爭, 社會改革運動의 단계에까지

---

59) 註 3)의 日本領事 報告書 참조.
　　申榮祐, '1894年 嶺南 北西部地方 農民軍指導者의 社會身分'(『學林』 10, 1988).

이끌어 올린 推進力의 주체가, 앞서 살펴본 구성원 가운데 어느 계층에 속
할 것인가 하는 問題意識에서 출발해야 할 것으로 생각된다. 따라서 이러한
관점에서 農民軍의 구성을 살핀다면, 그 추진력의 주체는 결국 保守的·傳統
的 敎團本部와 濟民을 목표로 하는 全琫準을 중심으로 한 革新 指導層 가운
데 어느 하나일 수밖에 없겠다. 그러므로 이를 분명하게 해명하려면, 이들
두 계통 指導層의 활동상황과 指導原理를 면밀히 검토함으로써, '어느 指導
層에서 내세운 理念이 儒敎的 封建社會를 부정하는 實踐的 改革意識을 보유
하고 있었는가' 하는 관점을 중심으로, 그들의 행동과 사상을 분석 검토하지
않으면 아니 되겠다.

1) 敎團本部의 姿勢

일반적으로 社會運動을 전개하려면은 사회의 분위기 고조와 민중의 심리
포착·유도를 위해서 精神·啓蒙運動을 선행하게 되는 것이지만, 東學의 敎團
本部가 그들의 東學運動을 과연 革新的 社會運動을 전제로 하고, 이를 그 선
행 精神·啓蒙運動으로써 행한 것이었을까? 다시 말하면 動亂에서 東學運動
의 역사적 사명이, 프랑스혁명에서의 루소의 啓蒙思想(政治思想)과 같이,
그 社會改革運動을 위한 계몽적 역할을 수행하는 데 있는 것이었을까? 이
점은 일반적으로는 별 의문이 없는 듯하지만, 이는 충분히 검토되어야 할 문
제라고 생각된다. 그리고 이 문제는 종래의 방법이었던, 敎理 자체의 近代性
확인도 문제이지만,[60] 이 敎를 받아들이는 敎人들의 敎의 수용자세, 또는 교

---

60) 東學亂의 思想的 배경을 말할 경우, 흔히 東學의 '人乃天'思想을 그 啓蒙思想으로
　서 지적하고 강조하지만, 이 '人乃天' 개념은 이때에 있었던 것이 아니라 후대에 확
　립된 것임을 유의할 필요가 있다(李敦化, 『天道敎創建史』, 1933). 그리고 東學의
　교단본부에서 近代的 社會改革運動·政治運動을 정면으로 표방하고 나오는 것도,
　第3代敎主 孫秉熙와 그 門下들이 日本에서 망명생활을 하는 가운데, 日本의 文明
　開化論의 영향을 많이 받고 돌아온 후, 一進會 天道敎를 만들어 이른바 甲辰
　(1904) 改革運動을 하게 되면서부터의 일이었다는 점을 고려해야 할 것이다(同
　上書). 이 같은 문제에 관해서는 다음의 논문들을 참고할 수 있다.
　　康成銀, '20世紀初頭에 있어서의 天道敎上層部의 活動과 그 性格'(『朝鮮史研究會
　論文集』 24, 1987).
　　金炅宅, 「韓末 東學敎門의 政治改革思想 硏究」, 연세대 대학원, 1991.
　　이은희, 「東學敎團의 "甲辰開化運動"(1904~1906)에 대한 연구」, 연세대 대학

단본부와 東學을 지도해 나가는 간부들과의 관계성에서 검토되고 파악되어야 할 것으로 생각된다. 이러한 관점에서 대체로 東學이 動亂을 준비하는 精神·啓蒙運動이려면, 적어도 動亂에 참여한 東學敎徒는 敎祖 崔濟愚에 의해서 개창된 東學思想과 東學敎門의 고위지도층에 의해서 확립되고 있는 東學의 목표에 대해서, 근본적으로 호흡을 같이하고 있을 것이 전제된다. 그렇지 아니하고 敎徒들이 여러 가지 각도에서 각기 다른 목적하에 개별활동을 하고, 東學에서의 精神的 指導原理가 그들의 實踐的 行動原理가 되지 못하였다면, 東學運動은 결코 動亂을 준비하는 精神·啓蒙運動이 되기 어렵기 때문이다. 그러면 이 같은 문제를 중심으로 한 역사적 현실은 어떠하였는가?

東學은 中世 封建社會로서의 朝鮮王朝가 붕괴되어 가고 近代社會의 黎明이 보이는 대전환기에 발생한 것이었다. 그리고 이것은 朝鮮王朝 末期를 일관해서 계속 民亂을 발생시킬 수 있을 만큼, 農民層의 社會意識·思亂意識이 고조되고 있는 분위기 속에서 발생한 것이기도 하였다. 그러므로 東學이 본질적으로 革新性을 내포하고 社會革命을 지향하며, 근대적인 新社會·新國家를 설계하고 있는 사상이었다면, 그것은 이 시기의 시대적·사회적 潮流를 받아들여 現實否定의 原理·設計를 마련할 수도 있었고, 한걸음 더 나아가서 동요하는 민중을 수습해서 그들에게 近代革命의 行動原理·行動理念을 부여할 수도 있었을 것이다. 이 시기의 東學敎門은 어차피 惑世誣民하는 불법단체로 몰려 있고, 일반 敎徒는 피압박 대중으로서 이 시기 民亂의 주체이기도 하였던 점에서, 그리고 그들은 민중의 행동의 潮流와 東學이 결부될 것을 바라는 바이기도 하였으므로, 東學敎團이 진실로 社會革命을 기도하는 집단이었다면 그렇게 하는 것은 어려운 일이 아니었다.[61]

원, 1991.

61) 東學敎徒의 行動意慾이 절실하였음은 石井壽夫 씨에 의해서 이미 지적된 바이지만(註 62의 논문), 그 정도로 심각함은 좀 뒤의 일이지만 一進會의 행동과 村山智順 씨의 조사를 통해서 엿볼 수 있다. 즉 一進會는 崔時亨의 衣鉢의 高弟들에 의해서 설립된 政治團體였는데, 그들은 現實的 利益을 위해서는 反國家的·非民族的 행위도 서슴지 않고 행하고 있었으며(『元韓國一進會歷史』, 1911), 이와 계통을 달리한 天道敎信者의 入敎 동기도 많은 경우 現實的 慾求를 추구하는 데 있었다(『朝鮮의 類似宗敎』).

더욱이 甲午動亂의 9月起包 단계에서는 東學敎徒들의 행동의욕이 강렬하여서 이때 起包에 참여한 包組織은 앞에서 언급한 바와 같이 그 수가 지극히 많았다. 그리고 이때 東徒들 중에서도 政治的 행동의욕이 강한 사람들은 늦었지만 甲午年 11월 12일에 東徒倡義所의 이름으로 그들 스스로를 義兵으로 자처하고, 日帝의 침략을 방어하기 위한 斥倭鬪爭을 전개하며, 이들과 체결하여 倭를 끌어들이고 있는 開化派 甲午政權을 타도하기 위한 斥化運動을 또한 전개하고 있었다. 朝廷을 바로잡고 國家를 보위하자는 것이었다(註 163 참조). 그러므로 이 같은 東徒들의 분위기를 감안한다면, 東學思想에 革新性 近代性이 있었다면, 그 敎團은 스스로 社會變革을 지향하는 政治集團이 되거나 國家改革을 위한 방략을 설계할 수도 있었다.

그러나 이 같은 사실들은 가능성으로 그쳤을 뿐 현실은 그렇게 되지 못하고 있었다. 東學의 經典에는 어느 구석에도 朝鮮王朝를 近代社會 近代國家로 전환시키려는 變革思想 革命의 설계는 보이지 않는다. 그것은 '崔濟愚 자신이 敎徒에게 요구하고 있었던 東學의 이념은 결코 現實否定의 原理가 아니라 하나의 宗敎이었던' 까닭이었다.[62] 그는 敎徒들에게 東學을, 天主를 믿는 가운데 變하는 사회가 정착되기만을 기다리는, 救世信仰으로서의 종교일 것을 바라고 있었다. 敎를 넓혀 나가는 과정에서 불필요한 오해를 일으켜 禍를 자초하는 일이 없어야 한다는 점도 각별히 유의시키고 있었다(通文). 이러한 敎祖 崔濟愚의 종교적 목표는 그 후 교단본부의 간부들에 의해서도 충실히 계승되고 있었다. 二世敎祖 崔時亨 및 北接의 지도자들이, 全琫準 등에 의해서 전개되고 있는 動亂의 진전을 성원하자는 敎徒層 및 일부 간부의 주장에 못 이겨, 靑山에 擧事는 하였으나 불과 4일 만에 歸化라 하고 자진 해산한 것이라든가,[63] 그들이 通文을 발하여 全琫準의 隱忍自重을 촉구하고 그의 動亂추진을 師門亂賊의 행동으로 규정지었던 사실 등은,[64] 모두 東學의 그러한 기본노선을 준수하고 있는 증거가 아닐 수 없었다.

---

62) 石井壽夫, '敎祖 崔濟愚에 있어서의 東學思想의 歷史的展開'(『歷史學硏究』11의 1, 1940).
63) 田保橋潔, 『近代日鮮關係의 硏究』下, 1940, pp.267~268.
64) 註 27) 참조.

이같이 살피면 東學의 출현은 비록 이 시기 사회적 요구의 반영이었으나, 敎團本部와 敎徒層이 일체가 되어 사회적 요구로서의 反封建的·近代的 政治思想이나 그 政治的 指導原理를 창출한 것은 아니었으며, 민중도 東學의 이러한 일관된 종교적 原理의 강조로 인해서 그들이 요구하는 사회적 實踐運動을 추진시켜 나갈 수가 없었다. 그러므로 東學은 社會改革運動으로서의 이 動亂에서 그 전제로서의 精神運動이 되기 어려웠다.

각도를 달리 해서, 東學思想의 啓蒙的 역할 내지 精神運動으로서의 위치를 인정하기로 한다면, 東學思想은 과연 여하한 방법으로서 封建的 朝鮮王朝의 儒敎的 思想體系를 극복하고자 하는 것이었을까? 교단본부의 지도자들은 과연 여하한 각도에서 封建制 否定의 이론적 근거와 행동지침을 확립코자 하는 것이었을까?

이러한 문제는 崔時亨을 중심으로 한 東學敎門이 此一擧에 敎의 획기적 발전을 기하려던 癸巳年(1893) 2월의 伏閤上疏와 비약적으로 사회적 성격을 띠는 3월의 報恩倡義에서 검토될 수 있다. 그러나 전자는 전적으로 敎祖의 伸寃을 요구하고 東學의 公認을 요구하는 종교운동이었다는 점에서 이를 논외로 한다 하더라도, 후자는 이 같은 上疏가 용납되지 못하고 疏頭는 도리어 詭異謊誕으로 民을 蠱惑煽動하였다는 죄목으로 疏頭譏捉嚴覈의 명이 내리게 된 데서[65] 거사하게 된 '倡義'였기 때문이다. 이같이 이 운동은 倡義였기 때문에, 만일에 東學敎團이 反封建意識과 革新性으로 무장된 집단이었다면, 여기에서는 그러한 사상성을 다소나마 파악할 수 있을 것이다. 그런데 東學敎門의 首領과 그 高弟(北接의 간부인 孫秉熙, 孫天民 등)들에 의해서 소집된 이 倡義가 선언하는 바에서는, 그러한 反封建的·近代的 革新性을 찾아보기 어렵다.

이때의 倡義文에 의하면, 그들은 어디까지나 무난할 수 있는 民族的 排外性만을 주장하였을 뿐 — 이러한 排外性은 봉건적인 對外思想(衛正斥邪論)으로서 당시는 하나의 시대사조를 이루고 있었다 — 우리가 찾고자 하는 儒敎的 封建制의 否定에 관한 암시는 一言半句도 표시하고 있지 않았다.[66] 그러

---

65)『日省錄』393(387), 高宗 30年 2月 25, 26, 28日, 高宗篇 30冊, pp.56~61.

면 倡義로서 거사하고 있는 이 集會, 그리고 다음해에는 全琫準과 더불어 東
奔西走할 일부 革新 指導層도 참석케 하고 있는 이 集會가,[67] 민중과 敎徒의
桎梏으로 되어 있는 부패한 봉건사회의 혁신을 그 倡義의 구호로서 내세우
지 못하고 있는 것은 무엇을 의미하는 것일까? 그것은 결국 東學의 관심이
외세침략에 대항하는 斥洋斥倭의 민족적 의식에는 강렬하였으나, 부패한 봉
건적 정치세력을 제거하고 새로운 사회·국가를 건설한다는 變易運動·革新
運動에는 관심이 그만큼 미치지 못하고 있었던 까닭이라고 하겠다. 그뿐만
아니라 한걸음 더 나아가서, 그들의 사회운동이 이같이 일정한 범주를 넘어
서지 못하고 있었던 것은, 그들이 體質的으로 儒敎的 思想體系, 고루한 보수
성에서 벗어나지 못하고 있었던 까닭이라고 하겠다. 좀더 정확하게 말한다
면 그들이 아직 봉건적인 儒敎的 倫理性과 階級性을 벗어나지 못하고 있는
것은 말할 것도 없고, 철저한 儒敎思想의 信奉者였다는 사실이 그 倡義文에
反封建的 구호를 내세울 수 없게 한 이유가 되는 것이라고 하겠다.

　이러한 사실은 倡義文의 표현 속에 잘 반영되고 있다. 이 문장으로써 보면
東學敎團 고위간부들의 實踐倫理에는 儒敎的인 倫理性도 家族主義도 階級
性도 國家觀도 부정되고 있지 않다. 그들에게는 三綱五倫의 사상체계가 그

---

66)『東學亂記錄』上, 聚語, p.108.
　　田保橋潔, 前揭書, pp.229~230.
　　夫人事之難有三 立節盡忠 死於爲國 臣之難也 竭力誠孝 死於事親 子之難也 守貞
慕烈 死於從夫 婦之難也 有生有死 人之常也 有事無事 時之定也 生於無事安樂之時
樂乎忠孝之道 生於有事患難之際 死於忠孝之地 是乃臣子之難 而易易而難者也　有
生之樂者 不死於君父之難 有死之心者 樂死於君父之難 吝於死者 不能成臣子之義
樂其死者 能建忠孝之節 今倭洋之賊 入於心腹 大亂極矣 誠觀今日之國都 竟是夷狄
之巢穴 窃惟壬辰讐 丙寅之恥 寧忍說乎 今我東方三千里兆域 蓋爲禽獸之跡 五百年
宗社 將見黍稷之歎 仁義禮智孝悌忠臣而今安在哉 況乃倭賊 返有悔恨之心 包藏禍胎
方肆厥毒 危在朝夕 視若恬然 因謂之安 方今之勢 何異於火薪之上哉 生等雖草野蠢
氓 猶襲先王之法 耕國君之土 以養父母 於臣民之分 貴賤雖殊 忠孝何異哉 願効忠於
國 區區下情 無路上達 伏想閣下 以世家忠良 永保國祿 憂在進退 愛君忠國之忱 非生
等可比也 古語曰 大廈將傾 一本難擎 大浪將簸 一葦莫抗 生等數萬 同力誓死 掃破倭
洋 欲効大報之義 伏願閣下 同志協力 募選有忠有義之士吏 同輔國家之願 千萬祈懇
之至
　　　　　　　　　　癸巳 三月 初十日 卯時
　　　　　　　　　　　　　　　　東學倡義儒生等 百拜上書
67)' 吳知泳, 前揭書, pp.83~84.

근저에 뿌리박혀 있고, 가부장적 家族主義 國家社會의 이념이 충일하고 있으며, 儒敎社會의 人倫的 序列關係인 엄격한 身分階級性이 信念化되고 있다. 그것은 그들이 '仁義禮智孝悌忠臣' 사상을 강조하고 있는 것이 그것이고, '生等雖草野蠢氓 猶襲先王之法 耕國君之土 以養父母 於臣民之分 貴賤雖殊 忠孝何異哉'라 하여 貴賤의 分을 인정하고 있는 것이 그것이며, 자기들 자신을 '東學儒生'이라 자처하고 있는 것이 그것이다.

그러나 東學幹部들의 實踐倫理가 이와 같이 前近代的 儒敎精神을 그 정신적 기반으로 하고 있었다는 사실은, 단순히 그들 개개인의 사상이 미숙한 데서만 기인하는 것은 아니었다. 그것은 그들이 공통으로 기초하고 있었던 東學思想 東學信仰 그 자체의 사상적 기반이 그러하였음에서 연유하는 것으로 보아야 하겠다. 널리 알려진 바와 같이 東學은, 家門을 근거로 해서 貴族階級이 그 社會的 優越을 과시하고 있었던 封建的 儒敎社會에서, '敎祖 崔濟愚 家門의 몰락이 그 創敎의 心理的 動機가 되고'[68] 있었으며, 그뿐만 아니라 그 사상은 『周易』의 時運·運數 등 변화의 논리를 축으로 하였으되,[69] 이를 政治思想으로서 적극 발전시켜 나가는 것이 아니라, 儒·佛·仙 3敎를 종합한 것이었다. 그리고 그러한 세 가지 사상 가운데에서도 崔濟愚가 특히 東學思想의 기본으로 삼고 있는 것은 儒敎思想, 즉 孔子의 가르침이었다. 물론 儒敎思想에는 국가통치에 관한 정치사상과 修己敎化를 위한 윤리도덕의 양면이 있었는데, 그가 東學에 받아들인 것은 후자이었다. 東學은 정치집단이 아니라 종교집단이고, 또 그는 그 東學을 종교로서 키워가고자 하였기 때문이었다.

그가 儒敎思想·孔子의 윤리도덕을 그대로 받아들이고 있음은 東學의 經典에 잘 표현되어 있다. 가령 옛날 孔子의 道德이 전해오고 있음을 기뻐하여,

自古 聖賢門徒들은 百家詩書 외어내어 淵源道統 지켜내서 孔夫子 어진 道德 가장 더욱 밝혀내어 千秋에 전해오니 그 아니 기쁠소냐[70]

---

68) 石井壽夫, 前揭 論文.
69) 韓沽劤, '東學思想의 本質'(『東方學志』 10, 1969).
　　趙鏞一, 『東學造化思想硏究』, 1988.
70) 『용담유사』 도수사.
　　이하에서 인용하는 東學 經典의 표기는 金京昌 註釋編의 『東經大全』『용담유사』

라고 표현하고, 그가 그의 제자 門徒들에게 東學에서 지킬 바를 仁義禮智,
誠敬, 先王古禮, 五倫 등으로 말하여,

> 堯舜之世에도 盜跖이 있었거든 하물며 이 세상에 惡人陰害 없단말가 孔子之世에
> 도 桓魋가 있었으니 우리 역시 이 세상에 惡人之說 피할소냐 修心正氣 하여내어
> 仁義禮智 지켜두고 君子말씀 본받아서 誠敬二字 지켜내어 先王古禮 잃잖으니 그
> 어찌 嫌疑되며 世間五倫 밝은 法은 人性之綱으로서 잃지말자 맹세하니 그 어찌 嫌
> 疑될고[71]

라고 표현하고 있는 것에서는 그러한 사정을 단적으로 엿볼 수 있다. 그는
古聖賢 孔子의 가르침을 좋아하고 존경하며, 그것을 東學에 그대로 받아들
여 실천해 나갈 것을 지시하고 있는 것이었다. 그가 孔子의 가르침을 그대로
좋아, 이를 그의 門徒들에게 실천시키고자 하고 있었음은, 이 밖에

> 孔夫子 하신 말씀 安貧樂道 내아닌가[72]

> 安貧樂道 하온 후에 修身齊家 하여보세[73]

라고 하고 있는 데서도 살필 수 있다. 그는 인간이 세상을 살아가는 데 그
指標를 孔子의 말씀을 통해서 세우고 있었으며, 그것을 東學에 수용함으로
써 敎徒를 가르치고 있는 것이었다. 그러한 점에서 東學은 儒敎의 윤리도덕
을 그대로 수용 계승하고 있는 것이었다고 하겠다.
　　그러나 그는 세상만사를 『周易』의 時運·運數觀을 통해서 보고 있었으므
로, 儒敎·孔子의 말씀도 시대가 흐름에 따라 지금의 세상에 이르러서는, 옛
적 그대로 통용되기 어려운 것으로 보고 있었다. 그는 그것을 '이 세상은 堯
舜之治라도 不足施오 孔孟之德이라도 不足言이라'[74]라든가, 또는 '儒道·佛道
累千年에 運이 역시 다했던가'[75]라고 지적하고 있었다. 물론 이 경우 그가 여

（『典籍東學文化財』, 1983)의 현대식 한글·漢字 표기를 따랐다.
71) 『용담유사』 도덕가.
72) 『용담유사』 안심가.
73) 『용담유사』 교훈가.
74) 『용담유사』 몽중노소문답가.

184

기서 '運이 다했던가'라고 한 이 표현은 儒教의 歷史的 역할을 부정하고, 孔子의 가르침이 有效한 시대가 끝났음을 말하는 것은 아니었으며, 그것이 계속 지금 세상에서도 그대로 수용되고 통용되기 위해서는, 거기에 새로운 사상(힘)이 충전되지 않으면 아니 될 것으로 보는 것이었다. 그리고 그 같은 일을 맡게 된 것은 '輪廻같이 둘린 運數 내가 어찌 받았으며'[76]라고 하여 그 자신인 것으로 자처하고 있었다. 그리고 그것을 구체적으로 作業하여서는,

仁義禮智는 先聖之所教오 修心正氣는 惟我之更定이라[77]

라고 하여, 그가 늘 강조하는 바 東學 經典 속에서의 仁義禮智 등은 聖賢들의 가르침이고, 그가 聖賢들의 가르침에 첨가한 것은 東學의 핵심 교리인 '修心正氣'라는 것이었다. 그러므로 그는 東學·東學思想을 聖賢의 가르침과 다르다고 생각하지 않았으며, 그러한 점에서 孔子의 道를 '論其惟我之道 則 大同而小異也'[78]라고도 하고 있었으며, 중세 봉건사회에서의 인간의 '貴賤'의 차별성, 君子와 小人의 '德'의 차별성도 儒教에서와 마찬가지로 그대로 인정하고 있었다.[79] 東學은 말하자면 그 사상을 이루는 基層思想과도 관련하여 革新的인 것이 되기 어려웠다.

더욱이 그는 이러한 東學의 사상을 時運이 다한 朝鮮王朝의 末期的 위기 상황하에서, 人民 教徒로 하여금 적극적으로 사회를 變革·開闢할 것을 지시하는 變革思想·政治思想으로서 키워가고자 하는 것이 아니었다. 그는 『周易』의 時運·運數觀을 믿고 東學을 開創하고 있었지만, 教徒로 하여금 時運에 따르는 開闢을 위해서 實踐運動에 나설 것을 바라는 것이 아니었다. 그는 教徒들이 天主님의 말씀을 믿는 가운데 그 변화가 자연스럽게 이루어지고 정착되기를 기다리도록(侍天主造化定 無爲而化)[80] 하고 있었다. 그러한 점에

---

75) 『용담유사』 교훈가.
76) 『용담유사』 교훈가.
77) 『東經大全』 修德文.
78) 『東經大全』 修德文.
79) 『東經大全』 論學文.
80) 『東經大全』 論學文.

서 東學은 救世信仰, 後天開闢을 기다리라는 豫言思想이기는 하였으나, 東
學 자신이 실천적 變革運動의 주체가 되고자 하는 變革的인 정치사상은 아
니었다. 그러므로 이 같은 敎의 기본원리에 충실하는 한 그 敎團의 지도층들
이 社會改革·體制變革의 실천운동에 충실할 수는 없는 것이었다고 하겠다.

　　요컨대 이상과 같이 검토하면, 東學思想의 甲午動亂에서의 啓蒙的 역할,
社會運動에 앞서는 精神·啓蒙運動으로서의 역할은 한계가 있는 것이었으
며, 그 같은 사상에 의거해서 활동하고 있는 교단본부 지도층의 動亂에서의
反封建的인 활동, 近代社會·近代國家 건설을 위한 활동은 기대하기 어려운
것이었다고 하겠다. 그러므로 본질적 의미에서의 동란의 推進力은 다른 곳
에 있는 것이며, 따라서 東學敎門의 動亂에서의 역할도 다른 각도에서 찾지
않으면 아니 되는 것이라 하겠다.

2) 南接 全琫準 등의 革新性

　　전술한 바와 같이 甲午動亂의 성격을 社會改革運動으로 규정지을 때, 그
推進力이 東學의 敎團本部에 있는 것이 아니라면, 결국 그것은 全琫準 등 일
련의 南接 指導層에게 있는 것이 되지 않을 수 없다. 南接은 東學敎團 가운
데 한 派로서, 徐璋玉·全琫準 등이 중심이 되어(註 27 참조) 주로 湖南지역
에 설치하였으되,[81] 崔時亨을 중심으로 한 北接과 門戶를 別立하고 차별성
을 부여하기 위하여 이같이 부르게 된 명칭이었다. 그러나 그러한 차별성이
단순히 南과 北이라는 지역적 차이만을 나타내고자 하는 것은 아니었으며,
南接과 北接 사이에는 그들의 조직을 중심으로 해서 심각한 思想的·理念的
차이가 있어서 그와 같이 구분하고 있는 것이기도 하였다. 그것은 무엇보다
도 東學의 敎主 崔時亨이 南·北接의 차이성을 말하여, 다음과 같이 말하고
있는 것으로써 알 수 있다.

　　吾敎之刱立 昉於庚申(1860) 敬受天命 廣濟翌品 …… 吾敎徒者 惟當守心正氣 率

---

81)「全琫準 供草」再招問目.
　　　問　東學中有南接·北接云 依何而區別南·北乎.
　　　供　湖以南稱以南接 湖中稱以北接矣.

性修敎 而近頃一區 外托吾敎 內懷陸梁之心 自稱南接 糾合徒衆 肆然侵暴[82]

즉, 그에 의하면, 東學(따라서 北接)은 天命을 받들어 廣濟蒼生할 것을 목표로 다만 守心正氣하여 修敎하고 신앙에만 힘쓰는 종교인데, 近者에 한 派가 나와 南接이라 자칭하고 겉으로는 吾敎·東學을 표방하되 내심으로는 멋대로 날뛰는 亂徒의 마음을 가지고 있어서, 徒衆을 모아 난폭한 행동·사회운동·東學亂을 벌이고 있다는 것이었다. 이는 말하자면 北接은 신앙생활을 통해 민생의 救濟를 추구하고 있는 데 대하여, 南接은 東學의 外皮를 쓰고, 즉 그 조직을 이용하여 實踐運動을 전개함으로써 사회를 救濟하려 하는 것으로, 그러한 점에서 양자는 같은 東學集團이지만, 그 성격이 다르다는 것이었다.

그러나 우리는 全琫準 등에게 귀결될 이 革新性의 辯이, 구체적으로 어떠한 것이었는가 하는 것을 면밀히 검토하지 않고서, 이를 가볍게 단정지어서는 아니 될 것으로 생각된다. 다시 말하면, 과연 그들의 이론이 그들의 起包過程에다 反封建的·革新的 社會改革運動이라는 의미를 부여할 수 있을 만큼, 儒敎的 朝鮮王朝의 諸原理를 부정하는 意識을 구비하고 있는 것이었는가? 그리고 그러한 의식이 있었다면 그것은 기본적으로 近代社會의 원리에 자연스럽게 연결될 수 있는 것이었는가? 하는 등등의 문제를 파악하고 인정한 연후에야 그 反封建的·革新的 性格도 인정할 수 있을 것으로 생각된다.

그런데 이 같은 문제와 관련하여, 앞에서 이미 살핀 바이기도 하지만, 全琫準은 그 자신의 起包의 목표를 다음과 같이 진술하고 있어서, 그 起包의 대체적인 성격은 분명하게 확인되는 것이라고 하겠다.

問　汝無被害 何故起鬧
供　爲一身之害而起包 豈可爲男子之事 衆民冤歎故 欲爲民除害
問　汝於古阜倅 被害不多 緣何意見而行此擧耶
供　世事日非 故慨然欲一番濟世意見[83]

---

82) 『侍天敎歷史』下, 第二世敎主海月大神師 甲午條, 81장, 再書于兵營及駐箚日兵站.
83) 「全琫準 供草」初招·再招問目.

즉, 이에 의하면, 그가 農民軍을 모아 起包한 것은 정치가 날로 부패하고 지방통치자들의 농민수탈이 점점 더 가중하는 가운데, 그 피해를 받는 농민층에서는 '冤歎'의 소리가 고조되고 있었으므로, 그는 '爲民除害'하고자 하는 '濟世意見'을 갖게 된 데서 거사하게 되었다는 것이었다. 여기에 표현된 '除害'의 방법과 '濟世'의 내용이 어떠한 것이고, 그것이 처음부터 근본적으로 社會改革 近代化를 의미하는 것이었는지는 좀더 신중하게 검토될 문제이지만, 그러나 이것이 당시의 政治 社會體制를 不信 否定하고 그 變革의 필요성을 다짐하는 강한 표현임에는 틀림이 없는 것이라 하겠다. 그러한 사정은 이때의 사정을 소상하게 파악하고, 또 大院君의 曉諭使로서 全琫準을 직접 만나보고 있었던 鄭碩謨가 動亂을 이끌어 나가고 있는 全琫準을 평가하되,

　　　如全琫準者 藉賴東徒 以圖革命[84]

이라고 기술하고 있었던 것으로도 확인할 수 있다. 이는 그가 東學敎徒의 힘을 빌어(組織을 利用하여) 혁명을 企圖하고 있다는 것으로서, 일반적으로 그가 의도하는 바가 세상에 어떻게 반영되고 있었는지를 보여주는 것이라 하겠다.

　그러나 全琫準의 이념·사상이 이같이 反封建的 革命을 企圖하는 것이었다 하더라도, 그것이 動亂의 처음부터 마지막까지 일관되게 확립되고 철저하게 추진되고 있었던 것은 아니었던 것으로 생각된다. 그것은 그의 사상의 형성과정에서부터 民亂이 甲午動亂으로 진전하는 데 따라 준비되고 성장 발전하는 기복이 있는 것이었다고 하겠다. 그리고 이 경우 그에 호응하여 봉기하고 있는 南接의 지도층들이라 하더라도, 모두가 全琫準과 그 사상적 자세를 같이하고 있는 것도 아니었다. 그들 가운데 적지 않은 사람들은 革命事業에는 뜻이 없고 다만 '只以誅求爲事'하는 무리가 되고 있었다. 그러므로 이하에서 우리는 그의 封建制 否定의 이념·사상의 형성 발전과정을 검토함으로써 農民軍의 反封建性을 살피게 되겠지만, 그것은 南接 指導層 가운데에서도 극히 한정된 범위 안에서의 일이었다는 점을 지적해 두지 않으면 아니

---

84)「甲午略歷」.

되겠다.

(1) 進步的 思想의 形成段階

甲午動亂에서 全琫準은 그 자신이 진술한 바와 같이 '爲民除害'하고 '濟世'하려는 革新的 思想의 소유자였지만, 그것은 動亂과 더불어 비로소 시작되는 것이 아니었다. 그것은 그 家門의 事情이나 이 시기 이 지방의 知的環境과 관련하여 이미 오래전부터 형성되고 있는 것이었다.

그의 가문은 天安全氏 全五常의 후손으로서 본시 당당한 양반신분의 일원이었으나,[85] 朝鮮後期 양반사회의 분해 속에서 정치권력 참여에서 탈락한 것은 말할 것도 없고, 經濟的으로도 몰락하는 가운데, 그 자신은 農地 겨우 3斗落을 소유하고,[86] 書堂 訓長으로서 生을 이어가지 않으면 아니 되는 지극히 가난한 農民化한 寒士,[87] 가난한 농촌지식인이 되고 있었다. 그러므로 그는 이 시기의 부패한 政治行態와 관련하여, 그리고 이 지방의 通商貿易에 따르는 농촌사회의 분해 및 沒落農民의 처지와도 관련하여, 대단히 現實批判的·體制批判的인 인물이 되지 않을 수 없었다. 더욱이 그의 부친 全彰赫(全承泉?)은 郡守 趙秉甲의 수탈에 반대하다 체포되어 투옥되고 棍杖을 맞기도 함으로써 결국 사망하기까지 하였으므로,[88] 그의 현실비판 意識은 더욱 철

---

85) 全琫準은 그 家系가 분명치 않다. 甲午 이전에 간행된 全氏門中의 族譜에서 全琫準을 확인할 수 있는 것은 『天安全氏世譜』(丙戌, 1886)가 있을 뿐인데, 여기에는 全琫準의 이름이 보이지 않기 때문이다. 그러나 全琫準家와 같은 곳에 살았던 全氏門中의 한 사람인 全長壽는, 農民戰爭이 끝난 후 이 族譜에 실려 있는 全炳鎬를 全琫準이라고 그 아들 全聖泰에게 알렸고, 그래서 최근(1986)에 간행된 『天安全氏大同譜』에서는 이 설에 따라 全炳鎬를 全琫準으로 기록하게 되었는데, 그럴 경우 그는 全五常의 後孫이 된다.
　송정수, '全琫準將軍 家系에 대한 檢討'(『호남사회연구』2, 1995) 참조.
86) 「全琫準 供草」初招問目.
87) 「全琫準 供草」初招問目.
88) 全琫準의 부친 全彰赫이 억울하게 죽은 것은 확실한데(註 27의 2의 ①② 참조), 그가 狀頭로서 民狀 提訴에 참여하였다가 杖斃당하였다는 說에는 異論이 있어서 분명치가 않다. 東學亂에 직접 참여하였던 『東學史』의 저자 吳知泳은 그같이 말하고, 그것을 癸巳年 11월 呈訴 때의 일이라고 하였는데(同書, pp.103~104), 田保橋潔 씨는 이 연대가 확실하지 않은 것으로 부정하고 있다. 그러나 그러면서도 그는 그 時點이 구체적으로 언제였는지 말하고 있지 않다(氏의 前揭書 下, p.269). 또 이와 관련해서는 그의 부친의 신분에 관해서도 설이 구구한데, 張奉善, 「全琫準實記」(崔玄植, 『甲午東學革命史』, 1994 收錄)와 뒤에 다시 언급하게

저해지지 않을 수 없었다. 그리고 그러한 가운데 그의 社會改革思想도, 本書의 앞 논문(古阜民亂의 社會經濟事情과 知的環境)에서 이미 살핀 바 이 지역의 知的環境과도 관련하여, 한층 더 근본적인 문제를 추구하는 데까지 이르지 않을 수 없었다.

그가 성장하고 거주하고 있었던 곳은 泰仁郡 山外面 東谷里(후대의 井邑郡 山外面 東谷里)[89]였으며, 성년이 되어 30代의 書堂 훈장으로서 童蒙을 교육하고 있었던 곳은 古阜郡 宮洞面 鳥巢里(후대의 井邑郡 梨坪面 長內里)[90]였는데, 그의 진보적 학문, 變革的 사상이 일정하게 성숙한 것은 이곳에서 훈장생활을 하고, 현실비판 의식을 고조시키며, 농업문제를 농민적 입장에서 해결하기 위하여 田制, 山林制度 등을 연구하고 있었던 동안의 일이었던 것으로 생각된다.[91] 그것은 그가 朱子學이 아니라 '孔孟'의 學을 하고, 書堂에서 儒敎經典을 교육하는 입장에 있었다는 점 이외에도,[92] 몇 가지 점에서 이 지방의 知的環境이, 그러한 문제를 연구하기에 좋은 조건을 제공해 주고 있었기 때문이었다.

그러한 가운데서도 무엇보다 주목되는 것은 이웃한 扶安郡의 가까운 곳에 磻溪 柳馨遠이 교육을 하고 있었던 東林書院이 세워져 있었다는 사실이다.[93] 이때에는 비록 그 건물은 大院君의 書院政策으로 인해서 철폐되고 없

될 宋在燮, 「甲午東學革命亂과 全琫準將軍實記」에서는, 그를 鄕校의 掌議를 지낸 全承彔으로(兩班身分), 萬石洑의 監督을 지내던 중 강요된 趙秉甲 母喪의 賻儀를 거절함으로써 趙秉甲의 원한을 사, 그가 재임한 후 체포되어 棍杖을 맞고 풀려났으나 杖毒으로 사망한 것으로 기술하고 있다.

89) 「全琫準 供草」 初招問目.
90) 「石南歷事」 朴氏定基歷事. 이 자료는 최근 '東學農民革命' 100주년을 기념하기 위한 사업의 일환으로 全州지역 교수들에 의해서 발굴된 자료로서, 朴文奎(1879~1955)라는 이가 소년시절에 鳥巢里 書堂의 全琫準에게서 千字文을 배우던 사정, 書堂이 뒤에는 말목으로 이동하고 그곳에서 經典을 배우게 되는 사정, 古阜民亂이 일어날 때의 古阜民들의 동향 등을 소상하게 기록하고 있어서, 이 시기의 古阜지방 사정을 이해하는 데 크게 도움이 된다.
91) 日本軍司令官의 「全琫準 審問」 東學黨 大頭目과 그 自白(『東京朝日新聞』 1895. 3. 5).
92) 註 56) 「全琫準 審問」.
    註 90) 「石南歷事」.
93) 『增補文獻備考』 212, 學校考 11, 各道祠院, 全羅道 扶安, 下, p.468.

190

었지만, 磻溪의 國家再造를 위한 變革的인 思想은 그의 『隨錄』을 통해서 이 고장의 자랑으로서 전승되고, 따라서 사회개혁의 문제를 생각하는 사람들은 이를 읽고 연구하였을 것으로 생각된다. 그리고 다음은 湖南지방에는 茶山 丁若鏞의 改革思想에 관한 著述이 그 제자들의 후손에 의해서 오랜 세월에 걸치면서 유포되고, 農民軍 指導層에서도 이를 그들의 革命方略 연구에 참고하고 이용할 수 있었다는 사실이다. 이때 茶山의 著述은 간행되어 있지 않았지만 사회개혁을 모색하는 사람들은 여러 가지 방법으로 그 筆寫本을 수소문하여 이를 그들의 改革方案에 이용하였을 것이다.[94] 그뿐만 아니라 셋째로 이곳 古阜지방에는 부분적으로나마 井田制를 시행했던 역사적 경험이 있었으므로,[95] 이 고장 지식인들이 農業問題를 타결하려 할 때에는, 무엇보다도 먼저 이 같은 경험을 토대로 하여 그 방향을 모색하게 되었을 것으로도 생각된다. 그리고 끝으로 들 수 있는 것은 이 지방에는 여러 佛教寺刹이 있는 가운데, 특히 彌勒佛이 있어서 救世信仰으로서의 彌勒信仰이 발달하고 있었다는 점이며,[96] 따라서 이 지방에서는 東學이 아니더라도 이미 오래전부터 救世를 祈求하는 바가 신앙으로서 널리 보급되고 있었다는 점이다.

　물론 이 지역의 知的環境 전체를 논한다면 이러한 사상이 그 주류를 이루고 있는 것은 아니었다. 이 지역에서도 이들 사상보다 현실적으로 더 지배적 위치에 있는 것은 朝鮮王朝의 國定教學·體制的 學問인 朱子學을 신봉하는 학풍이었다. 그러한 학풍은 각 지역에 허다하게 설치되어 있는 書院을 중심으로 크게 발달하고 있었으며, 古阜지역 가까운 곳에는 朱子學者인 宋時烈을 배향한 井邑의 考巖書院[97]이나 金麟厚를 배향한 長城의 筆巖書院[98]

　　『列邑院宇事蹟』 1, 全羅道 東林書院事蹟.
　　『扶風勝覽』 1, 院宇.
　94) 丁茶山의 思想이 農民軍 指導層에 전승되고 있었다는 사실은 이미 잘 알려진 사실이지만(최익한, 『실학파와 정다산』, 서울판, 1989, p.319), 茶山 제자들의 후손이 農民軍에 가담하고 있었음을 통해서 보면, 이는 더욱 분명하게 확인되는 것이라고 하겠다(윤정하, 「우리 어머니」, pp.43~48 ; 拙 著, 『韓國近現代農業史研究』, p.370, 註 44).
　95) 拙 稿, 「古阜郡聲浦面量案」의 分析(『朝鮮後期農業史研究』 I, 증보판, 1995) 참조.
　96) 新撰 『瀛洲誌』 1, 白雲庵 참조.

등이 있어서 특히 그 위력을 발휘하고 있었다. 그러므로 全琫準 등의 진보적 사상은 이 같은 體制的 思想과의 갈등 대립을 거치는 가운데 형성된 것이었으며,[99] 또 이들 思想 書院 및 體制와 대항하기 위해서는 거기에 대항할 만한 조직을 갖지 않으면 아니 되는 데서, 즉 '結黨'할 수 있는 근거를 마련하기 위해서, 또는 '用武之地'를 확보하지 않으면 아니 되는 데서, 東學에 가입(1892)도 하게 된 것이었다.[100] 그리고 그 해에 그 조직을 이용해서 監營에 呈訴도 해보고, 몇몇 地方官衙에 倡義文을 작성해서 掛書토록 하기도 하였다.[101]

(2) 古阜民亂의 段階

위에서와 같이 살피면 全琫準의 思想은 이미 動亂 이전부터 進步的인 思想으로서 확립되고, 장차 있을지도 모를 어떤 대대적인 운동을 위해서 미숙하나마 조직을 마련하고 대중동원의 준비를 하고 있었다고도 하겠다. 그러한 단계에서 발생한 것이 古阜民의 呈訴運動(癸巳年 11·12월)이고, 이를 한 차원 높은 단계의 운동으로까지 끌어올린 것이 暴力運動으로서의 古阜民亂(甲午年 正·2·3월)이었다. 朝鮮後期의 英正朝 이후에는 訴冤制度가 발달하고 있어서,[102] 지방에서 문제가 발생했을 때의 農民運動은 일차적으로는 이

---

97) 『邑誌』 4, 全羅道 1, 井邑縣 書院.

98) 『邑誌』 4, 全羅道 1, 長城府 書院.
　　『筆巖書院誌』.

99) 우리는 그러한 사정을, 農民戰爭이 절정에 달하였을 때 이에 對戰하고 討伐하기 위하여 편성한 民保軍이 재지 幼學 등 兩班層을 주축으로 하여 조직되고 있었던 사정(「聚義錄」), 農民戰爭이 끝난 후에도 求禮의 儒者 黃梅泉이 東學軍 幹部의 餘黨을 철저하게 색출하여 盡殺할 것을 강조하고 있었던 사정(「甲午平匪策」) 등등에서 추정할 수 있다. 다음의 글들은 그 같은 사정을 살피는 데 도움이 된다.
　　崔承熙, '書院'儒林'勢力의 東學 排斥運動(『韓㳓劤博士停年紀念史學論叢』, 1981).
　　申榮祐, 「甲午農民戰爭과 嶺南 保守勢力의 對應」, 延世大 大學院, 1991.
　　拙 稿, '梅泉 黃玹의 農民戰爭 收拾策'(『韓國近代農業史硏究』 下, 1984).

100) 註 56)의 「全琫準 審問」.
　　金庠基, '東學과 東學亂'(『東方史論叢』, 1974, p.660).

101) 註 56)의 「全琫準 審問」.
　　註 5)의 「南原郡東學史」.

102) 『續大典』 『大典會通』 卷 5, 刑典 訴冤.
　　韓相權, 『朝鮮後期 社會와 訴冤制度』, 1996.

제도에 호소하는 것이 일반이었다. 그것은 보통 경우에는 呈邑(郡縣)하는 것만으로써 해결을 하였으나, 그것이 잘 안될 경우에는 呈營(監營)을 함으로써 해결하도록 하는 것이었으며,[103] 그러고서도 문제가 해결되지 않을 경우에는 京師에 올라가 廟堂에 訴寃할 수가 있는 것이었다.[104] 그러나 이 같은 제도가 법제상으로는 그 규정이 잘 마련되어 있었지만, 부정과 부패를 일삼음으로써 규탄의 대상이 되고 있었던, 당시의 政府나 地方官廳이 이를 규정대로 잘 운영할 리가 만무하였다. 그리하여 呈訴運動으로까지 가게 되는 농민운동은 暴力運動으로서의 民亂을 수반하게 되는 것 또한 일반이었다. 呈訴運動은 합법운동이었으나 民亂은 불법운동이었다. 그런데 이러한 民亂은 일반적으로는 단순한 農民暴動일 경우가 많았으나, 경우에 따라서는 농민운동의 주체들이 처음부터 兵器로 무장을 하고 전투를 하는 경우도 없지 않았다.[105] 中世社會 최말기의 亂世를 살고 있는 全琫準 등 농촌지식인들은 이 같은 사정을 잘 알고 있었으며, 따라서 그들은 呈訴運動을 하면서도 그것이 수용되지 않을 경우에 대비하여 처음부터 暴力運動, 民亂, 兵亂을 또한 계획하고 이를 추진해 나가지 않을 수 없었다. 이는 古阜民亂이 과거 다른 지방의 民亂보다 그 농민운동 방식에서 한 단계 진전하고 있음을 보여주는 면이기도 하였다.

古阜民의 呈訴運動은 앞에서 지적했듯이, 古阜郡守 趙秉甲의 탐학스러운 수탈에서 기인하고 있었으며, 한걸음 더 나아가서는 전국의 內外職 官僚가 철저하게 부패해서 民이 모두 塗炭에 빠지게 된 데서 기인하고 있었다(註 12, 22). 그러므로 그들은 이 같은 사태를 釐正하고 民을 救濟해야 한다고 생각하였으며, 그 방법으로서 택하게 된 것이 우선 합법적 운동으로서의 呈訴運動이었다. 그들은 이 운동을 呈邑, 呈營, 廟堂訴寃 등 3단계의 운동을 모두 거치더라도 그들의 목표를 달성하고자 하였으며, 실제로 그렇게 실천

---

103) 前揭, '哲宗朝의 民亂發生과 그 指向' 참조. 晋州民亂시의 呈訴運動은 바로 그러한 것이었다.
104) 韓相權, 註 102)의 書 및 '1827년 平安道楚山府民人의 上京示威와 政局의 동향'(『韓國古代中世의 支配體制와 農民』, 1997) 참조.
105) 韓㳓劤, 『東學亂 起因에 관한 研究』, pp.66~68.
    前揭 '古阜民亂의 社會經濟事情과 知的環境'의 註 122), 123) 부분 참조.

해 나가고 있었다. 呈邑運動은 癸巳年(1893)의 11월과 12월에 等訴로써 古
阜官衙 古阜郡守에게 民狀 정도의 訴狀을 제기하는 것이었는데(註 13. 14)
이는 실패하였으나, 그들은 다음에 언급하는 바와 같이 이 단계에서 동시에
民亂을 계획하고 있었으며, 呈營運動은 甲午年(1894)의 정월과 2. 3월에 추
진되었는데, 이는 呈邑運動에 비해 대단한 것이었으나(註 14. 15), 이와 병
행해서는 郡衙 占領, 吏屬 擊懲, 勒徵稅 還推, 明禮宮洑 毀破 등등의 古阜民
亂을 3월까지도 전개하고 있었다. 그리고 廟堂訴冤은 上京 訴冤을 해야 하
는 것이었으나 京軍에 의해서 차단되는 가운데, 政府軍과 전투를 하여 全州
城을 점령하고, 이를 정부군에 明渡하게 되는 5월에 가서야 정부군 대장 洪
啓薰에게 의뢰하여 訴冤을 하고도 있었다(註 120). 그들은 일면 합법적인
呈訴運動을 하면서도 民亂·兵亂을 일으키고, 일면 불법적인 兵亂을 전개하
면서도 廟堂訴冤을 하고 있는 것이었다.

　　이 같은 운동과정에서 南接 인사 특히 全琫準의 革新性 문제와 관련하여,
그리고 東學亂의 발생문제와도 관련하여, 우리에게 주목되는 것은 古阜民亂
을 계획할 때의 사정이다. 그런데 이에 관해서는 자료가 별로 없는 가운데,
근년에 몇몇 새로운 자료가 발굴됨으로써, 이 문제의 이해에 적지않이 도움
을 주고 있다. 이른바 古阜民亂의 沙鉢通文[106]으로 알려진 文書의 발굴은 그
하나이다. 그러나 이 문서는 民亂 계획 때의 사정을 전부 수록하고 있는 것
이 아니라, 破本이 된 문서책자에서 떨어져 나온 한 장의 낱장 문서여서(通
文 끝에 沙鉢로 서명한 사람들의 名單과 그 후 사정을 기록한 4개 條項의 行動次
序만 들어 있다), 이로써 民亂 계획 때의 사정을 전체적으로 파악할 수는 없
으며, 따라서 논자에 따라서는 이 문서의 성격 및 民亂을 계획하던 시기의
사정에 異見이 있기도 하다. 民亂을 계획하던 시점의 사정을 이해하는 데,
더욱 긴요하게 이용될 수 있는 부분은 이 문서보다도 그 앞부분과 뒷부분이
었을 것으로 생각된다. 여기에는, 자료가 더 발굴된 후의 사정으로 보아, 최
소한 癸巳年 仲冬 下旬에 全琫準이 쓴 飛檄(檄文)과 全琫準 등 15명이 연명
으로 쓴 通文(이른바 沙鉢通文)의 내용이 들어 있고, 또 古阜民 봉기를 지도

---

106) 『나라사랑』 15號, 녹두장군 전봉준(全琫準) 특집호, 1974 所收.
　　 總務處, 『東學關聯判決文集』, 1994 所收.

할 領導者 將材의 명단이 들어 있기 때문이다.

이러한 문서의 原本은 지금 그 所在處를 알 수 없지만, 우리는 宋在燮 씨가 「甲午東學革命亂과 全琫準將軍實記」[107]에서 인용하고 있는 자료를 통해서, 그 대체를 살필 수가 있다. 이를 통해서 볼 수 있는 飛檄[108]과 通文[109]은

---

107) 이 冊子는 進菴 宋在燮(1889~1955) 씨가 檀紀 4287년(1954)에 펜으로 쓴 筆寫本인데(冊의 마지막 부분에 著述年紀가 씌어져 있다), 필자는 이를 朴英宰 교수를 통해 朴明道 선생(父 朴來源, 祖父 朴寅浩)댁에 소장되어 있는 原稿本의 복사본을 기증받아 보고 있다. 앞뒤가 많이 훼손되었으나 이 檄文과 通文이 씌어진 부분은 온전하다. 이 實記를 저술한 進菴 宋在燮 씨는 沙鉢通文에 全琫準과 더불어 연서한 宋斗浩의 손자이고, 그 아들 宋柱晟의 子이며, 沙鉢通文 등이 수록된 原本을 소장하고 있었던 사람으로서, 일제하에는 滿洲에 流移하여 살고 있다가 해방후 돌아와, 이 實記를 저술한 후 1955년에 사망하였다. 그러므로 이 冊子는 그 著者가, 1968년에 宋基泰(宋柱玉 — 宋斗浩의 재종질 — 의 孫子) 씨에 의해서 위의 沙鉢通文이 낱장의 문서로서 공개되기에 앞서, 이미 그 자료의 원본을 다 보고 그의 글을 썼던 것이라고 하겠다. 宋氏家에 관해서는 다음의 자료를 참조할 수 있다.
『礪山宋氏判決事公派譜』全, 1983.
『礪山宋氏大同譜』卷 2(少尹公派), 1989.
이이화, 『발굴 동학농민전쟁 인물열전』宋大和, 1994 등 참조.
108) 宋在燮, 「甲午東學革命亂과 全琫準將軍實記」, 1954(檀紀 4287), 중간부분.
　　　　飛 檄
　　今之爲臣은 不思報國하고 도절록위하며 掩蔽聰明하고 가의도容이라 총간지목을 謂之妖言하고 正直之人을 위지비도하여 內無포圍之재하고 外多학民之官이라
　　人民之心은 日益유變하여 入無학생之業하고 出無保구之策이라 학政이日사에 怨聲이相續이로다
　　自公卿以下로 以至方伯守令에 不念國家之危殆하고 도절비己윤家之計와 전選之門은 視作生화之路요 응試之場은 擧作交易之市라
　　許多화뢰가 不納王庫하고 反充사장이라 國有累積之債라도 不念國報요 교사음이가 無所위기라 八路魚肉에 萬民도탄이라
　　民爲國本이니 本削則國殘이라 吾道은 유초야유민이나 食君之土하고 服君之義(衣)하며 不可坐視國家之危亡이라 以報公輔國安民으로 爲死生之誓라
　　　　　　癸巳仲冬下旬　　　　　　　　　　　　　　罪人 全琫準 書 *

　　*이 飛檄은 그 후 계속 보완되고 다듬어져서, 두 달 후인 甲午年 정월에는 古阜民亂시의 倡義文으로 완성되며, 또 그 후 茂長蜂起시에는 漢文으로도 번역 작성된다.
109) 同 上書.
　　　　通 文
　　右文爲通諭事는 無他라 大廈將傾에 此將奈何오 坐而待之可乎아 扶而救之可乎아 奈若何오 當此時期하야 海內同胞의 總力으로 以하야 撑而擎之코저하와 血淚를 灑하며 滿天下同胞의게 衷心으로써 訴하노라
　　吾儕飮恨忍痛이 已爲歲積에 悲塞哽咽함은 必無贅論이어니와 今不可忍일새 玆

아래와 같다. 그리하여 古阜民亂을 계획하던 指導部는, 이러한 飛檄과 通文을 통해서 古阜民의 民亂봉기에 관한 여론을 조성하는 한편, 民亂을 일으켰을 때의 善後策을 토의하기 위하여 宋斗浩家에 都所를 설치하고, 民亂봉기 후 수행할 4개 條項의 行動次序[110]와 앞으로 古阜民亂을 이끌어 나갈 領導者

敢烽火를 擧하야 其哀痛切迫之情를 天下에 大告하는 同時에 義旗를 揮하야 蒼生를 濁浪之中에서 救濟하고 鼓를 鳴하야 써滿朝의 奸臣賊子를 驅除하며 貪官汚吏를 擊懲하고 進하야 써倭를 逐하고 洋를 斥하야 國家를 萬年盤石의 上에 確立코자 하오니 惟我道人은 勿論이요 一般同胞兄弟도 本年十一月二十日를 期하야 古阜馬項市로 無漏來應하라 若不應者 有하면 梟首하리라
        癸巳 仲冬 月 日

各里 里執綱   座下 *

　*이 通文에 서명한 인물이, ① 1968년에 공개된 文書에서는 全琫準 등 20명이었는데, ② 이 「甲午東學革命亂과 全琫準將軍實記」에 수록한 文書에서는 15명으로 되어 있고, 그 중 한 명은 이름 한자가 다르다. 그뿐만 아니라 이 두 文書 사이에는 표현이 조금씩 다른 곳도 있다. 그런데 이 두 通文은 어느 쪽도 원본이 아니라, 원본을 필사한 것이므로, ① ②의 문서 중 어느 쪽인가는 원본대로 필사한 것이 아니라고 하겠다. 이것은 중요한 문제라고 생각되는데, ② 문서가 通文에 서명한 사람을 일부 삭제하였는지, 아니면 ② 문서는 사실대로 필사하여 인용하였는데, 그 후 ① 문서를 공개하게 된 사람들이 어떤 사정으로 거기에다 몇 사람 더 가필 추가하게 되었던 것인지, 그렇지도 않으면 ② 문서는 본시 그 모임에서 草稿로 작성된 것이고, ① 문서는 그 후 몇 사람이 그 모임에 추가로 더 참석하게 됨으로써 再作成하게 된 것인지 분명치가 않다.

110) 同 上書.
　右와 如한 檄文이 四方에 飛傳하니 物論이 鼎沸하고 人心이 恟恟하얏다. 每日 亂亡를 謳歌하던 民衆들은 處處에 모혀서 말하되, '낫네 낫서 亂離가 낫서, 에이 참 잘되얏지, 그냥 이대로 지내서야 百姓이 한사람이나 남어잇겟나' 하며, 下回만

將材를 선출하여 부서를 정하였는데,[111] 그 將材의 명단을 또한 여기에서 볼 수가 있는 것이다.

이로써 보면 이때의 全琫準 등은 古阜民亂을 일으키기 위한 사전 준비를 면밀하게 진행시키고 있었다. 말단 행정기구인 面里의 執綱을 통해 東學 道人과 일반 村民을 동원하고, 飛檄 通文 등을 마련하고 民亂에서의 行動次序도 정하고 있었다. 그것은 단순히 古阜지방만의 民亂봉기를 목표로 하는 것이 아니라, 보다 크고 높은 차원의 목표를 추구하는 전국적 규모의 農民運動·政治運動을 위한 준비운동의 성격을 지니고 있었다. 그러한 점에서 全琫準 등에게 古阜民亂은 단순한 民亂이 아니라, 그의 표현 그대로 전국적 규모의 農民運動·政治運動을 위한 '烽火', 즉 先導運動이고자 하는 것이었다.

古阜民亂의 이 같은 성격은 그의 두 통의 檄文과 通文에 잘 표현되고 있다. 이에 의하면 그는 이 시기를 國家存亡의 위기의 시기라고 보고 있었다. 國王의 臣下, 政府의 內外官僚는 모두 국가를 위해 보답할 생각이 없고, 부정부패하여 肥己만을 일삼아 허다한 賦稅는 國庫에 들어오지 않으며, 民은 국가의 근본으로 本이 削하면 국가가 衰殘하게 마련인데, 虐政이 날로 심하여 百姓은 이제 도탄에 빠지게 되었다는 것이었다. 그뿐만 아니라 倭洋이 또한 國家를 어렵게 한다고 생각하였다. 그러므로 그는 이 같은 위기상황에서

기다리더라.

　이때에 道人들은 善後策을 討議하기 위하야, 宋斗浩家에 都所를 定하고 每日雲集하야 次序를 따라 條項를 定하니 左와 如하다.

　一. 古阜城를 擊破하고 郡守 趙秉甲를 梟首할 事.
　一. 軍器倉과 火藥庫를 占領할 事.
　一. 郡守의게 阿諛하야 人民를 侵魚한 吏屬를 擊懲할 事.
　一. 全州營를 陷落하고 京師로 直向할 事.

111) 同 上書.

　右와 如히 決議가 되고, 따라서 軍略에 能하고 庶事에 敏活한 領導者될 將材를 選擇하야 部署를 定하니 下와 如하다.

　一. 一將頭에 全琫準
　一. 二將頭에 鄭鍾(宗)赫
　一. 三將頭에 金道三
　一. 參謀에　宋大和
　一. 中軍에　黃洪模
　一. 火砲將에 金應七

蒼生을 구제하고, 國家를 萬年盤石 위에 再確立하기 위해서는, 위기극복과 국가안정을 위한 비상대책이 있어야 하겠다는 것이며, 그 방법은 천하에 義旗를 들어 정부 내의 奸臣賊子를 제거하고 탐관오리를 擊懲하며, 倭洋을 逐斥해야 한다는 것이었다. 이러한 사정은 그가 供草에서 답변한 내용과 일치한다. 反正運動·革命運動의 방법으로서 不正腐敗한 집권세력을 축출하고 신선한 새로운 정치인으로 하여금 國政을 맡게 하려는 셈이었다. 그러나 그와 같이 變革은 추구하면서도, 그 檄文이나 通文의 내용에는 舊來의 사회를 새로운 사회로 개혁하고자 하는 近代的 思想의 내용은 보이지 않는다. 그것은 儒敎思想 아마도 儒敎的 變通論에 근거하는 것이겠으나, 그러한 한 近代的 變革思想으로서는 일정한 한계가 있는 것이었다고 하겠다.

(3) 3月起包의 段階

古阜民亂은 그들의 4개 條項의 行動次序에 따라 郡衙를 打擊 점령하고, 軍器倉 등을 장악하며, 간악한 吏屬을 징벌하기는 하였으나, 郡守 趙秉甲은 도주함으로써 梟首하지 못하였다. 그러나 이러한 사태가 몰고 온 결과는 실로 엄청난 바가 있었다. 본래 民亂이 일어날 경우 대개 그 주모자를 처형하는 것은 일반이었지만, 이곳에서는 民亂·起包에 참여한 자를 모두 東學으로 몰아 포박하고 본인이 없으면 그 妻子를 체포하여 殺戮하였다(註 19). 그러므로 民亂의 주모자들은, 애초에 그들의 民亂을 계기로 그 운동을 古阜 한 지방에 그치지 아니하고, 上京呈訴·廟堂訴寃과 貪官汚吏의 제거를 구상하고 있었던 바에 따라(註 110 참조), 全州를 공략하고 京師로 直向하는 일을 서두르지 않을 수 없게 되었다. 古阜民亂의 飛檄과 通文에는 民亂 참여를 위한 동원대상에 東學敎徒(吾道, 道人)가 분명하게 기록되어 있었으므로, 湖南 지방 東學, 南接의 입장에서는 이제 官의 추급에서 피할 길이 없게 되고 있었다.

그러나 古阜民亂의 경우로 보아, 全州를 함락하고 上京하여 廟堂訴寃을 한다는 것은 심상한 방법으로 될 일이 아니었으며, 이는 결국 軍事活動을 뜻하는 것이 아닐 수 없었다. 그리고 그것도 政府軍과 대항할 수 있는 거대한 조직력이 되지 않으면 아니 되는 일이었다. 여기에 全琫準 등은 결국 東學의 包組織을 동원 이용하게 되었으며, 그들의 農民運動은 마침내 이른바 3月起

包·전국적 규모의 兵亂으로까지 확대되기에 이르렀다. 그러므로 이 단계는, 古阜民亂의 단계에 비하여, 그 思想의 實踐運動으로서의 성격이 한층 더 심화되는 시기로서, 그 사상의 革新性·反封建性의 정도가 그 구호와 주장에 더욱 분명하게 표명될 수 있었다.

그러면 이 3月起包에서 全琫準 등이 추구하고 있었던 바는 무엇이었을까? 全琫準 자신의 진술에 따르면, 앞에서도 언급한 바와 같이, '爲民除害'하고 '濟世'를 하려는 것, 즉 '輔國安民'하기 위하여 貪官汚吏를 제거하려는 것이었다. 그리고 그 貪官汚吏는 全羅 一道뿐만 아니라 권력의 핵심부까지도 지목하는 것이라는 점에서, 閔氏政權·封建權力에 대한 도전 그 타도이기도 하고, 그 제거의 방법은 農民軍의 군사활동에 의거한다는 점에서 革命的인 것이기도 하였다. 그의 이 같은 의식은 대단히 강렬하였으며, 그것은 다음과 같은 「供草」의 문답에 잘 반영되고 있다.

    問　全羅道監司以下各邑守宰　皆貪虐耶
    供　十居八九
    問　然則居內職者與宰外任之官員　皆貪虐耶
    供　居內職者以賣官鬻爵爲事　勿論內外皆貪虐也
    問　然則欲除全羅一道貪虐之官吏而起包耶　欲八道一體爲之之意向耶
    供　除全羅一道貪虐　屛逐內職之賣爵權臣　八道自然爲一體矣[112]

즉, 이에 의하면 그는 3月起包 이후 農民軍의 힘으로 제거하게 될 대상을, 全羅 一道의 貪官汚吏뿐만 아니라 중앙정부의 內職者로서 賣官賣爵하는 부패한 權臣들까지도 계산에 넣고 있었으며, 이들을 一屛으로 축출 제거하면 전국의 貪官汚吏도 모두 제거되리라는 생각이었다. 이는 중앙의 권력을 交替하는 것, 즉 권력장악을 뜻하는 것으로서, 그 의식이 그만큼 강렬하고 계획의 규모가 그만큼 큰 것이었음을 뜻하는 것이었다. 그 표현은 비록 貪官汚吏의 제거로 되어 있지만, 그 실체는 결국 부패한 封建權力의 타도가 아닐 수 없었으며, 따라서 그의 除害濟民·除暴救民의 의식은 절정에 달하고 있는

---

112)「全琫準 供草」再招問目.

것이었다고 하겠다.

全琫準의 이때의 起包意識은 이 밖에 다음과 같은 몇몇 자료를 통해서도 그 실상을 소상하게 살필 수 있다. 즉 民亂의 상태를 止揚하고 부패정권의 타도를 선포하는 湖南倡義所의 倡義文이라든가,[113] 탐관오리의 제거에 大義

---

113) 倡義文은 ① 吳知泳, 前揭書, p.108(여기서는 國漢文 혼용으로 표기하고 있다) ; ②「全羅道民擾報告」1, 東學黨彙報 ; ③「隨錄」茂長縣謄上東學人布告文 ; ④「聚語」茂長東學輩布告文(『東學亂記錄』上, p.142 ; 田保橋潔, 前揭書 下, p.251) 등에서 볼 수 있다. ①과 ④의 예를 들면 다음과 같다.

　① 倡義文

　世上에서 사람을 貴타 함은 人倫이라는 것이 있기 때문이다. 君臣父子는 人倫의 가장 큰 者라. 人君이 어질고 臣下가 곳으며 아비가 사랑하고 아들이 孝道한後에야 國家가 無彊의 域에 및어가는 것이다. 同我聖上은 仁孝慈愛하고 神明聖叡한지라 賢良方正之臣이 있어 그 聰明을 翼贊할지면 堯舜之化와 文景之治를 可히 써 바랄지라. 今日에 人臣된 者 圖報를 思치치않고 한갓 祿位만 盜賊하여 聰明을 擁蔽할뿐이라. 忠諫之士를 妖言이라 이르고 正直之人을 匪徒라 하여 안으로는 輔國의 材가 없고 밖으로는 虐民의 官이 많다. 人民의 마음은 날로 變하여 들어서는 樂生의 業이 없고 나가서는 保身의 策이 없다. 虐政이 날로 자라고 怨聲이 끝지지 아니하여 君臣父子上下의 分이 문어지고 말었다. 所謂公卿以下方伯守令들은 國家의 危難을 生覺지도 아니하고 다만 肥己潤産에만 懇切하여 詮選의 門을 돈버리로 볼뿐이며 應試의 場은 賣買하는 저자와 같었다. 許多한 貨賂는 國庫에 들어가지 못하고 다만 個人의 私藏을 채우고 만것이며, 國家에는 積累의 債가 있어도 淸償하기를 生覺지 아니하고, 驕慢하고 奢侈하고 淫亂하고 더러운 일만을 忌憚없이 行하여, 八路가 魚肉이 되고 萬民이 塗炭에 들었다. 守宰의 貪虐에 百姓이 어찌 困窮치 아니하랴. 百姓은 國家의 根本이라 根本이 衰削하면 國家는 반듯이 없어지는 것이다. 輔國安民의 策을 生覺지 아니하고 다만 제몸만을 生覺하여 國祿만 없애는 것이 어찌 오른일이랴. 우리等이 비록 在野의 遺民이나 君土를 먹고 君衣를 입고 사는자라 어찌 참아 國家의 滅亡을 앉어서 보게느냐. 八域이 同心하고 億兆가 詢議하여 이에 義旗를 들어 輔國安民으로써 死生의 盟誓를 하노니, 今日의 光景에 놀라지 말고 昇平聖化와 함께 들어가 살아보기를 바라노라.

　　　　甲午 正月 日

　　　　　　　　　　　　　　　　　　　湖 南 倡 義 所
　　　　　　　　　　　　　　　　　　　全 　 琫 　 準
　　　　　　　　　　　　　　　　　　　孫 　 和 　 中
　　　　　　　　　　　　　　　　　　　金 　 開 　 南 　 等

　　④ 倡義文

　人之於世最貴者 以其人倫也 君臣父子 人倫之大者 君仁臣直 父慈子孝 然後乃成家國 能逮无疆之福 今我聖上仁孝慈愛 神明聖睿 賢良正直之臣 翼贊佐明 則堯舜之化 文景之治 可指日而希矣 今之爲臣 不思報國 徒竊祿位 掩蔽聰明 阿意踏容 忠諫之士 謂之妖言 正直之人 謂之匪徒 內無輔國之才 外多虐民之官 人民之心 日益渝變 入無樂生之業 出無保身之策 虐政日肆 怨聲相屬 君臣之義 父子之倫 上下之分 隨壞而

名分을 찾는 이 倡義文에 이어, 그것이 각 지방에 전달됨으로써 湖南 53州
의 農民層으로 하여금 動亂에 가담케 하고, 그들로 하여금 古阜·泰仁·扶安·
井邑·興德·高敞·茂長·長城을 거쳐 完府인 全州를 점령케까지 하는 도도한
추진력을 형성시킨 檄文이라든가,[114] 鄕吏層의 협력을 촉구하는 의미에서
法聖邑鄕吏에게 보낸 通文 등은 그것이다.[115] 이를 통해서 보면, 그의 이때
의 擧事는 결국 輔國安民을 위해서 탐관오리를 제거하고 부패한 封建權力을

無遺矣 管子曰 四維不張 國乃滅亡 方今之勢 有甚於古者矣 自公卿以下 以至方伯守
令 不念國家之危殆 徒切肥己潤家之計 銓選之門 視作生貨之路 應試之場 擧作交易
之市 許多貨賂 不納王庫 反充私藏 國有積累之債 不念圖報 轎侈淫眠 無所畏忌 八路
魚肉 萬民塗炭 守宰之貪虐 良有以也 奈之民不窮且困也 民爲國本 本削則國殘 不念
輔國安民之方策 外設鄕第 惟謀獨全之方 徒竊祿位 豈其理哉 吾徒雖草野遺民 食君
之土 服君之衣 不可坐視國家之危亡 八路同心 億兆詢議 今擧義旗 以輔國安民 爲死
生之誓 今日之光景 雖屬驚駭 切勿恐動 各安其業 共祝昇平日月 咸沐聖化 千萬幸甚

114) 檄文은 다음과 같다. 吳知泳, 前揭書, p.112.

　　檄 文

　우리가 義를 들어 此에 至함은 그 本意가 斷斷 他에 있지 아니하고 蒼生을 塗炭
의 中에서 건지고 國家를 磐石의 우에 두자 함이라. 안으로는 貪虐한 官吏의 머리
를 버이고 밧그로는 橫暴한 强敵의 무리를 驅逐하자 함이다. 兩班과 豪强의 앞에
苦痛을 받는 民衆들과 方伯과 守令의 밑에 屈辱을 받는 小吏들은, 우리와 같이 寃
恨이 깊은 者라, 조금도 躊躇치 말고 이 時刻으로 일어서라. 萬一 期會를 잃으면
後悔하여도 밋지 못하리라.

　甲午 正月 日

湖南倡義大將所　　在白山

　*吳知泳 씨는 전기 倡義文과 이 檄文을 기재하고, 말미에 '甲午 正月　日'이라는
時日까지 기입하고 있으며, 그 草稿本에서는 前者는 正月初 3日, 後者는 正月 17
日이라고 더 상세히 기록하고 있었는데, 이는 倡義 날짜의 단순한 기억착오가 아
니라, 이 시점에서 古阜民亂의 준비 계획과도 관련하여, 이러한 文書들이 이미 마
련되고 있었음을 보여주는 것이라고 하겠다.

115)「全羅道民擾報告」1에는 倡義大將所의 다음과 같은 通文(4월 4일부)이 수록되
어 있다.

　聖明在上 官民塗炭 何者 民弊之本 由於吏逋 吏逋之根 由於貪官 貪官之所犯 由
於執權貪婪 噫亂極則治 晦變則明 理之常也 今吾儕 爲民爲國之也 豈有吏民之別乎
究其本則 吏亦民也 各公文簿之吏逋 民瘼條件 汲穀報來也 當有區別之方矣 勿慮持
來 無違頃刻 惕念知悉事

　여기 보이는 '亂極則治 晦變則明 理之常也'의 논리는 儒敎思想의 變易·變通論
바로 그것인데, 農民軍指導部에서는 이 같은 思想으로서 亂을 추진하고 있는 것이
었다. 그들에게 變易·變通의 사상이 형성되는 사정에 관해서는 本書의 제3논문을
참조.

타도하려는, 儒教思想의 變易·變通論에 의한 倡義·革命·變亂의 旗幟 그것이었다.

그러나 3月起包에서의 全琫準의 除害·濟世意識이 아무리 고조되어 있고, 그것을 실현하기 위한 행동이 아무리 철저하고 과격하였다 하더라도, 그것 자체를, 封建社會를 부정하고 近代社會로의 전환을 전제로 한, 그 자신도 反封建近代化를 주관적으로 의식하면서 그것을 수행하고 있는, 준비가 잘 된 社會改革運動이라고 보기에는 아직 거리가 있는 것이었다. 우리가 3月起包의 성격을 그와 같이 보는 이유는, 그 운동의 목표가 社會改革運動으로서 철저하게 설계되어 있었던 것으로는 보기 어렵기 때문이다. 그것을 우리는 다음과 같은 몇 가지 자료를 통해서 확인할 수 있다.

첫째, 全琫準은 자기자신의 3月起包에 관하여 다음과 같이 진술하고 있었는데, 이것이 숨김없는 솔직한 답변이었다면, 그 舉事는 그 운동이 성공한 후 그들 자신에 의한 體制變革을 구체적으로 構想하고 있는 것이 아니었다.

    問 汝以何計策 欲除貪官耶
    供 非有別計策 本心切於安民 見貪虐則不勝憤歎 而行此事
    問 昨年三月起包時 除貪官後 且有何注意耶
    供 無他注意[116]

즉, 이 진술에 의하면, 그는 倡義文, 檄文까지도 날리는 거대한 운동을 전개하고 있었지만, 정작 탐학한 官吏를 제거하기 위해서는 어떤 특별한 계책·면밀한 계획을 세워야 할 것인지 생각하고 있지 않았으며, 다만 貪虐을 보는 가운데 '不勝憤歎'해서 일을 일으키고 있었다. 그리고 貪官을 제거한 후에는 事後對策으로서 어떻게 해야 할 것인지 특별히 유의하고 있는 바, 즉 구체적인 腹案을 마련하고 있는 바가 없었다. 革命運動·變革運動이라면 당연히 있어야 할 事後의 어떤 革命的 措置·體制變革의 構想을 그는 이때 마련하고 있는 것이 아니었다. 그러므로 그 나름대로는 최선을 다해 탐관오리의 제거를 위해 노력했지만, 그리고 그것이 反封建近代化의 思潮에 기여하는 바 적

---

116) 「全琫準 供草」 再招問目.

지 않았지만, 그러나 그러한 정도의 운동 자체를, 近代化를 위한 變革運動이
라고 규정하기에는 그 운동의 수준이 너무나 미숙한 것이 아닐 수 없었다.

둘째, 이 같은 사실은 3月起包의 최대의 성과였던 全州城 장악을 포기하
고, 이를 官軍에게 明渡하던 때의 全琫準의 意識에서도 엿볼 수 있다. 즉,
이때 黃鶴山과 完山이라고 하는 戰略的 基地는 官軍의 占하는 바 되었다 하
더라도,[117] 農民軍은 全州城에 웅거하는 가운데 그 성은 아직 견고하였고,
또 그들을 엄호하기 위하여 隣接包에서 來援한 農民軍의 '官軍陣地 包圍'로
말미암아,[118] 官軍의 全州城 점령은 불가능한 것이었음에도 불구하고, 全琫
準은 官軍측의 '네 소원을 다 들어주겠다'는 曉諭文 한 장에 감격하여 다음과
같이 全州城을 넘겨주고 있었으며,

> 問　守城後行何事乎
> 供　其後京軍隨後至完山　留陣龍頭峴　向城中以大砲攻擊　毁傷慶基殿　故以此緣由
> 　　許及京軍矣　自京軍中　作曉諭文　謂以從汝所願　故感激解散[119]

農民軍측으로서는 이 시기를 招討使 洪啓薰을 통해서 廟堂에 백성의 冤屈을
呈訴하는 기회로 삼는 것으로서 만족하고 있었다는 사실이 그것이다.

> 問　然則於廟堂亦爲訴冤乎
> 供　呈訴無路　洪大將全州留陣時　呈此緣由
> 問　其時守宰皆是貪虐　雖爲呈訴　豈有聽施
> 供　雖然　呼訴無處　不得已呈訴其處[120]

---

117)「甲午略歷」.
118) 吳知泳, 前揭書, p.125.
　　　　　　同 上書, 草稿本 第3冊.
119)「全琫準 供草」初招問目.
120)「全琫準 供草」再招問目.
　　　註 2)의 "全琫準 判決宣告書"에는 이때 全琫準 등이 招討使 洪啓薰(洪在義)을 통
　　해 廟堂에 呈訴한 바 내용이 일부 수록되어 있는데, 그것은 다음과 같은 사항과
　　기타 등등의 27개 條項이었다.
　　　　轉運所 革罷事.
　　　　國結 不爲加事.
　　　　禁斷步負商人作弊事.

다시 말하면, 全琫準은 '爲民除害'와 '濟世'를 하기 위하여 起包·武裝蜂起를 하기는 하였지만, 그 방법 자체는 본래 武力·軍事活動으로써보다는 朝鮮王朝의 법 테두리 안에서의 呈訴運動으로써 하는 것이 그의 바라는 바였던 것이라고 하겠다. 물론 이는 起包에 대한 보다 치밀한 계획과 준비가 되어 있지 않은 가운데, 사태가 너무 심각하게 확대된 데 대한 過渡的 收拾策으로서 취해진 조치이기도 하였겠지만, 이것이 全琫準의 起包意識을 보여주는 한 근거가 되는 것임에는 틀림이 없겠다. 그러한 점에서 이 단계의 이념을 呈訴運動이라는 각도에서 생각하면, 民亂段階의 4개 條項의 行動次序에 보이는 呈訴運動의 방법이나 구상과 크게 다를 것이 없는 것이었다고 하겠다.

셋째, 끝으로 들 수 있는 것은 倡義文이나 檄文에서 볼 수 있는 起包의 思想이나 理念의 문제이다. 이 두 글은 확실히 名文으로서, 능히 대중·군중의 가슴에 불을 지르고, 그들로 하여금 義憤을 참지 못하는 가운데 봉기하여 農民軍 대열에 참여케 하기에 족하였다고 하겠다. 그러한 점에서 그의 大衆動員의 방법은 지극히 성공적이었다고 할 수도 있겠다.

그러나 그 문장을 세심히 검토하면 그것이 전적으로 反封建近代化의 思想性을 담고 있는 것이라고 말하기는 어렵다는 점을 지적하지 않을 수 없다. 그것은 그 사상의 내용이 비록 탐관오리를 제거하는 가운데 輔國과 安民할 것을 목표로 하는 變革的인 것이기는 하였지만, 동시에 朝鮮社會의 封建制

　　道內還錢 舊伯旣爲捧去 則不得再徵於民間事.
　　大同上納前 各浦口潛商貿米禁斷事.
　　洞布錢 每戶二兩式定錢事.
　　壅蔽上聰 賣官賣爵 操弄國權之人 一并逐出事.
　　爲官長者 不得入葬於該境內 且不爲買畓事.
　　田稅依前事.
　　烟戶雜役減省事.
　　浦口魚鹽稅革罷事.
　　洑稅及宮畓勿施事.
　　各邑倅下來 民人山地勒標偸葬 勿施事.
　　其他 등등
　물론 全琫準 등의 廟堂訴寃이 洪啓薰을 통해서만 있었던 것은 아니었다. 農民軍은 巡邊使 李元會를 통해서도 이를 原情으로서 올리고 있었다. 本書, 앞 논문 註 10) 참조.

를 부정하려 할 경우에 정면으로 대결하지 않을 수 없는, 三綱이니 五倫이니 하는 儒敎社會의 윤리성과, 上下의 分이니 하는 儒敎的 封建社會의 身分階級關係가 아직 그 사상의 기저를 이루고 있기 때문이다. 이러한 사상은 바로 과거 수천 년간 東洋 封建社會의 體制的 思想·國定敎學으로서 지배층의 체제유지에 크게 기여해 온 儒敎思想인 것이다. 그러므로 이러한 사상 내용이라면 과거 어느 시점의 反體制·變革運動에서도 나올 수 있는 것으로, 反封建近代化가 시급한 문제로 되어 있는 1894년 단계의 운동에서, 이것을 그 改革理念으로 제시함으로써 新社會·新國家를 설계하고자 하는 것이었다면, 거기에 近代性이 보이지 않는다는 점에서 너무나도 한계가 있는 것이 아닐 수 없었다.

말하자면 이상에 검토한 바를 종합하면, 3月起包 단계의 全琫準 등의 輔國安民運動은 儒敎的 封建社會·國家體制의 질서를 그대로 유지하고 그 범위 내에서 논의된 것이었으며, 따라서 그것은 그들 자신에게 아직 주관적 의미에서의 儒敎的 封建社會·國家體制를 전면적으로 부정하는, 그리고 정권탈취까지도 내다보는 近代思想이 확립되었거나 실천되고 있는 운동은 아니었다고 하겠다.

(4) 執綱所時期의 段階

全琫準의 起包理念에 관하여 다음으로 검토해야 하는 것은 6월 이후의 執綱所 設置時期의 단계이다. 이 시기는 3月起包의 단계에서 점차 農民軍으로서의 질서도 잡혀오고, 完兵 및 京兵과의 전투, 曉諭에 의한 全州城 明渡, 地方郡縣을 점령 접수한 후 武裝을 한 가운데서의 그곳에 대한 治安·自治 담당, 그 후 執綱所가 설치된 후의 정상적인 정치활동 등의 일을 거치면서, 일정하게 勝利·實利를 거두어 가는 과정을 통해, 全琫準 등 일련의 지도자들이 이념적으로 封建制를 부정할 것에 대하여 차분하게 생각하고 자신을 갖게 되는 단계이다. 그리고 이 단계에서는 全琫準 등이, 農民軍의 목표를 탐관오리를 제거하는 것으로 만족하지 않고, 農民軍이 직접 執綱所를 통해서 정치참여를 하게 되는 것을 계기로, 그러한 문제에 대한 생각을 구체적인 방안으로서 제시하게 되는 단계였다. 그들은 執綱所라고 하는 官民相和의 기관을 통해서, 다시 말하면 封建支配層과의 타협·협상을 통해서 평화적으로 문제를 해결하려 하고 있으면서도, 그 목표를 최대한 성취하려 하고 있는 것이었다.

　말하자면 이 단계에서는 3月起包의 단계에서 일보 전진하여 封建制 부정의 윤곽이 구체적으로 서서히 확립되어 오는 시기라고 하겠다. 그러한 점에서 農民戰爭중 執綱所의 설치 단계는 農民軍에게 있어서 대단히 중요한 의미를 지니는 시기였다고 하겠다.

　農民軍이 湖南지방의 각 郡縣을 장악하고 全州城을 또한 점령하고 있는 조건하에서 설치되는 執綱所는, 실은 政府에게는 순수한 官民相和의 뜻에서이기보다, 이를 진압하는 것이 어렵게 된 데서 취하게 된 戰略的 조치였다는 면이 강하였다. 그것은 무엇보다도 정부에서는 한편으로 淸에 援軍을 청하면서, 다른 한편으로는 農民軍을 撫摩해보려는 이 같은 懷柔政策을 취하고 있었던 점에서 그와 같이 이해할 수 있다. 懷柔政策 자체가 전적으로 기만적인 것은 아니었겠지만, 農民軍의 北上을 최대한 저지하고 그 요구를 최소화한다는 뜻이 있었을 것이다. 사실 農民軍은 전투를 진행시키는 가운데 각 지방의 郡衙를 장악하면, 그들은 武裝을 한 상태로 郡縣 守令을 밀어내고 그 고을의 치안과 행정을 담당하고 있었으며,[121] 이러한 사정은 全琫準이 全州城을 明渡한 후에도 각 지방의 農民軍 首領들에 의해서 여전히 지속되고 있었다. 그러므로 정부로서는 이들을 官民相和의 명분으로 懷柔하여 地方官廳 휘하에 執綱所를 설치하여 긴박해 두고, 기회를 보는 것이 좋겠다고 생각하였을 것이다. 그리하여 官에서는 처음 5월에 그것을 面里에 執綱을 두는 정도로 문제를 해결하려 하였다.[122] 그러나 農民軍의 입장에서 보면, 面里의 執綱이면 農民軍組織의 말단 직위에 불과한 것이기 때문에, 이러한 정도의 방안을 官民相和의 협의기구로 받아들일 수는 없었다. 그리고 이러한 정도의 案으로써는 실제로 官民相和의 協議政治를 제대로 운영해 나가기가 어렵지 않을 수 없었다. 그리하여 全羅監司는 마침내 6월에 이르러서는 執綱의

---

121) 洪性讚, '1894年 執綱所期 設包下의 鄕村事情'(『東方學志』 39, 1983).
122) 金星圭, 『草亭集』 卷 7, 再諭道內亂民文 甲午 5月, 13장 ; 拙 著, 『韓國近代農業史研究』 下(증보판), pp.144~145.
　　　「全羅道民擾報告」 3, 5月 19日 都巡使의 曉諭文.

자격을 격상하고, 執綱所를 郡縣의 官衙에 두지 않을 수 없도록 되었다. 그러한 사정은 그 설치 사정이 다음과 같이 기록되어 있는 데서 쉽사리 이해할 수 있다.

> 政府甚憂之 命金鶴鎭爲全羅觀察使 使和解之 …… 六月 觀察使請邀全琫準等于監營 …… 相議官民相和之策 許置執綱于各郡 於是東徒割據各邑 設執綱所于公廨[123]

이는 農民軍이 全州城을 장악하고 있었던 前後의 일이었는데, 정부에서는 金鶴鎭을 새로 全羅觀察使에 임명하면서 그로 하여금 農民軍과 '和解'토록 하였으며, 여기에 그는 6월에 이르러서는 全琫準과 의논하여 地方官廳 내에 農民軍 指導層이 행정에 참여할 수 있는 執綱所를 설치하게 되었다는 것이다. 이른바 弊政改革을 위해서 官民이 相和할 수 있는 기구를 마련하게 된 것이었다. 全琫準으로서는 全州城을 明渡한 것 자체가 이미, 그들의 이념을 그들 자신의 힘, 農民軍의 군사력을 통해서, 즉 革命的인 방법으로 달성할 것을 유보하고 있는 것이었으므로, 執綱所를 설치하는 가운데 官民이 협력하여 弊政을 개혁하자는 觀察使의 제의를 마다할 이유가 없었다. 더욱이 全琫準은 全州城을 내준 후 遍行列邑하며 각 지방의 農民軍이 '歸化'할 것을 권하기도 하고, 金開南에게 '合力王事'할 것을 권하다가 견해차가 있어서 서로 相從을 하지 않게 되는 일도 있었으므로,[124] 官民相和를 위한 執綱所가 설치된다는 것은 또 다른 각도에서 그의 이념을 펼 수 있는 기회가 되는 것이 아닐 수 없었다.

執綱所는 이와 같이 官民相和하여 弊政改革을 달성하려는 정부의 정책에 의해서 제의되고 설치되는 것이었지만, 따라서 거기에는 정부측의 戰術戰略

---

123) 「甲午略曆」.
124) 「全琫準 供草」 4招問目.
   問　汝於全州招討兵接戰解散之後　汝向何處
   供　行遍十餘邑　勸以歸化　卽歸矣家
   問　自全州解散時　孫和中向何處
   供　其時孫則遍行右道列邑　勸以歸化
   問　前日所供　汝於金開男　初無相關云　而今見此簡則　間多相關者何也
   供　金則矣身勸以合力王事　終不聽施　故始有所相議者　而終則絶不相關

이 있을 수 있는 것이었지만, 그러나 이 같은 기구가 그와 같이 쉽게 설치될
수 있었던 것은, 정부측에 어떤 획기적인 변화가 있어서 그렇게 된 것이 아니
라, 그럴 수 있는 충분한 역사적 배경이 있음에서 연유하고 있었다. 정부가
朝鮮後期의 鄕村社會를 지배하기 위하여 설치하고 있었던 統治機構와 그 운
영방식은 바로 그것이었다. 즉 그것은 한편으로 國王에 의해서 임명된 郡縣
守令을 축으로 한 官·吏의 체계가 있고, 다른 한편으로 鄕村社會의 自治機構
로서 설치된 鄕廳에 座首, 別監 등이 선임되고 있어서, 양자가 협의하거나
후자가 전자를 보좌하는 가운데 郡縣民 통치를 위한 제반 정책방안이 마련되
면, 그것을 官令으로서 面·里任(面·里執綱)을 통해 시행하도록 하는 것이었
다. 그리고 그러한 정치운영상에 불합리가 있을 경우에는 일반 民으로 하여
금 呈訴를 통해 그 시정을 요구할 수 있도록 하는 것이었다. 물론 이 시기
모든 지역의 지방행정이 이 같은 원칙에 의해서 운영되었던 것은 아니며, 대
개의 경우는 官權이 강하여 그렇게 되지 못하였으며, 따라서 지금까지 살펴
온 바와 같이 여러 지역에서 民의 呈訴運動이 광범하게 전개되고 있었다. 그
러나 그렇더라도 이러한 제도의 적절한 운영은, 革命이 없는 당시의 조건하
에서는, 지방행정의 불합리를 막을 수 있는 최선의 방법이 아닐 수 없었다.
　그렇지만 農民戰爭이 진행되고 있는 이 시점에 있어서는 이 같은 정도의
鄕村自治와 地方統治의 방법으로써 문제를 해결할 수는 없었다. 체제상의
구조적 모순과 관리의 부정부패가 도를 넘고 있는 가운데, 鄕村社會의 統治
機構·自治機構 속에서의 政治運營은 官權이 民權을 압도하고 있었기 때문이
었다. 이 시점에서는 이 같은 조건을 변동시키지 않고서는 문제를 해결할 수
없었으며, 그것을 변동시킬 수 있는 방법은, 呈訴運動을 하고 있는 郡縣民의
주장을 지방행정에 대폭적으로 반영하는 것뿐이었다. 그리고 그와 같이 하
려면 鄕村社會의 統治機構·自治機構 속에서 地方官의 통치권을 제한하고,
民에 의한 鄕村自治의 기구를 정당한 呈訴運動을 하고 있는 農民運動 주체
들에게 넘겨주어 그 기능을 대폭 강화함으로써, 그들로 하여금 실질적으로
지방통치를 주도하도록 하는 수밖에 없었다. 지방행정 속에서 以民制官함으
로써 弊政을 바로잡는 방법이었다. 이것이 이 시점에서 정부가 官民相化를
제론하고, 地方官廳에 農民軍 指導層이 정치를 담당할 執綱所를 설치하도록

한 소이였다. 정부로서는 農民軍으로 하여금 鄕村自治를 담당하고, 그 힘으로써 不正한 地方官 鄕吏 土豪層을 견제하는 가운데, 弊政을 개혁하고자 하는 것이었다.

그리하여 이와 같이 執綱所를 설치한 후에는 그 기구를 운영할 인원을 또한 선임하지 않으면 아니 되었는데, 그것은 執綱 밑에 協議體로서 약간 명 또는 10여 명의 議員(議事員)을 두고,[125] 行政實務의 담당을 위해서는 전속 직원 書記, 省察, 執事, 童蒙을 두어 邑事를 운영하도록 하는 것이었다.[126] 그리고 執綱은 郡縣 守令과 의논하고 협력하는 가운데, 그로 하여금 지방행정을 원활히 수행하도록 하려는 것이었다.

그러나 執綱所의 설치가 비록 이와 같이 정부의 懷柔政策·官民相和政策으로서 全羅監司 金鶴鎭에 의해서 제의되고, 農民軍 大將 全琫準이 또한 이를 官民相和의 뜻으로 수락함으로써 이루어진 것이었다 하더라도, 따라서 農民軍은 지방행정에서 잘해야 地方官의 협력자 노릇을 하는 데 그쳤을 것으로 예상된다 하더라도, 그것이 설치된 후의 현실은 그러한 예상과는 달리 전혀 다른 각도로 전개되어 나가고 있었다. 그러한 사정은 다음과 같은 기록을 통해서 잘 확인할 수 있다.

　於是東徒割據各邑 設執綱所于公廨 …… 宛成一官廳 日以討索民財爲事 所謂邑宰 只有名位 不得行政 甚者逐送邑宰 …… 全琫準擁數千之衆 據金溝院坪 行號令于右道 金開南擁數万之衆 據南原城 統轄左道 其餘金德明·孫和中·崔景善輩 各據一方 而其貪虐不法 開南居最[127]

즉, 農民軍이 각 郡縣에 執綱所를 설치하고 일을 시작하면서부터는 그것이 흡사 하나의 官廳을 이루는 가운데, 守令은 名位만 있을 뿐 그가 할 일을 執綱所에서 대행하기도 하고, 때로는 그들 守令을 아주 축출하는 가운데 완전히 그들이 守令의 일을 전담하기도 한다는 것이었다. 그리하여 각 지방의

---

125) 吳知泳, 前揭書, p.126.
　　　　同 上書, 草稿本 卷 3.
126) 「甲午略歷」.
127) 同 上書.

農民軍 指導層은 그들 지방의 執綱所를 통해 그 지방을 지배하게 되었으며, 그러한 위에서 全琫準은 金溝院坪에 웅거하여 全羅右道를 號令하고, 金開南은 南原城에 웅거하며 全羅左道를 통할하기에 이르고 있었다는 것이다. 이로써 보면 地方官廳과 執綱所 사이의 相和關係·協力關係는 오래 가지 못하고, 점차 양자 사이의 균형이 깨지는 가운데 지방행정의 주도권이 執綱所에 의해서 장악하는 바 되어, 全琫準 등은 이제 합법적으로 湖南지방의 行政力까지도 장악할 수 있게 되었던 것이라고 하겠다.

이러한 사정은 비단 地方官廳에 한하는 일이 아니었다. 사정은 監營의 경우에도 마찬가지였다. 全羅監司 金鶴鎭은 다음 기록에서 보는 바와 같이,

金鶴鎭曰 吾當靑驢角巾 從容就賊 論陳利害 使賊自屈云矣 及其到任 讓賊於宣化堂 自居澄淸閣 每事由於賊矣[128]

애초에는 農民軍 대장을 이해관계로써 설득하여 굴복시킬 생각이었으나, 정작 도임하여 執綱所를 설치케 한 후에는, 監司의 執務室마저도 農民軍 執綱에게 내주고 그는 澄淸閣에 머무르며 監營의 행정이 모두 執綱에 의해서 행해지도록 하고 있었다. 아마도 地方官廳이 모두 農民軍 執綱에 의해서 운영되는 상황 속에서 監司의 行政命令이 제대로 시달되기는 어려웠던 까닭이 아니었을까 생각된다. 그뿐만 아니라 그는 외출시 農民軍의 보호를 받지 않으면 아니 되는 형편이기도 하였다. 그에게서마저도 이제는 地方官을 지휘 통솔하고 백성을 지배하는 監司·道長官으로서의 권위는 실추하고, 그는 다만 農民軍과 협력관계 유지만을 생각하는 인물이 되고 있을 뿐이었다. 그러므로 당시 이 지역의 世人들은 그를 '道人監司'로 칭하게까지 되고 있었다.[129]

이같이 정부를 대표하여 監司가 제기한 官民相和의 方策, 執綱所 설치의 방안이 일방적으로 農民軍에게 유리하였던 것은, 정부의 農民軍 대책이라는 측면도 고려해야 하겠지만, 당시의 현지사정은 3月起包 이래로 성장하고 있

---

128) 「東徒問辨」.
129) 「梧下記聞」2筆, 甲午 7月條.
    黃梅泉의 農民軍의 執綱所에 대한 이해는 拙 稿, '梅泉黃玹의 農民戰爭 收拾策' (『韓國近代農業史研究』下, 증보판, 1984)을 참조.

는 農民軍이 그만큼 强盛하여 정부로서는 이를 진압할 힘이 없었고, 懷柔策을 쓰는 수밖에 없었던 까닭이라고 하겠다. 그리하여 全琫準에게는 이렇게 되는 것이 하나의 예정된 과정이었겠는지 알 수 없지만, 여하튼 이러한 유리한 정세 속에서, 그는 監司측과 의논하여 그의 弊政改革·社會改革의 方略을 점차 펴나갈 수 있게 되었다. 물론 이때는 官·民이 협력하는 시기, 따라서 朝鮮王朝의 法體系·國典體系 내에서 弊政을 개혁하는 시기였으므로, 그가 개혁하고자 하는 문제도 執綱所에서 일방적으로 처리할 수 있는 것은 아니었다. 그것은 행정절차상 監營과 의논하는 가운데 官의 이름으로 처리하지 않으면 아니 되었다. 그리고 이 경우 그같이 처리되는 문제도 모두 監營에서 처리할 수 있는 것이 아니라, 朝鮮王朝의 法制에 따라서, '小者는 監營에서 革罷하되 大者는 政府에 보고하여 革罷해줄 것을 요청하는' 行政節次를 취하지 않으면 아니 되었다.[130]

그러면 이때 全琫準 등이 執綱所를 통해서 개혁하고자 한 중요한 안건이나 그들의 改革意識은 어떠한 것이었는가? 이 같은 문제는 農民戰爭에 직접 참여하였던 吳知泳이 그의 『東學史』에서 비교적 소상하게 기술하고 있으므로 그 기본골격을 어렵지 않게 파악할 수 있다. 그것은 農民軍이 執綱所의 설치와 더불어 구체적으로 추구하였던, 일련의 많은 弊政改革 문제 중에서도 중요한 사항으로서, 執綱所 단계의 弊政改革을 위한 農民軍의 政綱이 될 수 있는 것이라 하겠다. 그것은 다음과 같았다.

1. 道人과 政府와 사이에는 宿嫌을 蕩滌하고 庶政을 協力할 事
2. 貪官汚吏는 그 罪目을 査得하여 —— 嚴懲할 事
3. 橫暴한 富豪輩는 嚴懲할 事
4. 不良한 儒林과 兩班輩는 懲習할 事
5. 奴婢文書는 燒袪할 事

---

130) 註 122) 金星圭의 再諭道內亂民文.
　　이는 面里에 執綱을 設置하였을 때의 執綱과 官 사이에 있게 되는 行政原則이었는데, 監營에서는 이러한 원칙을 執綱所를 郡縣에 설치한 후에도 그대로 준수하였을 것으로 생각된다. 國家重大事일 경우 監營 차원에서 그것을 마음대로 개혁할 수 있는 것이 아니며, 설사 監營에서 개혁했다 하더라도, 중앙에 정부가 있는 한, 그것이 중앙정부에 의해서 법적으로 인정될 수 있는 것이 아니기 때문이었다.

  6. 七斑賤人의 待遇는 改善하고 白丁頭上에 平壤笠은 脫去할 事
  7. 靑春寡婦는 改嫁를 許할 事
  8. 無名雜稅는 一幷 勿施할 事
  9. 官吏採用은 地閥을 打破하고 人材를 登用할 事
 10. 外賊과 奸通하는 者는 嚴懲할 事
 11. 公私債를 勿論하고 已往의 것은 幷 勿施할 事
 12. 土地는 平均으로 分作케 할 事[131]

  農民軍이 民亂의 원인, 弊政으로서 생각하고 그 改革을 요구하고 있었던 사항은 많았지만, 그러한 가운데서도 여기에 제시한 이 12개 條項은 그 기본이 되는 것을 정리한 것으로서, 이 단계에 있어서의 全琫準의 改革理念은 여기에 집약되어 있는 것이라고 하겠다. 그런데 그러한 12개 條項은 모두 이 시기 정치·경제·사회의 핵심에 관련되는 것으로, 그 하나 하나가 모두 중요한 의미내용을 갖는 것이지만, 그 중에서도 우리를 특히 주목하게 하는 것은 제1·5·6·7·9항과 제12항이다. 이 條項들의 내용은 舊社會의 질서·체제를 변혁·전복시키려는 사상적 기반 위에 서는 것이기 때문이다.

  즉, 제1항과 제9항은 被支配層의 政治參與·政治的 平等을 요구하는 것으로, 전자는 農民軍을 정부의 弊政改革에 참여시켜 庶政을 협력케 해야 한다는 것이었다. 이는 이미 湖南지방의 각급 官廳에 설치 운영하고 있는 執綱所의 예를 따라, 官民相和의 기관을 전국의 각급 官廳으로 확대시키고, 나아가서는 중앙정부의 政治運營에도 반영해야 한다는 요구이었다. 이 같은 '庶政協力'의 정치운영은 대단히 중요한 의미를 지니는 것으로 생각된다. 아마도 이 같은 정치운영은 처음에는 단순한 협력으로 그칠 수도 있겠지만, 그러나 이것이 오랫동안 지속하는 가운데 政治制度로서 정착하게 되면, 그것은 필경 지방·중앙의 議會制度를 낳게 될 것으로 생각되기 때문이다. 그리고 후자는 官吏의 채용은 신분제를 타파하고 능력있는 인재로서 뽑아야 한다는 것으로, 儒敎的 封建社會에서는 볼 수 없었던 平民層의 정치참여를 요구하는 것이었다.

---

131) 吳知泳, 前揭書, p.126.
   제10항의 '外賊'은 伏字로 되어 있으므로 草稿本에서 대입한 것이다.

212

제5항과 6항은 인간을 날 때부터 구속하는 신분제도, 그 중에서도 인간을 인간 이하로 구속 지배하는 奴婢制度의 解體·奴婢解放을 요구하는 것으로서, 이는 動亂 이전부터 이미 그 解體過程이 상당 정도로 진행되고 있는 것이기는 하였지만, 남아 있는 신분제도를 이제 완전히 제거한다는 의미, 신분제도와 같은 不平等 原理·矛盾構造를 이제 우리 사회에서 근원적으로 제거한다는 의미에서의 상징적 구호가 되는 것이었다. 이 같은 요구가 나올 수 있었던 것은, 말할 것도 없이 朝鮮後期 이래로 封建的 권위를 동요시키고 그것을 부정할 만큼 성장하고 있었던 민중의 社會平等意識이 존재한 데서 기인하는 것으로, 이는 인간의 기본권리를 억제하는 儒敎 封建社會의 上下關係·尊卑觀을 정면으로 부정하고 타파하려는 것이 아닐 수 없었다.

제7항은 靑春寡婦의 守貞을 미덕으로 내세우고 그 改嫁를 불허하고 있는 儒敎的 封建社會의 신분제에 기초한 비인간적 가족제도·혼인제도를 부정하는 것으로서, 이는 앞의 조항과 함께 儒敎的 封建社會의 신분제에 기초한 家父長的 家族主義나 그 사회질서 유지를 위한 態勢의 전면적 붕괴에 커다란 전망을 주는 것이 아닐 수 없었다.

제12항은 신분제적인 不平等 社會·中世 封建社會의 지배층의 경제기반인 土地制度, 특히 地主制·大土地所有制의 개혁을 요구하는 것으로서, 이는 앞에서 이미 검토된 바와 같이 이 시기에는 '富益富 貧益貧'하는 농촌사회의 分解로 못살게 된 사람이 많았으므로, 全琫準 등은 이를 근원적으로 해결해야 할 것임을 주장하는 것이었다. 다만 이 조항은 그 표현에서 '分作'이라는 용어를 쓰고 있어서 다소 혼란을 일으키게 하고 있지만, 그러나 朴泳孝가 全琫準을 심문한 바에 따르면, 이 土地問題는 '土地를 平均分排하야 國法을 渾亂케 하였으며'로 되어 있으므로,[132] 이는 土地改革을 단계적으로 융통성 있게 행할 것을 표현한 것으로 보아도 좋겠다.[133] 그러므로 이 조항은 앞 조항들

---

132) 吳知泳, 『東學史』草稿本, 第4冊.

133) 朝鮮後期에 일반적으로 쓰이고 있었던 '作'이라는 용어는, 稅作·時作·作·作人과 관련하여 쓰일 수도 있고, 自作·自己土地의 廣作과 관련하여 쓰일 수도 있어서, '分作'의 뜻은 애매하지만, 여기서 '分作'이라고 하였을 경우의 作은 前者와 관련하여 쓰이고 있었던 것으로 봄이 좋을 것 같다. 그것은 두 가지 점에서 그와 같이 생각된다. 그 하나는 土地改革을 말하는 표현으로서, 土地所有權의 再分配를 요구

이 政治的·社會的 平等化를 요구하는 것임에 대하여 이는 經濟的 平等化를 요구하는 것으로서, 이 같은 요구가 관철된다면 封建支配層의 經濟基盤은 무너지고, 따라서 토지를 매개로 하여 농민을 지배하는 封建的 經濟制度는 해체케 되는 것이었다고 하겠다. 그리고 그러한 점에서 이 같은 諸條項은 原理的으로 近代社會 형성의 기본구조에 연결되는 것이었다고 하겠다.

물론 이 시기에는 이 같은 條項이 모두 지방의 執綱所 차원에서 이를 法制化된 제도와 같이 實踐할 수 있는 것이 아니었다. 또 모두를 정부에서 수용할 수 있는 것도 아니었다. 아마도 개중에는 執綱所의 힘으로써도 강행한 사항이 있었겠지만, 土地制度의 개혁과 같은 문제는 그렇게 쉽게 짧은 기간 내에 실천에 옮길 수 있는 것이 아니었다. 그러나 그렇기 때문에 이의 실천을 위해서는 우선 쉬운 부분부터 시행하기도 하고, 또 장차의 근본적 개혁을 위해서 널리 홍보를 하기도 하였을 것이다. 그리하여 이 시기의 분위기는 이 같은 문제가 모두 시행되는 것으로 되었기 때문에, 保守진영의 農民軍에 대한 평가는 다음과 같이,

以上의 모든 弊害되는 것을 一幷으로 革淸하는 바람에, 所謂 富者貧者라는 것과

할 경우에는 일반적으로 井田制, 均田制, 限田制를 시행하라 하거나 토지를 平均分配하라고 표현하고, 時作地의 再分配를 요구할 경우는 均竝作·均作하라거나 貸與地·竝作地를 均等하게 再分配하라는 표현을 쓰고 있었기 때문이며, 다른 하나는 農民軍이 이 같은 改革案을 내놓은 것은, 執綱所 시기라고 하는 官民이 相和하여 弊政을 개혁하려 하는, 다시 말하면 官民이 타협·절충하는 가운데 문제를 해결하려 하던 시기였기 때문이다.

그러한 점에서 보면 全琫準 등은 土地改革의 문제를 時作地의 均分으로서도 말하고 所有權의 再分配로서도 말하고 있는 셈이었는데, 이는 農民戰爭의 진행 단계와도 관련하여, 그리고 土地改革에 難易度가 있을 수 있는 改革대상 토지의 所有權者와의 관계와도 관련하여, 農民軍의 토지문제에 대한 궁극적 목표는 그 農民的 土地所有의 실현·土地改革에 있으되, 이를 점진적 단계적으로 추진해가려는 것이었다고 하겠다. 全琫準은 土地改革의 문제를 깊이 연구하고 있었고(註 91 참조), 茶山의 『經世遺表』(井田論)도 읽었을 것이므로, 이 같은 단계적 방안을 구상하는 것은 어려운 일이 아니었을 것으로 생각된다. 또 이 執綱所 시기의 監營에는 監司 金鶴鎭의 참모로서 草亭 金星圭가 있었는데, 그는 現 體制 내에서 農業問題를 해결하고자 할 경우 時作地의 均分이 좋은 방법임을 지론으로서 지니고 있었으므로(註 122의 拙著 참조), 그와의 논의를 통해서도 全琫準은 土地改革의 방안을 우선 단계적인 방안으로서 생각할 수 있었을 것으로 생각된다.

兩班常놈 上典종놈 嫡子庶子 등 모든 差別的 名色은 그림자도 보지 못하게 되었으므로 하야, 世上 사람들은 東學軍의 別名을 지어 부르기를 나라의 逆賊이요 儒道의 亂賊이요 富者의 强盜요 兩班의 冤讐[134]

라는 것이었다. 그리고 또 官의 입장에서도 農民軍의 활동상황을 다음과 같이 말하여,

至於甲午東匪之猖獗 實係吾道分裂之一大關鍵也 …… 夫何一種陰邪之氣 團成東學之名 擧竿齊起 多至六七十萬衆 日日所事 無非逆天違理滅倫悖常之變[135]

儒教思想이 분열 쇠퇴하게 되는 분기점이 여기에 있음을 지적하고, 그것은 儒教思想의 天命을 거역하는 것, 天理를 위반하는 것, 儒教的 倫理性을 滅하는 것, 인류의 常道를 어지럽히는 變亂이라고까지 단정하고 있었다.

그러나 執綱所 시기의 弊政改革을 위한 案·政綱에 반영된 全琫準의 이념이 비록 전단계에 비해 社會改革을 위해서 전진하고 있음을 보여주는 것이고, 또 사실상 執綱所를 통해서 그 이념이 부분적으로 시행되고 있는 점이 있었다 하더라도, 그것이 執綱所 시기 전체 農民軍의 이념을 반영하는 것이라고는 할 수 없겠다. 그것은 農民軍 조직에서 일정하게 독자성을 갖는 각 지방의 執綱所가 정당한 改革過程을 이탈하여 誅求와 약탈을 일삼는 바가 적지 않았기 때문이다. 가령 大院君의 曉諭使 鄭碩謨가

余自六月晦間 往寓于商山花坪持平從叔宅 附近之東徒 十百成群 騎馬張傘 課日遞尋 或討錢財 至發悖擧 ……
如全琫準者 藉賴東徒 以圖革命 而所謂巨魁輩 各自以謂大將 只以誅求爲事 不聽約束 故琫準亦無如之何也[136]

---

134) 吳知泳, 『東學史』 草稿本, 第3冊 ; 前揭書, p.130.
　　保守진영에는 여러 계통의 사람이 있었겠지만, 당시 湖南지방의 名士 黃梅泉 같은 사람도 그러한 진영의 인물이었을 것으로 생각된다. 그의 農民軍에 대한 견해는 바로 그러한 것이었다. 註 129)의 拙稿 참조.
135) 「東學黨征討關係記錄 李圭泰往復書竝墓誌銘」.
136) 「甲午略歷」.

이라고 한 것은 그 예이다.. 이에 의하면 全琫準은 東學의 조직을 이용하여 革命·社會改革을 도모하고 있었지만, 다른 大將들은 이 같은 革命事業에는 뜻이 없어 約束을 지키지 않았고, 錢財를 討索하거나 悖擧를 일으키는 등 誅求만을 일삼고 있었기 때문에, 全琫準으로서도 어찌할 바를 몰랐다는 것이었다. 이는 農民軍이 본시 횡적으로나 종적으로 어떤 統一體를 이루고 있는 것이 아니라, 孤立分散的이고 각자 自立的 자세를 취하고 있었던 데서 기인하는 것이므로, 全琫準과 監司의 협약으로 설치 운영되는 執綱所도 본래의 자세대로만 운영될 수가 없었으며, 따라서 全琫準이 기도하는 바 改革事業·革命事業도 뜻대로 되기가 어려웠음을 보여주는 것이었다고 하겠다.

요컨대 執綱所 시기는 全琫準에 의해서 反封建的 革新理念이 官民相和를 통해서 평화적으로 달성될 수 있도록 제반 정세가 조성되고 있는 시기였고, 全琫準으로서도 3月起包 단계에서는 볼 수 없었던 사상의 발전·改革方案의 확대 진전이 있었던 시기였다. 그러나 農民軍 指導層 전체로써 보면 아직은 그렇지가 못하였고, 그들은 民亂意識의 연장선상에 있는 바가 현저하였으며, 全琫準과의 사이에 意識의 統一 一體化가 이루어지지 못하고 있는 것이 실정이었다고 하겠다.

(5) 9月起包의 段階

이 단계에서의 全琫準의 起包意識은, 전단계의 官民相和에 의한 타협적인 개혁을 지양하고, 강한 反帝國主義 民族意識과 農民軍의 독자적 弊政改革·社會改革의 의지로 표출되는 것이 특징이었다. 그러므로 이 단계에서는 日帝와 中央政府를 대상으로 한 강한 투쟁의지가 고조되고 전국적 규모의 農民軍蜂起가 가능해지고 있었다. 그러나 反帝國主義 民族意識의 문제는 다음 章에서 상론하게 되므로, 이곳에서는 社會改革과 관련되는 그의 意識問題만을 검토하기로 한다.

그러면 弊政改革·社會改革의 문제와 관련하여 그가 9月起包·全面蜂起를 결의하게 된 것은 어떠한 사정에서였을까? 무엇보다도 주목되는 것은 官民相和의 정책이 추진되고 있는 동안, 중앙에서는 日本軍이 王宮을 침범하고 官民相和 정책을 추진하고 있었던 閔氏政權을 축출한 후 親日 開化派政權을 수립하는 일련의 變亂과 정권교체가 있었는데, 이 開化派政權이 어느 정도

216

안정되고 그 정책이 궤도에 오르게 되자, 그들은 日本軍과의 유대하에 農民軍 對策을 수정하게 된 일이었다. 즉 한편으로 그들 입장에서 구상하는 體制變革을 위하여 甲午更張(地主的 입장의 改革)을 적극 추진하는 한편, 다른 한편으로 閔氏政權이 내세웠던 官民相和의 懷柔政策을 버리고 '曉諭·彈壓'이라고 하는 强硬政策을 '先諭後討'의 방법으로서 취하게 된 것이었다. 軍國機務處의 議案[137]과 大院君이 鄭碩謨에게 湖南지방 曉諭使가 될 것을 부탁하는 書信[138]에는 그러한 사정이 잘 표현되어 있다. 全琫準 등이 받아 본 大院君 曉諭文의 내용도 바로 그러한 것이었다.

問　曉諭文 措以何辭
供　汝等之今此起鬧 實由守宰之貪虐 衆民之寃屈 從今以後 官之貪虐必懲之 民之寃屈者 必伸之矣 各歸安業爲可 而如或不遵 則當治之以王章云矣[139]

이는 大院君이 農民軍蜂起의 이유를 地方官의 貪虐과 衆民의 寃屈로 파악하고, 앞으로는 官의 貪虐者는 처벌하고 民의 寃屈함은 해결해 줄 터이니 農民軍은 解散 歸化하라는 것이며, 이를 따르지 않으면 國法에 따라 엄히 다스리겠다는 것이었다. 그러므로 農民軍으로서는 開化派政權·大院君이 요구하는 대로 曉諭文을 믿고 改革運動을 포기 歸化하거나, 아니면 그것을 거부하고 全面蜂起하여 開化派政權과 결전을 벌이는 가운데 農民軍 독자의 힘으로 전면적인 개혁의 길을 가거나, 양자택일을 하지 않으면 아니 되었다. 그리고 全琫準 등이 택한 것은 民族問題와도 관련하여 후자의 길인 것이었다.

이 경우 曉諭文은 大院君이 보내오는 것이므로, 開化派와 大院君의 대립관계로 보아, 農民軍의 입장에서는 어쩌면 받아들일 수도 있는 것이었는데,

---

137)「軍國機務處議案」開國 503年 8月 初 4日.
　　三南之莠民 在在梗化 騷訛日甚 人心靡定 鎭撫之方 最屬急務 原任大臣中 降旨特委都宣撫任 不日登程 擇要開府 嚴飭守宰 曉諭人民 使之歸化 繼派安員 帶兵巡行列邑 使之彈壓事
138)「甲午略歷」.
　　別來無書 恐違相愛也 現東徒猖獗 不容不先諭後討 錦嶺兩道 已送人宣諭 而獨湖南無可委者 君其不辭勞苦 爲國努力 千萬千萬 多少在口宣　略此
　　　　　　　　　　　　　　　　　　　　　　甲午之暮秋　　石翁頓
139)「全琫準 供草」3招問目.

全琫準은 그렇게 하고 있지 않았다. 일면 曉諭하고 일면 討伐하겠다는 것은
완전 항복을 요구하는 것으로, 타협이나 협상이 아니라 협박·굴종인 까닭이
었다. 그뿐만 아니라 그는 政府 官邊의 약속이나 宣諭·曉諭라는 것을 이제
믿지 않게 되고 있었다. 예컨대 全州城 明渡 때 洪啓薰을 통해서 上訴하였던
改革을 요구하는 弊政 27個條에 관한 안건이 묵살되고 있었던 일은 뼈아픈
기억으로서(北上의 기회 일실), 다음의 문답에서 볼 수 있는 바와 같이,

　　問　呈節目之後　有除貪官之徵驗耶
　　供　別無徵驗
　　問　然則洪大將豈非罔民耶
　　供　然矣[140]

그로 하여금 官邊의 약속이란 '罔民' 행위에 불과하다고까지 생각케 하고 있
었다. 그리고 정부나 大院君이 발표하고 있는 曉諭文도 결코 약속대로 시행
되는 일이 없었다고 보는 데서, 그것을 철저하게 不信하고 있었다. 다음과
같은 法官과의 문답에는 그러한 사정이 잘 표현되고 있다.

　　問　汝之再起　不信大院君之曉諭文乎
　　供　前此 廟堂之曉諭文 不止一二而終無實施 下情難於上達 上澤難於下究 故期欲
　　　　一次抵京 詳陳民意
　　問　汝之再起 以大院君曉諭文 視爲開化邊之所壓　而兼有雲峴宮苦待汝等之上來
　　　　而乃行此事乎
　　供　曉諭文之爲開化邊壓不壓 實所不計 而至於再起事 出於矣等本心 且雖有大院
　　　　君之曉諭文字 不可深信 故力圖再起
　　問　旣見曉諭文 而敢事再起 不是所失乎
　　供　不爲目親睹耳親聞 不可深信故 乃事再起 豈有所失乎[141]

---

140)「全琫準 供草」再招問目.
141)「全琫準 供草」3招問目.
　　9月起包의 動機에 관해서는, 大院君의 孫子 李埈鎔 등이 農民軍을 이용하기 위
　하여 密使를 파견하고도 있었으므로, 開化派政府와 日本公使館측에서는 이를 大
　院君이 지시한 것으로 보려 하였으며, 全琫準을 問招하는 가운데, 그가 그것을 그
　러하였던 것으로 자백하고 실토하기를 기대했다. 全琫準이 大院君의 지시에 따라
　봉기한 것이 확실하다면, 開化派와 大院君이 대립하는 가운데, 甲午改革이 停頓상

이는 그가 9月起包 직전에 大院君의 曉諭文을 보고서도 起包한 데 대하여, 法官이 너의 再起는 大院君 曉諭文을 불신한 데서인가? 그것이 開化派의 압력에 의한 것이고 또 大院君이 너희들의 上京을 苦待하고 있은 데서인가? 曉諭文을 보고서도 再起한 것은 잘못이 아닌가? 등등을 추궁한 것이고, 全琫準이 정부의 曉諭文은 한두 차례가 아니었지만 끝내 시행된 일이 없었고, 大院君 曉諭文의 開化派 탄압 여부는 고려할 바 아니며, 재차 蜂起는 그들 자신의 本心에서 나온 것으로, 大院君의 曉諭文字가 있었다 하더라도 그것은 深信할 수 없는 것이어서 再起를 力圖했으며, 曉諭文은 그 본인을 직접 만나서 보고 듣기 전에는 믿기 어려우므로 再起한 것에 잘못은 없다고 답한 것이었다. 이로써 보면 그는 이제 정부나 大院君의 曉諭文을 놓고 이럴까 저럴까를 망설이는 입장이 아니었다.

그뿐만 아니라 그는 이 같은 大院君의 曉諭使를 그대로 두어 그들의 曉諭 활동이 활발하게 전개되고, 이에 따라 많은 農民軍 대장들이 大院君의 命을 따르게 되면 農民軍의 擧事는 萬事가 끝난다고 보는 데서, 金開南에게 다음과 같은 내용의 서신을 보내어,

吾輩之擧 有進無退 若順國太公之命 萬事去矣 不若殺鄭某一行 以絶國太公之望也 云云[142]

大院君의 曉諭使인 鄭碩謨 일행을 살해하도록 지시하고도 있었다. 그는 이 단계에 있어서는 曉諭使마저도 살해하는 가운데 大院君의 命을 차단하지 않으면 農民軍의 擧事는 성공하기 어렵다고 보는 것이었으며, 따라서 그는 이

태에 빠져 있는 당시의 시점에서, 大院君을 권력에서 영구히 축출할 수 있는 절호의 기회가 되기 때문이었다. 그러나 政府官員과 日本公使館측의 집요한 추궁에도 불구하고, 全琫準으로부터는 그러한 사실을 시인하는 답변을 받아내지 못하고 있었다. 大院君과 全琫準의 兩者 사이에는 사실상 그러한 密旨의 수수 사실이 없었던 탓이라고 생각된다. — 이 문제에 대한 관계 자료는 「全琫準供草」 「高宗柱供草」 「李秉輝供草」 「許熀供草」 「李垓鎔供草」 「徐丙善供草」 「林珍洙供草」 「鄭祖源供草」 「尹震求供草」 「張德鉉供草」 「田東錫供草」 「金乃吾供草」 「宋利用供草」 「朴準陽供草」 「李泰容供草」 및 註 3)의 日本領事報告 등이 있다.

142) 「甲午略歷」.

9月起包의 단계에서는 全面蜂起한 農民軍을 이끌고 기어코 上京하여, 정부
에 직접 民意를 전달하고 그 失政을 추궁하고자 하였던 것이라고 하겠다.
  全琫準의 大院君에 대한 이해는 인간적으로나 정치적으로 철저한 不信 그
것이었다. 그러한 사정은, 그가 農民軍은 大院君과의 연락하에 그 지령에 따
라 蜂起한 것이 아니냐는 法官의 심문에, '大院君은 또한 有勢한 者라 有勢한
者 어찌 遐鄕百姓을 위하여 同情이 있었으리요'[143]라 답변한 점이라든가, '大
院君은 어떠한 사람인가'라는 日本人 장교의 심문에, '大院君은 오랫동안 정
치를 행하고 威權이 매우 盛했지만, 당시는 늙어서 政權을 잡을 氣力없고,
원래 우리나라의 政治를 그르친 것도 모두 大院君이기 때문에, 人民이 그에
게 복종하지 않는다'[144]고 답하고 있는 데에 잘 드러난다고 하겠다. 그는 大院
君을 身分階級的으로 農民軍의 입장을 이해할 사람이 아니라고 보는 것이었
으며, 많은 사람이 大院君의 집권에 희망을 걸기도 하지만, 그러나 그는 封建
末期의 중대 시점에서 정치를 잘못한 장본인이 바로 大院君이라는 점에서,
기대할 만한 인물, 신뢰할 만한 인물이 되지 못하는 것으로 보는 것이었다.
  그리하여 그는 이 단계에 있어서는 農民軍 독자의 힘으로 부패하고 부정
한 권력을 일소하고, 濟民을 위한 정치를 할 수 있는 진정한 정부를 바로 세
워야 한다고 생각하게 되었으며, 여기에 政權樹立·社會改革을 위한 農民軍
의 全面蜂起가 있게 되는 것이었다. 그러나 이 단계에서 社會改革의 목표가
별도로 더 마련되고 있었던 것은 아닐 것으로 생각되며, 아마도 그들이 이미
체험한 바 執綱所 시기의 개혁목표를 기초로 하면서 그것을 충실히 확대 발
전시켜 나갈 것을 우선은 지향했을 것으로 사료된다. 그리고 그 같은 정치를
하기 위해서는 새로운 權力機構의 變通이 필요하다고 보는 데서, 그는 기존
의 정치제도를 벗어난 權力機構·革命機構를 구상하고 있었다. 東學이 朝鮮
王朝는 그 運數가 다했다고 보는 것과는 달리, 그는 王朝를 교체하는 易姓革
命이나 국왕의 교체를 구상하지는 않고 있었다. 日本領事館에서 '네가 京城
에 쳐들어온 후 누구를 추대할 생각이었는가?'라는 물음이나, 日本軍 사령

---

143) 吳知泳, 前揭書, p.158.
144) 註 91)의 「全琫準 審問」.

관이 '李氏(王朝) 500년으로 망한다고 하는 예언은 무엇인가?'라는 물음에 답하되,

> 日本兵을 물러나게 하고 惡奸의 官吏를 축출해서 임금 곁을 깨끗이 한 후에는 몇 사람 柱石之士를 내세워 政治를 하게 하고, 우리들은 곧장 農村에 들어가 常職인 農業에 종사할 생각이었다. 하지만, 國事를 들어 한 사람의 勢力家에게 맡기는 것은 크게 폐해가 있는 것을 알기 때문에, 몇 사람의 名士에게 協合해서 合議法에 의해서 政治를 담당하게 할 생각이었다.[145]
>
> 모두 이 예언을 알고 있다. 그렇지만 무슨 뜻인지를 모른다. 역시 이 같은 일 결코 있을 수 없다. 우리 왕을 폐해서 또한 누구를 추대할 것인가.[146]

라고 하였음은 바로 그러한 구상의 표현이었다고 하겠다. 즉 현재의 朝鮮王朝와 현재의 國王 지배하에서, 몇 사람의 '柱石之士'=名士에게 合議法에 의한 政治機構(集團指導體制)를 만들어 인계하고, 그들 자신은 농촌으로 돌아갈 생각이었다는 것이다. 물론 이 경우 그들의 힘이 이러한 政治機構를 만들 정도로 강한 것이라면, 그들이 농촌으로 돌아가는 일은 그렇게 쉽지 않을 것이고, 설사 돌아간다 하더라도 유사시에는 다시 上京하여 정치에 간여하게 될 것이므로, 그들 자신의 처신이 현실적으로 그들의 표현대로만 되리라고는 생각되지 않는다. 결국은 그들도 그 政治機構의 일원으로서 그들의 이념을 추구하는 정치를 하게 될 것이며, 한걸음 더 나아가서 執綱所의 연장선상에서 그것을 확대 발전시킨 새로운 執綱所 機構를 정부 안에 설치하여 그들이 생각하는 바 이념을 추구하는 정치를 하게 될 것으로 판단된다. 그러한 점에서 9月起包는 理念的으로나 實踐的으로 全琫準 등의 社會改革運動·農民運動의 절정을 이루는 것이라 하겠다.

다만 이 경우 그가 國事를 맡기려고 하였던 그 같은 '柱石之士'는 구체적으로 어떠한 인물을 염두에 두고 구상한 것이었을까 하는 점이 궁금한 문제로 남는다. 그러한 인물을 확인할 수 있다면, 이 시점에서의 그의 改革意志·改

---

145) 日本領事館에서의 「全琫準 審問」 東學首領과 合議政治(『東京朝日新聞』 1895. 3. 6).
146) 註 91)의 「全琫準 審問」.

革理念도 어떠한 것이 되리라는 것을 어느 정도 추정할 수 있을 것으로 생각
된다. 그런데 그러한 인물을 그가 구체적으로 그 인명까지 거론하지는 않았
지만, 그러나 그가 인선할 수 있는 인물의 범위와 윤곽은 대체로 정해질 수
있는 것이 아닌가 생각된다. 그것은 그의 進步的·革新的인 자세로 보아 적
어도 保守的·體制的이고 斥邪衛正적인 인물은 아니었을 것이고, 또 그의 大
院君에 대한 평가가 평점 이하인 점으로 보아 大院君도 아니었을 것이며, 外
賊과 奸通하는 자는 嚴懲할 것을 요구하고 있었으므로 親日開化派는 당연히
제외되었을 것이며, 그러면서도 그는 閔氏政權 말기와 開化派政權의 초기,
즉 軍國機務處 시기에는 全羅監司 및 그 참모인 金星圭 등과의 협의하에 한
동안 執綱所를 설치 운영한 바 경험이 있었으므로, 그 인물은 社會改革·國
家改革을 추구하는 이른바 近代思想·開化思想을 지녔으되, 철저하게 自主
的 民族主義的인 인물이 그 人選 대상에 들었을 것으로 생각된다.

　요컨대 이상에서 검토한 몇 단계에 걸친 全琫準의 理念과 實踐運動의 발
전과정을 종합하면, 그의 反封建的 革新原理와 實踐運動은, 動亂 전의 진보
적인 사상의 형성을 토대로, 動亂의 진전과정과 더불어 성장해 온 것이었다
고 하겠다. 그것은 대체로 ① 진보적 사상은 형성되었으되 아직 實踐運動은
없었던 시기, ② 古阜民亂을 계기로 面里組織을 통한 民亂과 呈訴運動을 조
화시키는 가운데 除害의 목표를 달성하려 하였던 시기, ③ 전국적 農民蜂起
의 추진에 東學의 包組織을 끌어들여 이를 農民軍 조직으로 활용하고, 民亂
과 呈訴運動의 논리를 보다 효과적으로 활용함으로써 濟世의 목표를 달성하
려 하였던 시기, ④ 執綱所를 통해서, 즉 官民相和 支配層과의 타협을 통해
서이기는 하였으나 政治改革·社會變革을 전반적 계통적으로 구상하고 수행
하려 하였던 시기, ⑤ 그리고 사상적으로 전단계까지의 改革思想을 기반으로
하면서, 중앙정부에도 執綱所機構와 같은 것을 설치하고 여러 명의 '柱石之
士'로 하여금 合議政治를 하도록 하는, 말하자면 政權交替 革命政權의 수립
까지도 구상하되, 그것을 農民軍 독자의 힘으로써 달성하려 하였던 시기 등
다섯 단계에 걸치는 것이었다. 그러므로 全琫準의 社會改革을 위한 思想 理
念은, 그러한 일련의 단계과정에 따라서 성숙하고, 그것을 달성하기 위한 實
踐運動의 方略 또한 그러한 단계를 따라 강화 발전하였던 것이라고 하겠다.

5. 農民軍의 反侵略 民族意識 問題

　　東學亂·甲午動亂은 한편으로는 反封建 社會改革運動으로서 발발하였지만, 동시에 다른 한편으로는 反侵略 民族運動으로서 발발 진행되고 있었다. 이 후자의 문제에 관해서는, 全琫準이나 東學敎門이 전자의 문제를 대하는 자세에 차이가 있었던 것과는 달리, 어느 정도 보조를 같이하면서 그 운동을 진행시키고 있었다. 그러므로 動亂의 성격을 바로 이해하기 위해서는, 全琫準이나 東學敎門의 民族意識이 이 反侵略 民族運動에 어떻게 연결되고 있었는지에 관해서도 일단의 고찰이 있어야 하겠다. 그리고 이 같은 문제를 바로 이해하기 위해서는, 이 시기 民族問題의 역사적 성격을 명쾌하게 파악할 수 있도록, 그것을 파악하기 위한 認識 視角이 일정하게 세워져야 하겠다.

　　19세기 후반기는 西歐 資本主義 列强의 동양에 대한 帝國主義的·植民主義的 진출의 시대였고, 동양에서는 이에 대응하여 反侵略 民族意識이 발흥하는 시기였다. 동시에 19세기 후반기는 서구의 近代文明이 동양으로 침투하여 동양의 西歐化를 촉진시키는 시대였고, 동양에서는 이러한 外來文化의 자극하에 封建的인 社會體制를 벗어나 近代化·西歐化를 달성하도록 강요당하는 시기이었다. 다시 말하면 19세기 후반기는 서구 자본주의 열강의 帝國主義的·植民主義的 東洋侵略에 대해서, 동양에서는 이러한 자본주의 열강의 침략을 방어하기 위하여, 대내적으로는 近代化를 위한 제반 改革事業을 단행하는 한편, 대외적으로는 反侵略 民族運動을 전개하는 시기였다.

　　우리의 분석 대상이 되고 있는 朝鮮王朝 末期의 民族運動, 좀더 집약적인 표현을 빌린다면 民族運動으로서의 東學亂·甲午動亂의 동기도 이 같은 시대적인 성격을 배경으로 하고 있었다. 그러므로 본 章에서 검토하게 되는 民族運動의 性格문제도 그것이 제대로 파악되기 위해서는 적어도 다음과 같은 기본 시각이 배려되지 않으면 아니 되겠다. 첫째 朝鮮末期의 民族意識·民族運動은 기본적으로 西歐 帝國主義나 日本 帝國主義의 植民主義 또는 侵略主義의 위협에 따라 그것에 대응하는 對抗運動으로서 발흥한 것이기 때문에, 열강의 식민주의나 침략주의가 변동 강화되면 이에 대응하는 民族主義의 運

動形態도 강화 발전하지 않으면 아니 되었다는 점이다. 둘째 朝鮮末期의 정치는 기본적으로 前近代的 社會體制를 탈피하고 近代的 社會體制를 달성하기 위한 體制改革의 과정이었기 때문에, 열강의 침략에 대응하는 民族主義의 정신적·사상적 기반도 前近代的 思想體系를 지양하고 近代的인 것으로서 전개되지 않으면 아니 되었다는 사실이다.

1) 全琫準 등의 民族意識

이 같은 관점에서 우리는 全琫準의 民族意識을 검토하고자 하거니와, 특히 여기에서 우리가 주목하고자 하는 것은 3月起包, 9月起包 등 起包의 단계를 달리하는 그의 民族意識의 질적 차이성과, 종래에 흔히 논의되어 온 保守的·斥洋斥倭論的인 排外思想과 그의 民族意識의 차이성이다. 動亂의 성격은 民族意識의 면에서도 단계를 달리하고 있었는데, 그 民族意識은 외세침략의 추이, 그들의 침략정책의 전환, 민족적 위기의 심화에 따라 그에 대한 대응 태세를 달리하고 있었으며, 또 社會的 矛盾問題를 놓고 보수적 입장에 있었는가 개혁적 입장에 있었는가에 따라, 그 民族意識에도 질적인 차이가 있었기 때문이다. 그리고 그러한 점에서 그의 民族意識의 발현이 절정에 달하는 것은 9月起包 단계의 그것이었다고 하겠으므로, 이곳에서는 특히 9月起包 시의 그의 民族意識을 다른 단계 다른 民族意識과 비교 검토하는 가운데, 東學亂·甲午動亂의 民族的 동기의 문제를 파악해 보고자 하는 것이다.

9月起包 前後의 民族意識의 문제에 관해서는, 대체로 東學亂·甲午動亂에 관한 종래의 연구가 그 고찰에 소홀하였고 또 의식적으로 회피한 면도 있었지만, 그러나 이 亂을 民族的 性格으로 파악하려 할 때는 動亂의 발전과정 전체를 反帝國主義 民族運動으로 규정지어 왔다. 그것은 帝國主義 列强의 商業資本의 침투, 특히 穀物의 對日輸出과 조선에서의 日本人의 土地買占(이 단계에서는 開港場 중심)이, 朝鮮人 兩班地主의 土地兼併과도 관련하여, 농촌경제를 파탄시키는 데 대한 農民層의 反抗運動이라는 의미에서였던 것으로, 이는 일반적으로 볼 수 있는 先進資本主義國家와 後進國家가 접촉할 때 왕왕 있게 되는 이와 같은 성격의 民族運動을 우리의 경우에도 적용한 것이었다. 더욱이 全琫準의 경우만 하더라도, 古阜民亂 3月起包 전후에 이

224

미 '斥洋逐倭'를 주창하고(註 109 참조), '外賊과 奸通하는 者는 嚴懲'할 것을 강조하는 등(註 131 참조) 외세침략에 대한 경계와 대비를 철저히 하고 있었으므로, 이때의 民族運動을 그같이 파악하는 데 무리가 있는 것은 아니라고 하겠다. 그러므로 이러한 성격 규정이 9月起包의 전후에 하등의 질적인 차이를 설정하고 있지 않았다 하더라도, 우리는 帝國主義 列強에 의해서 경제적으로 예속화되어 가는 과정에 있었기 때문에, 이러한 사실 파악, 성격 규정에 대해서 부정적인 입장에 서려는 것은 아니다.

다만 東學亂·甲午動亂을 反侵略 民族運動으로서 파악하고자 할 때, 그 운동의 전개과정을 전체적으로 경제적 침투에 대한 대항관계로서만 파악하면, 그 운동을 발발케 한 帝國主義的 침략의 다양한 측면, 따라서 그 동기가 정확하게 파악되기 어려울 것이라는 점을 유의하는 것이다. 이 같은 사정은 全琫準이 9月起包에 관하여 진술한 바를 살피면 분명하여진다. 그의 民族意識에 관한 「供草」의 진술은 다음과 같은 몇 마디로 표현되지만, 이 표현에는 그 意識의 핵심, 民族運動으로서의 본질이 잘 드러나 있다고 하겠다. 즉,

問　更起包(9月起包 — 필자)何故
供　其後聞則貴國稱以開化 自初無一言半辭傳布民間 且無檄書 率兵入都城 夜半
　　擊破王宮 驚動主上云 故草野士民等 忠君愛國之心 不勝慷慨 糾合義旅 與日
　　人接戰 欲一次請問此事實[147]

이라고 하였음은 그 하나인데, 그가 9月에 다시 起包하였음은 日本이 開化를 빙자해서 군사행동으로써 王城을 점령하고 王宮을 격파하며 국왕을 놀라게 하는 등 國權을 위태롭게 하고 있는 데 기인하는 것이었다. 이는 바로 帝國主義 國家의 軍事的 침략 그것이 아닐 수 없었다.

그리고 종래의 연구에서는 東學亂의 발발 동기가 資本主義의 침투로 인한 농촌경제의 파탄에 있는 것으로 되어 왔으나, 動亂의 이론적 지도자 全琫準에 의하면, 그것은 古阜民亂 3月起包 단계에서 경계하고 대비해야 하는 하나의 이유이었을 뿐, 9月起包에서는 주된 이유가 되는 것이 아니었다. 이 점

---

147)「全琫準 供草」初招問目.

에 관해서 그는 다음과 같이 분명하게 진술하고도 있었다. 즉

> 問　再次起包 因日兵犯闕之故再擧云 再擧之後 於日兵欲行何擧措耶
> 供　欲詰問犯闕緣由
> 問　然則日兵與外國人 留住京城者 欲盡驅逐耶
> 供　不然 各國人但通商而已 日人則率兵留陣京城 故疑訐侵掠我國境土也[148]

그가 재차 起包한 후에는 日本에 대하여 軍事行動에 대한 책임을 추궁하자는 것이었고, 그것은 다른 외국인은 通商만을 하고 있는데, 日本人은 군대를 동원해서 首都에 留陣하고 있으므로 국가를 침략하려는 것으로 알았기 때문이라는 것이었다. 다시 말하면 그는 이 시기의 通商貿易 자체에 대해서는, 이로 인해서 국가가 망할 것이라고까지 危懼心을 갖는 것이 아니었으며, 따라서 이때에는 外來資本·外來商品의 침투가 9月起包, 農民軍의 전면적 봉기의 이유가 되는 것이 아니었다. 이같이 全琫準의 9月起包는 日本의 朝鮮侵略을 위한 軍事行動이 그 동기가 되는 것이지만, 그러나 이 경우 그 蜂起를 단순한 격정적인 斥洋斥倭的 운동으로서 전개하고 있는 것은 아니었다. 그는 日兵을 몰아낸 후 취해야 할 일에 대해서도, 그의 改革事業과 관련하여 국가를 보위할 방략을 구상하고 있었다. 그것은

> 問　其時曉喩文 汝視之爲眞乎爲假乎
> 供　旣是自官揭付則 焉有視之以假乎
> 問　汝旣視之以眞 則胡爲再起乎
> 供　欲詳貴國之裡許而然
> 問　旣詳裡許後 將行何事計也
> 供　欲行輔國安民之計也[149]

라고 한 진술에서 볼 수 있는 바와 같이, 日本의 情勢를 자세히 파악한 연후 거기에 대처할 수 있는 輔國安民의 計策, 즉 앞에서 살핀 바와 같은 改革事業을 추진하려는 것이었다.

---

148)「全琫準 供草」再招問目.
149)「全琫準 供草」3招問目.

　요컨대 全琫準을 통해서 볼 수 있는 東學亂의 民族運動으로서의 성격을 이같이 정리하고 보면, 그것은 9月起包를 전후하여 그 성격이 질적으로 크게 달라지고 있음이 선명하다고 하겠다. 즉 古阜民亂 3月起包 단계에서는 民族問題가 주로 通商貿易상의 문제를 중심으로 그것도 內政改革의 문제와 관련하여 제론되는 것이었으나, 9月起包의 民族的 蜂起는 先進資本主義國家와 後進國家 사이에서 볼 수 있는 通商問題를 둘러싼 일반적 논법의 적용을 불허하는 절박한 단계의 투쟁이었다. 그것은 日本의 商業資本이 朝鮮市場에 투입되는 정도의 사정으로 발생한 것이 아니라, 日本軍이 韓半島에 대한 영토적 점유를 목표로 노골적으로 침략행위를 자행하고 있는 데(日本軍의 韓半島 侵入, 淸日戰爭 도발, 甲午更張 강요) 대한 反侵略 反帝國主義의 擧國的 蜂起이었다. 다시 말하면 경제적 예속화의 위기를 넘어선 정치적 군사적 예속화의 강요에 대한 民族的 抗爭이었다.

　이와 같이 理論的으로나 實踐的으로 農民軍의 지도자임을 자처하는 全琫準이, 古阜民亂 3月起包의 단계에서는, 9月起包 단계의 民族的 대항관계보다, 日本 商業資本 商品의 침투에 대한 民族的 대항관계가 덜 민감하였던 것은, 이 시기의 貿易狀況으로 보아 그럴 만한 이유가 있었다고 하겠다. 그것은 朝鮮市場에 투입되는 日本의 商業資本은 淸에 비해 비례적으로 해마다 감소되고 있었으며, 그 지위로 보아도 1881년의 제5위에서 動亂前에는 제7위로 떨어지고 있어서,[150] 日本에 대해서만 農民軍을 蜂起시켜야 할 만큼 그

---

150) 北川修, '日淸戰爭까지의 日鮮貿易'(『歷史科學』1-1).
　　田中康夫, '戰爭史'(『日本資本主義發達史講座』所收).

動亂前의 對淸日 貿易狀況

年 度	輸 入 額		百 分 比	
	淸	日 本	淸	日 本
1885	313,342	1,377,392	19	81
1886	455,015	2,064,353	17	83
1887	742,661	2,080,787	26	74
1888	860,328	2,196,115	28	72
1889	1,101,585	2,299,118	32	68
1890	1,660,075	3,086,897	32	68
1891	2,148,298	3,226,468	40	60
1892	2,055,555	2,555,675	45	55

商業資本의 침투가 위험수위에 달하고 있는 것이 아니기 때문이었다. 그리고 앞에 제시된 「供草」의 진술에서도 살필 수 있는 바와 같이(註 148 참조) 그는 外國人이 정상적으로 通商貿易만 할 경우에는 이를 문제 삼는 것이 아니기 때문이었다. 이는 그의 民族意識이 적잖이 유연하였음을 보여주는 것으로, 이를 확대 해석하면, 그가 '後進國家로서는 先進 文明國家의 文化를 받아들임도 무방하다'는 기본자세를 지니고 있었음에서 연유하는 것으로 생각된다.

그리고 全琫準이 日本에 대해서 民族的 抗爭을 전개하게 되는 日帝의 軍事行動이란 것은, 일본인 자신도 이미 지적하고 있는 바와 같이, 甲午年 6월 21일의 景福宮에 대한 '쿠데타'[151]를 비롯해서, 수차의 회담을 거친 후의 7월 20일의 朝·日 양국의 暫定合同條款,[152] 同 26일의 朝·日兩國同盟,[153] 10월

---

151) 陸奧宗光, 『蹇蹇錄』, p.57.
　　田保橋潔, 前揭書 下, 第28章 甲午政變.
　　　　　　'近代朝鮮에 있어서의 政治的改革'(『近代朝鮮史硏究』, 1944).
　　日本公使 大鳥圭介는 6月 10日(陽 7月 12日) 最終手段을 취하라는 陸奧宗光 外務大臣의 電訓을 받고, 朝鮮의 內政改革 문제에 대해서 高壓的 태도를 취하게 된다. 그리하여 6月 17日(陽 7月 19日)에는
　　① 京釜間에 軍用電信을 架設할 것은 日本政府가 이를 着手할 것.
　　② 朝鮮政府는 濟物浦條約을 遵守하여 日本軍을 위한 兵營을 建築할 것.
　　③ 在牙山淸兵은 不正名義로 派來된 것이니 卽時 撤退케 할 것.
　　④ 朝淸水陸貿易章程 其他 朝鮮獨立에 抵觸되는 韓淸間 諸條約은 一切 廢棄할 것.
　　등등의 條項을 6月 20日(陽 7月 22日)까지의 期限附 最終公文으로 강요해 오고, 朝鮮政府가 이에 대하여 결정을 내리지 못하자, 6月 21日(陽 7月 23日)에는 龍山에 주둔중이던 군대를 동원하여 瞥備兵을 驅逐하고 王宮을 침범 점령하였다.
152) 『高宗實錄』 卷 32, 高宗 31年 7月 20日, 中, p.509.
　　『蹇蹇錄』, pp.121~122, p.131.
　　日本政府는 淸日戰爭의 원인은 朝鮮의 獨立과 그 內政改革이라고 세계에 公表하고, 朝鮮政府로 하여금 內外에 그 獨立國임을 表彰케 하고, 日本政府에 대하여는 그 內政改革의 사실을 점차 遂行할 것을 明約시킴에 있어서, 大鳥 公使에게 電訓하여 이 兩大 要件에 관한 朝鮮政府와의 條約締結을 命하게 된다. 大鳥 公使는 이에 朝鮮政府와 수차의 강압적인 회담을 열고 7月 20日(陽 8月 20日) 이 暫定合同條款을 체결하였는데, 이 條款은 朝鮮의 內政改革 및 鐵道敷設權, 기타 등의 利權을 日本에 주는 것을 明約시킨 것으로, 이로 말미암아 朝鮮政府는 이후 條約상의 의무에 의하여 日本이 강요하는 內政改革을 실행하는 책임을 지게 되었다.
153) 『高宗實錄』 卷 32, 高宗 31年 7月 22日, 中, p.512.
　　『蹇蹇錄』, pp.122~123.

228

23일의 제2차 '쿠데타'[154] 등 韓半島의 독점적 지배를 목표로 하는 일련의 침략행위를 말하는 것이었다.[155] 이는 말할 것도 없이 그 자체가 主權侵害 침략행위이었으며, 따라서 輔國安民을 위하여 農民軍 자신의 힘에 의한 舊制度의 革新을 내세우고 擧事한 全琫準이 이를 묵과할 수 없었던 것은 당연하였다. 아무리 善意로 해석하더라도 朝鮮과 관련하여 淸日戰爭에 7만의 군대를 동원한 日本의 高度하고 대규모적인 전쟁준비를 두고 본다면, 말할 것도 없이 東學亂·甲午動亂의 혼란을 기회로 朝鮮에 政治的 改革을 제의하고 이를 강행하고 있는 日本의 태도는, 분명 이를 빙자하여 韓半島의 완전 점령·保護國化를 위한 단계로 돌입하고 있음이 확실한 까닭이었다.

9月蜂起의 동기문제는, '淸日戰爭의 원인은 日本의 産業資本의 수출에 있는 것이 아니고, 近代日本이 강행한 몇 차례의 전쟁 중에서 예외일 수 없이 軍閥과 官僚가 적극적으로 추진하고 걸고 나온 전쟁이었다'[156]는, 日本의 침략적 태도에 대한 일본인 자신의 솔직한 견해를 고려하면 더욱 분명하여진다. 9月蜂起는 이와 같은 日本 帝國主義의 침략정책이 政治的 軍事的 예속화—민족적 위기를 강요해 온 데 대한 抗拒였던 것으로서, 舊制度의 改革을 부르짖는 農民軍의 民族意識—危機意識이 보다 고도한 대응태세를 갖추

이 同盟條約은, 1. 이 盟約은 淸兵을 朝鮮國의 境外에 撤退시키고, 朝鮮의 獨立을 鞏固히 하며, 朝日兩國의 利益을 增進함을 목적으로 한다. 2. 日本은 淸에 대하여 攻守의 戰爭에 臨하고, 朝鮮은 日本의 進退 及 그 食糧準備에 可及的 便宜를 제공한다. 3. 이 盟約은 淸에 대하여 平和條約이 締結됨을 기다려 廢棄한다 등의 내용인데, 이것은 朝鮮政府가 淸日 兩國兵의 國外撤收의 周旋을 歐美 각국 公使에게 요청한 데 대한 日本의 대책이었다. 日本은 이 條約으로 세계 각국에 대하여 그들의 朝鮮出兵 및 開戰이 합리적인 것임을 표시하고 朝鮮을 그들의 수중에 繫留케 하려는 것이었다.
154)『高宗實錄』卷 32, 高宗 31年 10月 23日. 中. p.525.
　　田保橋潔, '近代朝鮮에 있어서의 政治的 改革'.
　　日本政府는 大鳥 公使가 제시한 內政改革案이 停頓상태에 빠지게 되자 駐朝鮮公使를 井上馨으로 更迭 任命하게 되며, 井上은 이에 朝鮮의 內政改革에 새로운 强壓政策을 취하여, 10月 15日(陽 11月 12日) 大院君의 隱退를 聲明케 하고 — 政治一線에서 축출하고, 10月 23日(陽 11月 20日)에는 御前會議를 강요하여 그의 새로운 內政改革案을 통과시키게 된다. 이리하여 朝鮮의 甲午改革은 다시 진행되고 日本은 步一步 朝鮮의 占有·保護國化에 접근하게 된다.
155) 服部之總, '條約改定 及 外交史'(『日本資本主義發達史講座』所收).
156) 南とく子, '日淸戰爭과 朝鮮貿易'(『歷史學研究』149).

고 대항한 戰爭이었다는 점에서, 이 단계는 그 民族的 성격으로서의 의의가 보다 높게 평가되고 再考될 수 있는 것이라 하겠다.

끝으로 우리는 9月蜂起에서의 全琫準의 民族意識과 종래의 封建兩班層을 중심으로 한 排外熱과의 차이성은 무엇인지에 관해서 언급해 둘 필요가 있 겠다. 이 문제에 있어서도 우리는 動亂 전에 西歐思潮의 침투에 대해서 反旗 를 든 封建支配層을 중심으로 한 강렬한 배타성과 動亂 추진세력의 排外熱 을, 단지 용어의 유사성에 구애되어 이를 동일시해서는 아니 되겠으며, 그들 의 斥洋論이나 斥倭論의 입각하는 바 근거를 본질적인 면에서 추구하지 않 으면 아니 되겠다.

封建支配層의 排外思想은 이것을 天主教에 대한 억압정책에서 그 단초를 볼 것이나, 高宗朝에 들어와서는 두 차례의 洋擾와 日本과의 개항문제, 그리 고 그 후에 이어지는 斥邪斥倭疏에서 볼 수 있는데, 이것은 특히 집권세력과 李恒老, 崔益鉉을 중심으로 한 儒者들에 의해서 주창되고 있었다. 그러나 이 들에게 일관한 排外思想은 진정한 의미에서의 近代的·進取的 民族主義思想 은 아니었으며, 그 근거는 극단의 祖法을 유지하고 儒教社會의 封建的 身分 階級的인 사회질서를 수호하려는 것이었다. 그것은 洋物一切 燒棄를 청한 李恒老의 攘夷時務陳疏(高宗 3년)를 효시로 하여, 극단적인 崔益鉉의 斥倭 疏(高宗 13년), 그리고 그 후에 연달아 있게 되는 儒生들의 斥邪斥倭疏가 어 느 하나 近代的인 社會改革을 전제로 하는 進取的 民族主義思想에 입각해서 논의되고 있는 것이 아니었음은 그 예가 되는 것이라고 하겠다. 그러한 점에 서 그들 封建支配層이 보여준 排外思想과 甲午動亂에서 全琫準 등이 보여주 고 있는 民族運動의 사상은 근본적으로 차이가 나는 것이라고 하겠다.

2) 東學教門의 姿勢

東學의 발생을 民族意識의 문제와 관련하여 생각하면, 그것은 教祖 崔濟 愚의 외세침략에 대한 위기의식 속에서 創教된 것이었다. 그러므로 東學은 그 출발부터 反侵略·反帝國主義的인 강렬한 民族意識을 지니는 民族宗教가 되지 않을 수 없었다. 그리고 東學에 그러한 자세가 확립된 것은 日本과 西 歐 列强에 대한 國交擴大 門戶開放이 있기 전, 구체적으로 우리가 그들의 軍

230

事的 經濟的인 침략을 받고 있지 않았던 哲宗朝의 일이었으므로, 국교확대를 위한 과정에서 그리고 그 이후 그들의 침략을 받게 됨에 따라서는 그러한 意識이 더욱 강화되지 않을 수 없었다. 우리는 여기에서 그러한 사정을 장황하게 열거할 여유가 없지만, 東學의 기본성격을 이해하기 위해서는 그 民族意識의 핵심만이라도 파악해 두는 것이 필요하리라고 생각된다.

우선 주목하게 되는 것은, 이 같은 외세침략과 위기의식 및 反侵略 民族意識의 문제가 敎祖 崔濟愚의 가르침으로서 東學의 經典에 수록되고 있다는 점이다. 그러한 사정을 우리는 『東經大全』이나 『용담유사』의 어느 쪽에서도 읽을 수가 있다. 이를테면 西歐 여러 나라의 軍事的 宗敎的 측면에서의 中國 침략에 관하여,

① 西洋之人 道成立德 及其造化 無事不成 攻鬪干戈 無人在前 中國燒滅 豈可無脣亡之患耶
② 傳聞 西洋之人 以爲天主之意 不取富貴 攻取天下 立其堂 行其道[157]

③ 요망한 서양적이 중국을 침범해서 천주당 높이세워 거소위 하는도를 천하에 편만하니 가소절창 아닐런가 종전에 들은말을 곰곰히 생각하니 아동방 어린사람 예의오륜 다버리고 남녀노소 아동주졸 성군취당 극성중에 허송세월 한단말을 보는듯이 들어오니[158]

라고 하고 있는 것은 그것이다. ①은 서양인들이 군사력으로 침공해도 이를 막아내는 사람이 없어서 中國이 燒滅하게 되었으니, 우리로서는 脣亡齒寒의 상태에 놓이게 된 것이 아니냐 하는 점을 우려하고 경계하는 것이었으며, ②는 서양인들은 天主의 뜻으로 부귀를 취하지 아니하고 천하를 침공한 후 敎堂을 세우고 그들의 道(敎)를 선교하고 있다는 것이며, ③은 西洋賊이 中國을 침범한 후 天主堂을 세우고 그 敎를 천하에 펴게 되니, 우리나라에서도 지난날의 일로서 미루어 생각건대, 남녀노소 많은 사람들이 우리의 예의 도덕을 다 버리고 그들의 敎를 믿게 될 것이 아니냐 하는 점을 우려하는 것이었다. 이 같은 사정은 帝國主義 列强의 植民을 위한 침략이 敎會의 宣敎활동

---

157) 『東經大全』論學文, 布德文.
158) 『용담유사』 권학가.

을 앞세우고 행해지고 있었던 점과도 관련하여, 宗敎的 精神的 隷屬化는 곧 피침략 식민지화로 이어지는 것이었고, 따라서 崔濟愚는 국가 멸망의 위기 의식을 느끼지 않을 수 없는 것이었다. 그러므로 그는 이 같은 상황에 대응 하기 위해서는 精神的으로 우리 자신을 지탱할 수 있어야 하고, 그러기 위해 서는 우리의 宗敎로서 西敎·西學에 대응하는 東學을 마련하지 않으면 아니 되겠다고 판단하는 것이었다. 東學이 마련된 외적인 요인이었다. 그러므로 東學은 그 발생사정으로 보아 본질적으로 외세침략에 철저하게 대항하는 反 侵略的 民族宗敎의 성격을 지니게 되지 않을 수 없었다.

  東學은 이같이 民族宗敎이기에 그 民族意識이 서양인에 대해서만 발로되 는 것은 아니었다. 그것은 朝鮮을 침략하는 자이면 그 어느 나라 어느 민족 에 대해서도 마찬가지로 발현될 수 있었다. 그러한 가운데서도 가장 큰 경계 의 대상이 되고 있었던 것은 日本이었다. 崔濟愚가 생존하고 있는 동안에는 아직 日本의 近代的 침략이 없었지만, 그러나 日本과의 사이에는 壬辰倭亂 이라고 하는 과거가 있어서, 이때의 조선 사람들은 日本을 침략자로 생각하 고 있었기 때문이었다. 그러한 가운데서도 崔濟愚는 특히 유난스러운 바 있 었다. 그가 「안심가」에서

  가련하다 가련하다 아국운수 가련하다 전세임진 몇해런고 이백사십 아닐런가 십 이제국 괴질운수 다시개벽 아닐런가 요순성제 다시와서 국태민안 되지마는 기험하 다 기험하다 아국운수 기험하다 …… . 개(㺚)같은 왜적놈을 하날님께 조화받아 일 야에 멸하고서 전지무궁 하여놓고 대보단에 맹세하고 한의원수 갚아보세[159]

라고 설교하고 있는 것은 그것을 단적으로 드러내는 것이라 하겠다. 그의 對 日 감정은 거의 격정적인 敵對感情 그것이 아닐 수 없었다. 日本의 침략을 직접 당하고 있지 않는 상황하에서 과거의 침범을 놓고서도 이러하였으므 로, 그가 좀더 살아서 후일 雲揚號의 침범, 甲申政變, 通商貿易에 따르는 경 제침략, 甲午年의 王宮占領 등의 사건을 목격하였다면, 그의 對日 감정은 더 욱 강한 戰鬪的 태세를 취하는 것이 되었을 것으로 생각된다. 東學의 經典을

---

159) 『용담유사』 안심가.

232

통해서 볼 수 있는 東學思想·東學敎門의 民族意識은, 儒敎의 衛正斥邪論의 그것과도 같이, 실로 강하고도 철저한 것이었다고 하겠다.

이 같은 東學敎門은 그 敎祖의 사후 표면적 활동이 어려워지지만, 그러나 그들은 지하로 잠적하는 가운데 그 敎勢를 확대시켜 나가는 한편, 그 經典 『東經大全』『용담유사』를 간행 보급하는 가운데,[160] 그 經典에서 가르치는 바 民族意識을 또한 확산시켜 나갔다. 그리하여 東學敎徒는 늘어나고 그들의 民族意識은 國交擴大 門戶開放 이후 전개되는 외세침략의 현실과도 관련하여 經典에서 가르치는 바 이상으로 격렬한 것으로 되어 갔다. 그리고 그것은 마침내 報恩集會에서 볼 수 있었던 바와 같은 '斥洋斥倭'의 政治運動으로까지 발전하게 되었으며,[161] 甲午年의 9月起包에서는 3月起包 때와는 달리, 敎團本部의 지도하에 있는 北接지역에서도,

> 嶺右各邑各村大小士民等處
> 　夫我朝鮮 雖是東方編小之國 然古稱小中華 而三千里禮義之邦也 三千里豊富之疆也 挽近以來 國運否塞 人道斁敗 甚至奸臣 招禍倭胡 犯我境界 在北三道之擧爲胡人之域 南丁五道 倭賊編滿 肆意干戈 動於宮禁 劒戟多於郊甸 哀我東土義士 豈無瀝血奮發之心哉……
> 　　　　甲午九月十日
>
> 　　　　　　　　　　　　　　忠慶大邱所[162]

이라고 한 바와 같은 通文을 발하고, 南接과 보조를 맞추어, 胡倭의 國土蹂躪을 규탄하는 가운데 그들을 응징하기 위한 봉기에 나서기도 하고, 곧 이어서는 교단본부 또한 全敎團의 이름으로 全面蜂起에 가담하게 되고 있었다.

9月起包에 참여하고 있는 東學의 民族意識은 참으로 철저하여서, 外勢의 침입 특히 日帝의 침략만을 문제 삼는 것이 아니었다. 그들은 그 같은 日帝와 체결하여 그 日帝를 끌어들이고 그 힘에 의해서 權力을 장악하고 있는 開化派 甲午政權을 또한 규탄하고 있었다. 그들이 京軍과 營兵 吏校 市民들

---

160) 申一澈, 『東學思想資料集』解題(韓國學文獻研究所 編).
161) 註 66) 참조.
162) 「東學黨에 關한 件」 1(日本公使館記錄).

에게 호소하고 있는 告示文에는 그러한 그들의 자세가 선명하게 드러나고
있다.

> 고시 경군여영병이교시민
> …… 금년육월에 개화간당이 왜국을 체결하여 승야입경하야 군부를 핍박하고 국
> 권을 천자하며 우황 방백수령이 다 개화중 소속으로 인민을 무휼하지 안이코 살륙
> 을 좋아하며 생녕을 도탄하매 이제 우리 동도가 의병을 드러 왜적을 소멸하고 개화
> 를 제어하며 조정을 청평하고 사직을 안보할새 …… 일변 생각건대 조선사람기리야
> 도속은 다르나 척왜와 척화난 기의가 일반이라 두어자 글로 의혹을 푸러 알게 하노
> 니 각기 돌려 보고 충군 우국지심이 있거든 곧 의리로 도라오면 상의하야 같이 척
> 왜 척화하야 조선으로 왜국이 되지 안이케 하고 동심합력하야 대사를 이루게 할
> 일이로다.
> > 갑오십일월십이일
> > > 동도창의소[163]

이에 의하면 東學의 敎徒들은 淸日戰爭 甲午改革期의 日帝의 韓半島 침입
을 朝鮮王朝를 멸망시키고 이를 倭國이 되게 하려는 것으로 이해하였으며,
그 앞잡이 내응세력이 되고 있는 것은 甲申政變시의 사정과도 관련하여 開
化黨인 것으로 보고 있었다. 그러므로 이제 그들은 義兵으로 봉기하여 日帝
의 이 같은 침략을 방어하기 위한 斥倭鬪爭과 함께 日帝를 인도하는 開化黨
을 제어하기 위한 斥化運動을 또한 전개하고 있다는 것이었다. 그러니 이러
한 취지에 찬동하는 京軍과 營兵 吏校 市民들은 모두 함께 이 대열에 참여하
여 朝廷을 소청하여 바로잡고 국가를 安保케 하자는 것이었다. 이로써 보면
그들의 民族意識 民族的 鬪爭의 논리는 정연하고 그 투쟁의욕은 강렬하였
다. 그러므로 甲午動亂을 民族意識의 면에서 볼 때, 그것은 확실히 東學의
思想·信仰에 의거한 東學敎團의 反侵略運動일 수가 있었다.

그러나 東學의 民族意識이 이같이 강렬하다 하더라도 거기에는 일정한 한
계가 있었다. 그것은 두 가지 점에서였다. 그 하나는 앞에서 살핀 바와 같이

---

163) 『東學亂記錄』 下, 宣諭榜文並東徒上書所志謄書, p.379. 여기 수록된 고시문은
　　 활자본인데 여기에는 誤字가 있으므로 이는 原文書(필사본)를 통해서 바로잡았
　　 다. 그리고 이 고시문의 원문서는 옛 한글로 되어 있으나 이곳에서는 현대문으로
　　 표기하였다.

234

東學思想은 기본적으로 保守的·傳統的인 儒敎思想 등에 기초하고 있었기 때
문에, 그 民族意識도 본질적으로 近代的 의미에서의 進取的인 것이 되기 어
려웠다는 점이었다. 그러한 점에서는 그 民族意識은 儒家의 衛正斥邪論的인
民族意識과 흡사하였다. 그러기 때문에 9月起包 단계에서의 擧敎的인 蜂起
가 있었을 때, 그리고 앞글에서 보는 바와 같이 日帝뿐만 아니라 淸에 대해
서도 강렬한 民族的 鬪爭意慾이 고조되고 있었을 때, 지방에 따라서는 封建
的 對外思想의 집중적 표현인 中國에 대한 의뢰심, 즉 事大主義思想을 아낌
없이 발휘하는 사람들이 있었다.

> 公州湖西九接中
> 方今倭兵大援 朝野湯憂 以此心患之際 朝家密敎 神切奉此 扣頭心裂腸碎 又於淸
> 軍全爲我國 勞盡血路 以吾輔國安民之義 豈可晏坐看望乎 但願吾道諸君子 一鼓約起
> 同聲大務 而諸般軍用 銳鍊精勵 竭忠報國之地向事
> 　　　　甲午九月十一日辰時出　　　　　　　　湖州大義所[164]
>
> 平山首接主
> ……　況今天兵百萬 驅逐倭寇 渡江屯於江界義州北地 朝鮮與倭撲滅之意 意有文蹟
> 於海安首接主 則今方倡義 先斬道伯父子首級 以獻淸陣 然後庶係 吾道人民之殘命
> 矣[165]

이라고 한 것은 바로 그러한 사정을 보여주는 것이었다. 이 通文에 의하면
그들은 農民軍의 토벌을 위해서 와 있는 淸國軍, 더 정확하게 말하면 韓半島
의 독점적 지배를 위한 帝國主義 列强들의 경쟁장에 뛰어들고 있는 淸國을
우리나라를 위하여 수고하는 국가로, 그리고 그 군대를 天兵으로까지 보고
있었으며, 그래서 淸軍도 몰아내야 할 이 시점에서, 道伯父子의 首級을 淸陣
에 바침으로써 목숨을 구해야 할 것임을 꾀하고도 있었다.
　다른 하나는 敎團本部 내에도 反侵略運動을 거부하는 기회주의자 ― 뒤에
侍天敎系가 되는 사람들 ― 가 있어서, 그들은 日帝侵略에 대항하는 투쟁에
마지못해 참여하고 있었으며, 또 日軍에 내통을 함으로써 투쟁에 패했을 경

---

164)「黃海道 東學黨征討略記」.
165)「黃海道 東學黨征討略記」.

우 살아남을 방법을 강구하고도 있었다.[166] 이 같은 두 가지 사실은 東學敎門이 지니고 있는 民族意識의 脆弱性·限界性을 보여주는 일면이었다.

그러나 東學敎門의 民族意識이 全琫準의 그것과 다른 半封建的인 일면이 있었다 하더라도, 그것은 그것 자체로써 外勢에 대한 맹렬한 氣勢를 올리고 강한 鬪爭意慾을 보일 수가 있었다. 3월의 起包過程에서는 수십 包가 동원되는 데 불과하였던 東學敎門의 조직이 9월의 起包過程까지에서는 延 339 包로 확대될 수 있었던 것도 어떤 의미에서는 東學敎門의 그 같은 反帝國主義 民族意識의 강렬성에서 오는 것이었고, 農民軍의 운명을 이 一戰에 걸고 나선 乾坤一擲의 公州 戰鬪에서 東學敎門이 全琫準과 보조를 같이할 수 있었던 것도 그들의 그와 같은 맹렬한 民族意識 때문이었다. 즉 反封建意識의 면에서는 全琫準 등의 理念과 상당한 乖離 間隔이 있었던 東學敎門이, 9월 起包의 단계에서는 그렇게도 쉽게 革新 指導層이 이끄는 農民軍과 融合 連帶化할 수 있었던 것은, 이 反帝國主義 民族意識이라는 超現實的이고 超階級的인 성격의 媒介物이 결합작용을 함으로써 가능한 것이었다.

요컨대 이상에 검토한 몇 계열의 反侵略 民族意識의 문제를 비교 정리하면 우리는 다음과 같이 그 특성을 말할 수 있을 것이다. 즉 封建支配層의 斥洋斥倭論과 東學敎門의 民族意識은 封建制의 否定 위에서는 近代的 民族意識이 아니었던 데 비하여, 全琫準의 그것은 그들의 前近代的인 排他的 民族意識과는 달리, 그것과 질적으로 구분되는 近代的 民族意識이 되고 있었다는 것이다. 그것은 그의 民族意識이 앞에서 검토한 바와 같이 封建制의 부정

---

166)『侍天敎歷史』下, 第二世敎主海月大神師 甲午條, 80~81장.
　　① 致書于忠州駐紮日兵站 聲明全琫準之不規
　　　是時 徐章玉·全琫準等 不遵敎規 煽動敎徒 聲言斥和 肆行殘暴 師遂聲明 致書于忠州駐紮日本兵站所 曰窃惟貴國與我邦 隔在一葦 唇齒相依 雖有龍蛇之宿釁 歲月寢久 已屬昧爽 知知政府 往在丙子 更修舊好 開埠通商 隣誼尤篤 雖草野愚氓 咸知今日之局勢 而況我修道謹飭之人 豈可有排擯之思想哉 蓋吾敎體天布德 繼往開來 益之以修心正氣 參之以修煉慈悲 會三歸一 屹爲新刱之一大宗敎 將以濟衆生於苦海者也 匪意徐章玉·全琫準輩 假托師門 妄稱斥和 煽動無知之敎徒 揭竿斬木 勢盆鴟張 且要挾我北接 乘時同倡 而我北接 恪遵師訓 牢拒不從 噫彼南接 締黨怙勢 戕殺元元 敝接思不得已 將欲擧衆聲 討其都會之日 貴紮幸勿怪致訝焉
　　② 再書于兵營及駐紮日兵站 등 참조.
　　　(省略)

近代的 改革을 전제로 하고 있었기 때문이기도 하고, 封建支配層의 思想이나 東學思想에서 볼 수 있는 排他的인 民族意識을 止揚하고 있는 까닭이기도 하였다. 그리고 그러한 점에서, 全琫準의 9月起包는 후진국 近代化過程에서의 民族運動의 바람직한 자세, 그 기본방향에 접근하고 있는 것이었으며, 그 전단계의 民族意識에서 질적으로 한 단계 진전하고 있는 것이었다고 하겠다.

6. 結　語

지금까지 살펴 온 바와 같이, 東學亂·全琫準의 農民軍 起包의 前提는 19세기 후반기의 民亂(1862년의 晋州民亂에서 1893~1894년의 古阜民亂까지)이었다. 朝鮮史의 발전과정에서 體制의 모순과 그 붕괴과정을 단적으로 드러내는 民亂이었다. 그것은 支配層의 苛斂誅求와 수탈로 인한 三政紊亂으로 인해서만 발생한 것은 아니었다. 사회가 정상성을 잃고 있는 것은 이미 기정사실이었고, 그러한 사회 내부에서 민중을 叛亂의 渦中으로 이끌어가는 主體的 조건이 이미 오래전부터 조성되어 오고 있었다. 그것은 朝鮮後期의 社會構成의 변동, 社會意識의 성장, 思亂意識의 형성 등등의 사정이었다. 농촌사회가 分解하고 人的 階層關係가 동요하며 社會意識이 성장하는 가운데, 모순이 심화함으로써 민중으로 하여금 지배층에 대한 강한 對抗意識 思亂意識을 갖도록 한 데서 연유하는 것이었다. 그러므로 30여 년간 계속된 民亂, 즉 몰락해가는 封建體制에 대한 항쟁은, 그들의 經濟的 狀態의 즉각적이고도 정확한 改革의 실현을 요구하는 부르짖음으로서, 비록 각 지역의 지역적 조건과 관련된 자연발생적인 폭동으로서 발발한 것이기는 하였지만, 그러나 객관적으로는 封建制를 부정하는 하나의 거대한 社會運動의 潮流로서 형성되고 있었던 것이며, 이것은 무엇인가 새로운 계기가 주어지고, 원대한 계획이 작용할 때에는, 歷史的 大動亂으로 확대될 수 있는 충분한 분위기를 조성하고 있는 것이었다.

東學亂·甲午動亂은 바로 이 행동의 潮流로서의 자연발생적인 農民層의

民亂에서 발단한 것이었다. 그리고 이 같은 東學亂의 발전과정에서 封建支
配層에게 무질서하게 반항해 온 광범한 農民層을 수습하고, 그들에게 革新
理念을 부여함으로써, 자연발생적인 民亂을 원대한 설계를 가진 계획된 社
會改革運動·農民戰爭·農民革命의 단계로까지 이끌어 올린 것은 動亂의 理
論的 指導者이고 實踐者였던 全琫準이었다.

그의 그와 같은 反封建的 革新理念은, 政界에 충만하고 있는 貪虐한 官吏
를 제거하는 것으로 그치지 아니하고, 封建的인 國家體制를 개혁하고 부분
적이기는 하지만 儒教的 倫理性과 階級性과 家族主義를 부정하고 나온 데
革新理念으로서의 의의가 있었다. 그러나 그와 같은 全琫準의 革新理念도
처음부터 그것을 구체적으로 확정된 방안으로서 마련하고 있는 것은 아니었
으며, 그것은 動亂의 진전과 더불어 다양하게 마련되고 성장하고 종합되고
있는 것이었다. 農民軍으로서 起包하기 전의 준비단계에서는 思想的으로 그
기본자세가 확립되기는 하였으나, 民亂段階에서는 아직 革命的인 農民蜂起
를 위한 제반 준비가 충분히 되어 있지 않았으며, 東學組織을 이용한 起包
후에는 農民軍으로서의 질서가 잡히고 封建支配層에 대한 勝算이 漸增하여
올 때, 그리고 日帝侵略이 구체화되고 있을 때, 動亂의 추진방향에 대한 그
의 構想과 變革意識도 점차 냉철하게 검토되고 있었다. 그러므로 그의 改革
理念도 動亂의 진전과정, 즉 進步的 思想의 형성단계, 古阜民亂 단계, 3月
起包 단계, 執綱所時期, 9月起包 단계 등에 따라 질적으로 발전하게 되고
있었다.

그에게 진보적인 改革思想이 형성되는 것은, 그가 沒落兩班이었다는 사실
이 배경이 되는 것이기는 하지만, 좀더 구체적으로는 그가 古阜郡의 宮洞面
鳥巢里 등 몇 곳에서 書堂 훈장을 하고 現實問題 타개의 방안을 연구하고
있는 동안의 일이었다. 그는 이때 30代의 젊은 시절이었는데, '孔孟'의 學을
연구하면서 童蒙을 교육하는 한편, 당시의 정치·경제 및 농촌현실을 비판적
으로 인식하면서 그 改革方案을 연구하고 있었다. 湖南지방이나 古阜지역
일원의 知的環境은 그러한 연구를 하기에 적합하였다. 그것은 이 지방의 知
的環境도 體制的 입장의 國定教學·朱子學을 신봉하는 학풍이 중심이 되고
있었지만, 그러나 그가 사는 곳에서 멀지 않은 扶安郡의 가까운 곳에는, 磻

238

溪의 東林書院이 있었던 곳으로서, 이 일대에는 그 思想이 자랑스럽게 전승되고 있었기 때문이었다. 그리고 湖南지방에는 전체적으로 茶山 丁若鏞의 改革思想이 보급되고 있어서, 그는 그러한 사상을 연구하는 가운데 그의 進步的 思想을 비교적 손쉽게 형성시켜 나갈 수가 있었기 때문이었다. 물론 이같은 思想風土 속에서 그의 改革思想을 형성시켜 나가기 위해서는, 항상 그것과 대립되는 이곳 思想風土를 의식하고 이것을 극복하기 위한 자세를 가다듬지 않으면 아니 되었으며, 그의 진보적인 사상을 실현하기 위해서는 사전에 여러 가지로 준비작업을 하지 않으면 아니 되었다.

古阜民亂은 全琫準이 그의 진보적 사상을 實踐運動·農民運動으로 전개하는 실험적 운동이었다. 그 방법은 呈訴運動(呈邑, 呈營, 廟堂訴寃)을 통해 부정부패를 제거함으로써 輔國安民할 것을 기본으로 하되, 그것이 안 될 경우 暴力運動 民亂으로서 郡衙를 打擊하고 守令과 吏屬을 擊懲하려는 것이었으며, 따라서 古阜民亂에서는 이 양자가 모두 추진되고 있었다. 民亂의 정당성을 천하에 알리고 민중의 참여를 유도하기 위하여 檄文과 通文이 마련되었으며, 民衆動員의 방법으로서는 行政面里의 執綱을 통해 東學敎徒와 일반인을 동원하도록 하였으며, 民亂에 대한 善後策을 마련하기 위하여서는 領導者 將材를 선출하여 일을 일임하였다. 古阜民亂은 古阜民들에 의해 조직적으로 전개되고 있었다. 그러면서도 呈營의 운동을 계속 추진하는 한편, 廟堂訴寃으로까지 갈 계획도 세우고 있었다. 이것은 軍事活動 農民軍 봉기를 예고하는 것이기도 하였으나, 古阜民亂은 일단은 이곳 民亂으로서 그치고 있었다.

3月起包는 古阜民亂을 부당하게 按覈하는 데서 일어난 古阜民의 再起운동이었다. 그러나 이때의 再起는 단순한 재기가 아니라, 民亂의 규모가 古阜한 지역에서 湖南 전역으로 확대되고, 그 성격이 民의 武裝蜂起로 인해서 民亂이 兵亂·農民戰爭의 상태로 진전한 상태에서의 재기였다. 그리고 이때의 起包는 예기치 못한 사건으로서 발생한 것이 아니라, 적어도 古阜民亂의 指導層에서는 그 民亂의 연장선상에서 呈營이나 廟堂訴寃과도 관련하여 예정된 과정으로서의 再起였다. 그리하여 그들은 미리 마련한 倡義文과 檄文을 천하에 공포함으로써 農民戰爭을 선포하였다. 農民軍은 여러 신분계층의 일

반인과 東學의 南接教徒로서 구성되었으며, 軍의 조직으로는 東學의 南接組織이 활용되는 가운데 별도의 軍組織이 지역 단위로 결속되었다. 東學亂이란 명칭이 부여된 까닭이었다. 그러나 이때 教團本部에서는 東學을 信仰으로서 이끌어 나가고 現實打開의 政治思想을 확립하고 있지 않았으므로, 公式的 擧敎的으로는 敎徒가 이 起包에 참여하는 것을 허락하지 않았으며, 그뿐만 아니라 南接의 農民軍을 師門亂賊 逆天背師로 몰아 응징하고 타도하려고까지 하였다. 그러므로 이때의 農民軍의 봉기와 활동은 全琫準 등 湖南지방 南接指導層 儒敎思想에서의 變通論, 變革的 政治思想에 의해서 지도되는 것이었다고 하겠다. 그러나 이때의 農民軍은 全州를 함락하고 京師로 진격하여 탐관오리를 숙청하고 부패정권을 타도할 것을 목표로 세우기는 하였지만, 그 政治思想에 제약되어, 그 화려한 倡義文이나 檄文의 내용에는 政權爭取 體制變革의 구상이 담겨 있지 않았다.

執綱所時期는 全州和約 이후 정부가 農民軍 대책과도 관련하여, 農民軍이 起包한 후 군사적으로 장악한 지역에서 마련하고 있었던 自治機構 執綱所를, 官民相和의 협의기구로서 각 지방에 공식적으로 설치할 것을 인정함으로써 있게 된 시기였다. 역사적으로 보면 朝鮮後期에는 鄕村自治機構·鄕廳이 있고 地方民의 呈訴運動의 제도가 있었으므로, 정부로서는 이 양자를 결합하여 執綱所를 마련하고, 民이 강한 자치권을 갖는 이 기구를 통해 부패한 官權을 견제함으로써 弊政을 개혁하려는 것이었다. 그리하여 이때에는 封建制의 否定과 體制改革 문제가 구체성을 띠게 되고, 農民軍은 이 執綱所를 통해 地方權力에 참여함으로써 그것을 부분적으로 실현시켜 나가게도 되지만, 그러나 그것은 農民軍 독자의 힘으로 수행하는 것이 아니라, 封建權力과의 타협과 협력하에 政治的 社會的 개혁을 시도하는 것이었다. 그러므로 이때에는 農民運動을 투쟁이라는 측면에서만 보면 처음 계획하였던 革命的 農民運動에서 크게 후퇴한 것이 되었지만, 그러나 農民運動의 목표를 여하히 세우고 그것을 여하히 달성할 것인가 하는 方法상의 측면에서 보면 이 시기는 대단히 의미 있는 시기가 아닐 수 없었다. 그리고 우리 역사에서는 階級的 利害關係를 달리하는 두 정치세력이 합작하여 社會矛盾을 타개해 나가는 先例가 흔치 않았는데, 여기서는 그것을 보여주고 있다는 점에서도 주목할 만한 일이 될 수 있었다.

9月起包의 단계는 중앙정부에 外勢侵略과 政權交替의 변동이 생기고 그 農民軍 對策이 급변함에 따라, 全琫準 등은 그간의 경험으로 보아 불가불 農民軍 독자의 힘으로 문제를 해결하지 않으면 아니 될 것으로 판단하고, 그들의 운동을 온갖 기성의 社會的 權威를 부정하고 革命的 방법으로 政治體制를 變革하고 社會改革을 추진하는 방향으로, 農民戰爭 農民革命의 방향을 전환시키게 된 시기이었다. 그 政治體制는 단순히 執權勢力과 부패한 政治勢力을 일소하는 정도가 아니라, 아마도 그들 民이 경험한바 鄕村自治와 呈訴制度, 그것을 종합하여 實權이 있는 협의기관으로서 郡縣에 설치한 執綱所, 그리고 그 상급기관인 道의 監營에도 설치한 執綱所 등을 기반으로, 그것을 더욱 확대 발전시켜 중앙정부에도 執綱所 機構를 설치하려는 것이었다고 생각되며, 그런 가운데서도 정부를 이끌고 정치를 수행하는 首腦에는, 한 사람의 宰相이 아니라 여러 명의 '柱石之士'를 임명하여 그들로 하여금 合議政治를 하도록 하려는 것이었다. 이는 政治體制를 政府機構와 議會機構로 구성하고, 정부는 合議政治, 즉 集團指導體制로 운영하려는 것이었다고 하겠다.

그러나 農民軍의 이 9月起包는 內政改革에만 목표가 있는 것이 아니라, 日帝의 政治的 軍事的 침략에 대항하여 이를 몰아내려는 데도 목표가 있었다. 日帝는 王城을 강점하고 정권을 교체시킨 후 그 親日政權과 결합하여 農民軍을 진압하려 하였으므로, 農民軍으로서는 日帝와의 투쟁이 불가피하였다. 그리하여 社會改革運動으로서의 農民戰爭은 이제 日帝에 대한 反侵略 民族運動으로서의 성격도 겸하게 되었다. 이때에는 東學教門에서도 이 農民運動을 反侵略 民族運動으로 인정하는 가운데, 이 운동에 합류할 것을 공식적으로 인정하고, 따라서 擧教的으로 운동에 참여하게 되며, 여기에 이 운동은 권력의 입장에서 볼 때 擧國的 규모의 東學亂이 되기에 이르고 있었다.

요컨대 東學亂·甲午動亂을 '社會改革運動'으로 파악하려 할 때 全琫準의 진술에 의하는 한, 그 改革理念을 제공하고 그 改革運動을 주도하며 그 動亂의 추진력이 되었던 것은, 종래부터 일반적으로 이해되어 오고 있는 바와 같은 救世信仰으로서의 東學이 아니라, 東學의 원리와는 별도로, 사회의 발전과정에서 필연적으로 대두한 農民層·鄉村民의 社會意識 思亂意識의 성장이 었으며, 그것을 全琫準 등 湖南지방의 革新 指導層이 그들의 政治思想 改革의 理念과 결합시킴으로써 甲午動亂은 추진되고 전개된 것이었다. 이 경우이들 革新 指導層은 東學을 '結黨'의 방법으로서, 그리고 '用武之地'를 확보하기 위해서, 다시 말하면 農民軍 動員의 한 조직으로서 활용하고 있었다. 따라서 東學은 社會改革運動으로서의 動亂에서는 包組織을 제공하고 農民層의 동원을 용이케 하는 表面的 역할, 從的인 기능을 담당하였던 것이라고 하겠다. 그러나 東學亂·甲午動亂을 反侵略 民族運動으로 파악하게 될 때, 특히 9月起包 단계의 운동을 두고 생각할 때에는, 東學도 그들이 갖는 그들 고유의 斥洋斥倭思想으로 인해서 動亂에 피동적으로나마 참여함으로써 그 역할 그 기능을 확대시키는 바 있었다고 하겠다. 東學亂·甲午動亂은 말하자면 이 두 성격의 운동이 하나로 복합되어 있는 운동인 셈이었다.

그러나 全琫準의 이 같은 起包理論이 東學亂·甲午動亂 전체의 성격규정에 그대로 적용될 수 있는 것은 아니라고 하겠다. 그것은 이 東學亂에 동원된 農民軍이 모두 東學教門에 의해서 통일적으로 파악된 것이 아니었듯이, 그렇다고 그들이 전체적으로 全琫準의 理念·指揮하에 조직되고 지도되고 있는 것도 아니었기 때문이었다. 그리고 農民軍의 지역별 群小集團이 각 지방의 有力者에 의해서 조직 형성되고 있는 가운데서나마, 그들이 전적으로 全琫準의 理念을 좇아 動亂을 추진시키고 있는 것이 아니라, 다분히 각 지방에서 발생한 자연발생적이고 孤立分散的인 民亂의 단계를 넘어서지 못하고 있었기 때문이었다. 이와 같이 全琫準의 理念과 動亂 전체의 발전방향과는 적잖이 乖離되어 있었는데, 全琫準으로서도 끝내 이를 수습하여 有機的인 統一體를 이루지 못하였던 것은, 요컨대 民亂 단계에까지 성장하고 있는 民의 社會意識 思亂意識을, 市民革命期의 農民戰爭 農民革命의 단계로까지 끌어올릴 수 있는 준비가, 組織과 理念면에서 충분히 성숙하지 못한 까닭이었다고 하겠다. 그리고 그것은 또한 民亂에 반영된 民의 社會意識을 통일적으로 파악하고, 이것을 市民革命 단계의 農民革命으로까지 이끌어 갈, 近代的 識見을 갖춘 政治·社會勢力이 농촌사회 내부에서 충분히 성장하고 있지 못하였던 까닭이라고도 하겠다. 더욱이 帝國主義國家의 군대와 대결하면서, 거기에 대항할 수 있는 軍組織을 준비하지 못하였을 뿐만 아니라, 戰術戰略의 면에서도 그 군사력의 부족을 대신할 수 있는 군사상의 智略을 갖추지 못하고 있었음은, 그 식견의 한계를 드러내는 것이 아닐 수 없었다. 그러므로 이 같은 점에서 1894년의 東學亂·甲午動亂의 성격을 다시 숙고하면, 그것은 被支配層 農民層에 의한 反封建 社會改革運動, 市民革命期의 農民戰爭·農民革命의 성격을 지니면서도, 거기에는 일정한 한계가 있었던 것으로 이해하게 되는 것이라 하겠다.

〔『史學硏究』 2. 1958. 揭載. 1994. 1998. 補〕

Abstract

Studies on the Agrarian History of Nineteenth Century Korea
—Peasants' Movements in the Transitional Period —

I produced the first volume of *Studies on the Agrarian History of Nineteenth Century Korea*(韓國近代農業史研究) two and half decades ago(1975). Nine years later, it was expanded to two volumes, with the addition of several more articles(1984). Articles in these volumes looked into various discussions during the 18th and 19th Centuries for agricultural reform, coming from various sectors, including the government, ideologues of the ruling class, and reform-minded progressive scholars. These discussions are an essential key to the understanding of the agricultural problems of the time, because they all started by describing those problems which the authors deemed serious.

Not included in these volumes were my works on the 19th Century peasant uprisings. The uprisings, being largely the result of the agricultural problems in question, can be seen as another expression of these problems, in many ways a more honest and straight one than the discussions of reform. Now I am putting together these works in the third volume of *Studies on the Agrarian History of Nineteenth Century Korea, III—Peasants' Movements in the Transitional Period —*, comprising four articles.

The first article is something like a bridge from the previous volumes, serving as an introduction to the present volume. It contains an outline of the *Silhak*(實學) scholars' views of the agricultural and social problems of their times, and the measures they proposed to deal with these problems.

It can be seen from the scholars' writings that the basis of the peasantry was decaying, due to such adverse conditions as the progress of large-scale land accumulation by the wealthy and powerful and the deterioration of the taxation system. By the early 19th Century, most peasants had been driven into such a miserable situation that given an occasion, they were ready to stand up against the authorities. When Hong Gyeong-rae(洪景來)'s rebellion broke out in 1811, many scholars and officials spoke up to call for a vast agricultural and land reform, arguing that the agricultural and social problems reached the level of endangering the whole state.

The second article aims at an understanding of the basic characteristics of the 19th Century peasant uprisings through the case study of the Jinju(晋州) uprising of 1862. Remaining documents of the Special Prosecutor appointed by the king to deal with the uprising allowed me to look into the case in considerable depth.

As is generally understood, the uprising was triggered by malpractices in taxation. But a closer look reveals underlying problems which were crucial in turning incidental complaints into a general uprising. The nature of these problems can be understood from the way the uprising proceeded from its earlier phase to its latter phase.

The uprising began as a largely lawful protest against the wrongdoings of certain officials. Middling landowners made up the main body of demonstrations led by dignitaries of the area. But as the movement got momentum, and as the arrogance of officials fueled anger among the mass, people of marginal standing took over and things began to get out of hand. These landless people, with nothing, or little, to lose, had been waiting for trouble. When chance presented itself, they set themselves to killing, looting, and arson to their heart's content. They were like dry bush, waiting to turn into a wild fire, given the smallest ignition.

The third article examines changes that took place during the three decades between the Jinju uprising(1862) and the Gobu(古阜) uprising(1893). It is assumed that social, economic, and political changes during this period prepared the setting in which the unrest in a small area could develop into a full-scale civil war.

Prompted by challenges from outside, the ruling class of the country was showing a growing interest in political reform aimed at modernization of the state system. With the development of the reform movement, the proponents of reform came to realize that practical reform could not be achieved without the control and exercise of military power. The abortive coup of 1884 was a typical example.

A parallel realization of the need of force grew among people with insurgent ideas, as they repeatedly witnessed the ruthless crushing of popular protests by the government power. It led them to more and more efforts for organization and for formation of alternative ideas of the world. By the time a protest movement broke out in Gobu in 1893, both the ideology and the organization for a peasant army were ready.

The last article aims at illuminating the nature of the Peasants' War of 1894. The primary material is Jeon Bongjun(全琫準)'s *Interrogation Records*(供草), taken down from his interrogation after his capture. A parallel can be found between his personal history and the proceeding of the incident, leading from discontent to insurgency.

Jeon had been prepared to lead the movement of 1893-94 in two ways. On the one hand, he had studied *Silhak* scholars' discussions of agricultural and social reform, to formulate ideas for a better system. On the other hand, he had entered the *Donghak* Church and set himself up as a county-level leader, a position with considerable power of organization.

It was probably such preparedness that put Jeon at the head of a protest movement of local peasants toward the end of 1893. At the beginning, he put more weight on lawful petition, while reserving the organizational power as the last resort. But with repeated unsatisfactory responses from the government, the weight shifted, and after a few months' time, the peasant army was marching in the direction of Seoul.

Most interesting are the measures the leaders of the movement took during the summer of 1894 in the area under their control. They introduced a new administrational institution, *jip-gang-so*(執綱所), in which officials and civilians were supposed to work together for various reforms. When they resumed their offensive in the fall, they intended to set up a similar institution, at the national level, in Seoul. It would have been a council constituted by the most capable and reliable scholars and officials in the country.

The peasant army was initially led by rural intellectuals who employed progressive and practical means to pursue basically Confucian ideas of change and revolution. The *Donghak* Church was instrumental in providing the organizational power. When foreign armies intervened, the leadership advocated the nationalist cause, thus adding to the movement an anti-imperialistic dimension, to which the *Donghak* Church made further contribution.

索　引